LNG 接收站应知应会

（机电仪港务与计量）

国家管网集团液化天然气接收站管理公司　编

石油工业出版社

内 容 提 要

本书对LNG接收站投产运行的成功经验及成果进行了系统总结，尤其给出了实际生产过程中遇到的许多问题以及解决办法。主要介绍LNG接收站各部分的组成、工作原理以及操作维护等，内容包括LNG接收站机械设备、电器系统、仪器仪表、计量分析系统等。最后介绍了与LNG接收站相关的港口业务管理。

本书可作为LNG接收站员工培训教材和技术人员的参考书，也可供LNG接收站设计人员及石油院校相关专业师生参考。

图书在版编目（CIP）数据

LNG接收站应知应会. 机电仪港务与计量／国家管网集团液化天然气接收站管理公司编. —北京：石油工业出版社，2021.10
　ISBN 978-7-5183-4838-1

Ⅰ.①L… Ⅱ.①国… Ⅲ.①液化天然气-天然气输送 Ⅳ.①TE83

中国版本图书馆CIP数据核字（2021）第185468号

出版发行：石油工业出版社
　（北京安定门外安华里2区1号　100011）
　网　　址：www.petropub.com
　编辑部：（010）64523583　图书营销中心：（010）64523633
经　　销：全国新华书店
印　　刷：北京中石油彩色印刷有限责任公司

2021年10月第1版　2021年10月第1次印刷
787×1092毫米　开本：1/16　印张：16.25
字数：397千字

定价：150.00元
（如出现印装质量问题，我社图书营销中心负责调换）
版权所有，翻印必究

《LNG 接收站应知应会(机电仪港务与计量)》编委会

主　　任：王晓刚

副 主 任：李　军　肖德刚　董红军

委　　员：魏光华　王维国　高广松　王海东　潘媛媛　李延亭
　　　　　候　勇　刘庆生　寇　征　张宝来　宫　明　刘世福
　　　　　兰　辉　胡文江

编写组

主　　编：李　军

副 主 编：魏光华　宫　明　胡文江

成　　员：郭　祥　陈　帅　钱德禄　王旭东　王显明　张琳智
　　　　　崔　均　王庆军　张　锋　李英辰　张家瑞　范景彦
　　　　　邹德庆　任　鹏　袁　勋　林　洋　杨杰夫　杨智升
　　　　　程云东　吴　凡　李　欣　赵雪利　张舒宁　魏念鹰
　　　　　陈　军　王　哲　张　震　于　兵　李婧女　于海龙
　　　　　张文锐　朱庆阳

前 言

天然气是优质、高效、低碳的能源，"十四五"期间中国天然气消费将持续快速增长。按照习近平总书记"四个革命、一个合作"的能源安全新战略，国家管网集团坚决贯彻新发展理念，服务国家战略、服务人民需要、服务行业发展，提出了市场化、平台化、科技数字化、管理创新"四大战略"，助力构建清洁低碳、安全高效的现代能源体系。

LNG 接收站作为四大进口战略通道，近年来发展迅速。目前全国在运营接收站 22 座，总规模近亿吨，"十四五"末将实现翻番。国家管网集团在役 LNG 接收站 7 座，总规模 3060 万吨，国内占比 31%。国家管网集团成立后，坚持"安全先于一切、重于一切"的安全理念，推动安全生产队伍"三湾改编"工作，统一基层站队标准化建设，推进安全生产队伍能力提升。为此组织编写了《LNG 接收站应知应会》(2 分册)，本书系统地介绍了 LNG 接收站工艺、机械、电气、仪表、分析计量和港务管理等方面应知应会知识点，内容丰富全面，通俗易懂。

该两本书理论与实践结合，让广大读者了解、熟悉 LNG 接收站应知应会知识，对 LNG 接收站从业者的知识与技能提升有很好的指导借鉴作用，对各 LNG 接收站安全生产管理提升将发挥促进作用。

尽管我们力求做到内容真实可靠、准确无误。由于技术不断发展，书中难免有疏漏或不当之处，恳请读者提出宝贵意见，以便修改和完善。

目 录

第一部分 机 械

第一章 码头区设备 (1)
　　第一节　卸料臂 (1)
　　第二节　快速脱缆钩和绞盘 (12)
　　第三节　登船梯 (14)
　　第四节　码头护舷 (16)
第二章 储罐区设备设施 (18)
　　第一节　LNG 储罐 (18)
　　第二节　低压输送泵 (22)
第三章 海水系统设备设施 (25)
　　第一节　海水泵 (25)
　　第二节　旋转滤网 (27)
　　第三节　格栅清污机 (29)
　　第四节　平板钢闸门 (31)
　　第五节　次氯酸钠装置 (31)
　　第六节　消防泵 (33)
第四章 增压冷凝区设备设施 (36)
　　第一节　高压泵 (36)
　　第二节　BOG 压缩机 (40)
　　第三节　BOG 增压压缩机 (42)
　　第四节　再冷凝器 (44)
第五章 气化区设备设施 (46)
　　第一节　开架式气化器 (46)
　　第二节　浸没燃烧式气化器 (48)
　　第三节　燃料气电加热器 (51)
第六章 槽车装车区 (52)
第七章 公用工程区设备设施 (54)
　　第一节　氮气系统 (54)
　　第二节　空气系统 (56)
第八章 计量橇及火炬 (58)
第九章 阀门 (59)
　　第一节　主要性能 (59)

— Ⅰ —

第二节　截止阀	（60）
第三节　止回阀	（63）
第四节　闸阀	（66）
第五节　蝶阀	（68）
第六节　球阀	（73）
第七节　安全阀	（78）
第八节　真空阀	（81）
第九节　阀门操作维修	（83）
第十节　LNG接收站专用低温阀门使用注意事项	（88）

第二部分　电　气

第一章　主要电气设备设施	（90）
第一节　接收站主要电气设备	（90）
第二节　常用电动机	（96）
第三节　变压器	（99）
第四节　电气元件	（103）
第二章　常用电工仪表及控制系统	（108）
第一节　万用表	（108）
第二节　钳形表	（109）
第三节　兆欧表	（109）
第四节　电能表	（110）
第五节　电气控制系统	（110）
第三章　变电所主要操作	（113）
第一节　不间断电源（UPS）	（113）
第二节　低压抽屉柜	（125）
第三节　低压开关柜进线断路器	（126）
第四节　负荷开关	（127）
第五节　中压柜	（130）

第三部分　仪　表

第一章　现场仪表	（136）
第一节　概述	（136）
第二节　压力仪表	（143）
第三节　温度仪表	（145）
第四节　流量仪表	（147）
第五节　液位仪表	（151）
第六节　振动仪表	（153）

第七节　仪表阀门 …………………………………………………… (153)
第二章　DCS 控制系统 ………………………………………………… (156)
　　第一节　控制系统组成 ………………………………………………… (156)
　　第二节　操作站导航 …………………………………………………… (160)
　　第三节　系统标准功能操作 …………………………………………… (163)
　　第四节　设备操作 ……………………………………………………… (172)
第三章　SIS 系统及 FGS 系统 ………………………………………… (175)
　　第一节　概述 …………………………………………………………… (175)
　　第二节　SIS/FGS 系统配置 …………………………………………… (175)
　　第三节　SIS/FGS 系统软件 …………………………………………… (179)
第四章　船岸连接系统 ………………………………………………… (182)
　　第一节　智能光纤 ……………………………………………………… (182)
　　第二节　智能电缆 ……………………………………………………… (184)
　　第三节　气动系统 ……………………………………………………… (185)
　　第四节　系统选择模块 ………………………………………………… (187)
　　第五节　鸣铃模块 ……………………………………………………… (187)
　　第六节　电源模块 ……………………………………………………… (188)
　　第七节　岸侧连接头 …………………………………………………… (188)
　　第八节　测试工具 ……………………………………………………… (190)
　　第九节　辅助系统和设备 ……………………………………………… (190)
第五章　PLC 系统 ……………………………………………………… (192)
　　第一节　南大傲拓 PLC ………………………………………………… (192)
　　第二节　西门子 PLC …………………………………………………… (199)

第四部分　港口业务管理

第一章　大连 LNG 码头简介 …………………………………………… (206)
　　第一节　建设规模 ……………………………………………………… (206)
　　第二节　自然条件 ……………………………………………………… (206)
第二章　码头布置 ……………………………………………………… (208)
　　第一节　总平面布置 …………………………………………………… (208)
　　第二节　水工结构 ……………………………………………………… (209)
　　第三节　桥梁结构 ……………………………………………………… (210)
第三章　船舶作业相关方简介 ………………………………………… (211)
第四章　生产运行操作指南 …………………………………………… (212)
　　第一节　靠离泊和带缆作业 …………………………………………… (212)
　　第二节　卸货作业流程 ………………………………………………… (216)
第五章　船舶作业期间主要风险及应急处置程序 …………………… (218)
　　第一节　船舶断缆事故应急处置 ……………………………………… (218)

— Ⅲ —

第二节　LNG 泄漏事故应急处置 …………………………………… (218)
　　第三节　系缆人员坠海事故应急处置 ………………………………… (219)
　　第四节　碰撞等事故应急处置 ………………………………………… (220)
第六章　港口经营主要资质 ………………………………………………… (221)
　　第一节　中华人民共和国港口经营许可证 …………………………… (221)
　　第二节　中华人民共和国港口危险货物作业附证 …………………… (223)
　　第三节　港口设施保安符合证书 ……………………………………… (224)
　　第四节　码头开放手续 ………………………………………………… (225)
　　第五节　经营海关监管场所企业注册登记证书 ……………………… (228)

第五部分　计量分析系统

第一章　计量系统 …………………………………………………………… (231)
　　第一节　概述 …………………………………………………………… (231)
　　第二节　装卸船计量 …………………………………………………… (232)
　　第三节　气化外输计量 ………………………………………………… (235)
　　第四节　槽车转运计量 ………………………………………………… (238)
第二章　化验分析系统 ……………………………………………………… (239)
　　第一节　气相色谱仪 …………………………………………………… (239)
　　第二节　总硫分析仪 …………………………………………………… (241)
　　第三节　紫外可见分光光度计 ………………………………………… (242)
　　第四节　在线余氯分析仪 ……………………………………………… (243)
　　第五节　在线露点分析仪 ……………………………………………… (246)
　　第六节　在线硫化氢分析仪 …………………………………………… (247)

第一部分　机　　械

第一章　码头区设备

LNG 接收站码头区主要设备包括卸料臂、登船梯、快速脱缆钩和护舷等。

第一节　卸　料　臂

目前，国内液化天然气（Liquefied Natural Gas，LNG）接收站主要采用日本的 NLS（NIGATA）公司、法国 FMC 公司和德国 SVT 公司与 EMCO 公司生产的 LNG 卸料臂。国内连云港远洋流体装卸设备有限公司、江苏长隆石化装备有限公司、山东冠卓重工科技有限公司也相继研制了大型 LNG 卸料臂；同时大连华锐重工集团也开展了大口径 LNG 装卸臂的研发设计。根据卸料臂平衡的方式，可分为全平衡型（FBMA）、旋转平衡型（RCMA）和双平衡型（DCMA），如图 1.1 所示。

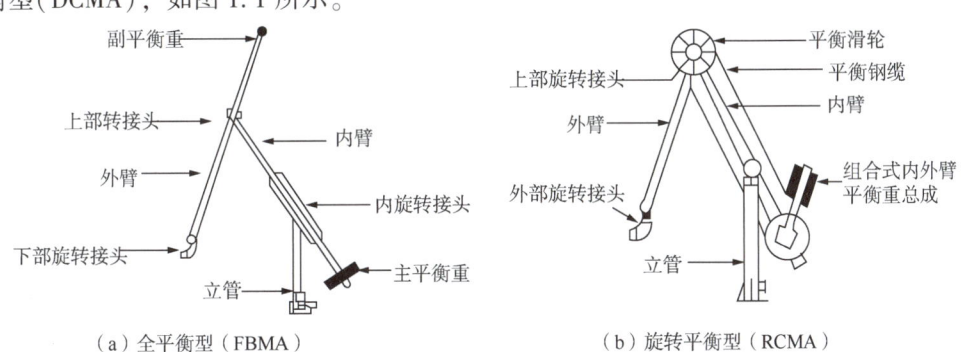

(a) 全平衡型（FBMA）

(b) 旋转平衡型（RCMA）

(c) 双平衡型（DCMA）

图 1.1　不同平衡类型卸料臂

一、双配重船用臂

LNG 卸料臂主要由支撑立柱、输送臂、旋转接头、平衡机构、转向机构、快速连接装置及控制系统等组成。大连 LNG 卸料臂为带有结构的双配重船用臂（DCMA"S"类型，其立面图如图 1.2 所示），包括以下组件：

（1）支撑卸料臂的垂直基座立管组件；
（2）舷内臂；
（3）舷外臂；
（4）舷内结构；
（5）舷外结构；
（6）平衡卸料臂的配重和钢缆伸缩系统；
（7）一套液压缸；
（8）一套控制系统。

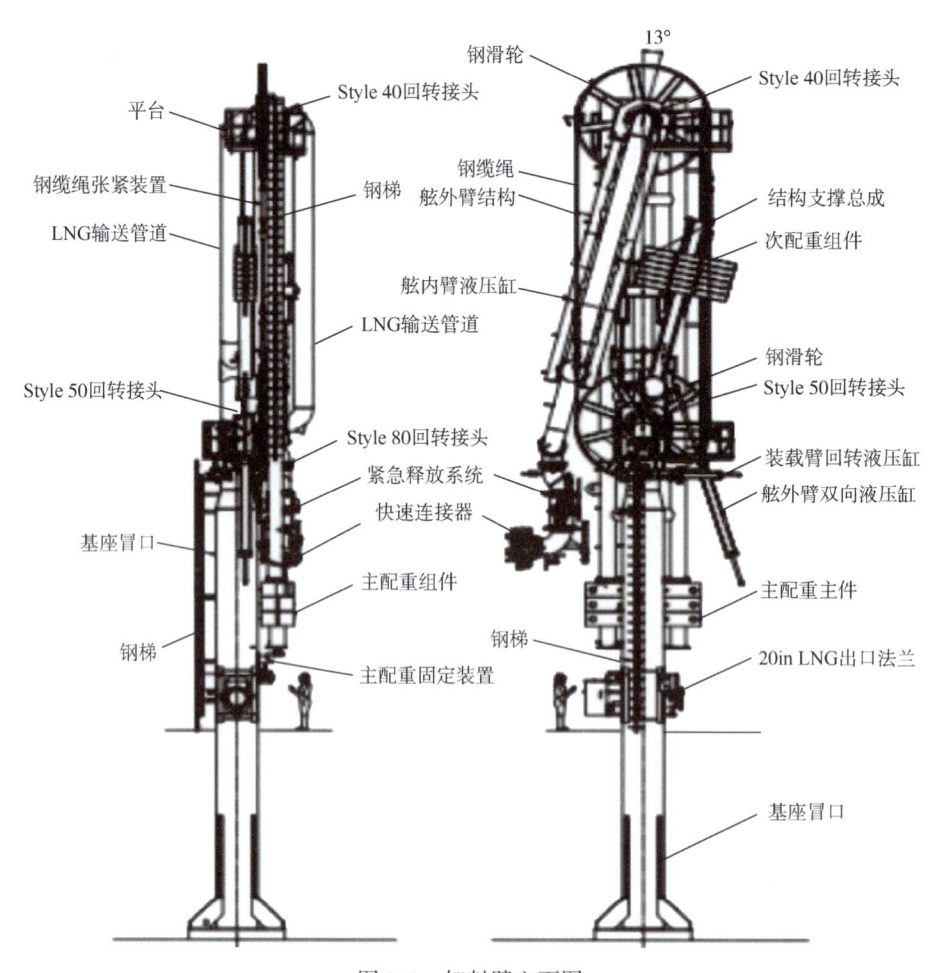

图 1.2 卸料臂立面图

（一）基座立管组件（结构和生产线）

基座立管是支撑卸料臂组件的焊接件。与水位上方的 LNG 运输船歧管相比，立管的高度取决于码头标高。基座立管有以下功能：

（1）在 LNG 船输送管道与卸料臂间传输 LNG。

（2）在停车位置时，将卸料臂锁定。在立管顶部用 Style 50 回转接头支撑舷内臂，它能够让整个臂绕垂直轴旋转，并使舷内臂绕水平轴旋转（1 号和 2 号转节）。

（二）舷内臂

舷内臂是一条在立管和舷外臂间传送 LNG 的管道。将舷外臂与舷内臂相连的回转接头称为 Style 40（3 号转节）。

（三）舷内结构

舷内结构为一根焊接梁，用来支撑卸料臂组件、生产线和舷外结构，还包括支撑一套配重的钢梁，此钢梁用于平衡舷内和舷外部件（舷内、舷外管道和结构）。通过将配重梁锁止在基座立管处，从而实现舷内部件在静止位置的锁止。

（四）舷外臂

舷外臂是一根在舷内臂和 LNG 运输船歧管间传输 LNG 的管道。它通过 Style 40 回转接头与舷内臂相连。另一个舷外端配备有名为"Style 80"的三面回转接头组件。

（五）三面回转接头组件（Style 80）

Style 80 回转接头将卸料臂组件与 LNG 运输船相连。它由三个旋转件组成（第 4 号、5 号和 6 号转节），能够随 LNG 运输船移动而自由移动。

（六）平衡系统

船用卸料臂在所有位置完全平衡。通过以下方式实现卸料臂的平衡：

（1）对于外弦臂和 Style 80 回转接头，由配在 Style 50 回转接头滑轮上的次配重实现，并用钢索来传输负载；

（2）对于卸料臂组件：利用舷内臂结构组件的主配重来平衡舷内臂、舷外臂及 Style 80 回转接头的重量。

（七）钢缆伸缩系统

钢缆伸缩系统由两个滑轮（Style 40 和 Style 50）及钢索组成。这些钢索被锚固在滑轮上，将次配重力传输给舷外臂。

（八）控制系统

由电气和液压设备来实现对卸料臂的控制，该电气及液压设备包括：

（1）通用于所有卸料臂的部件：一个液压动力装置、一个本地控制面板、一个 PLC 机柜、一个无线电遥控装置。

（2）提供给各个卸料臂的部件：一个选择阀组件、一个 ERS 蓄能器组、一套液压缸。

液压动力装置输送液压动力，用以操作控制阀和卸料臂液压缸。液压缸为卸料臂的三种动作方式提供动力：卸料臂的回转、舷内臂的提升及降低、舷外臂的提升及降低。

将双作用液压缸连接到 Style 50 回转接头立管转节的内螺纹件上，从而实现卸料臂在水平面内的回转。将传动缸阀杆端与立管相连。卸料臂的舷内驱动装置包括安装在 Style 50 回转接头架上的两个单动气缸、一根钢索和一个传动皮带轮。卸料臂的舷外驱动装置包括一个直接安装在 Style 50 回转接头滑轮上的双动液压缸。

二、装置特征

（一）技术参数

卸料臂技术参数见表 1.1。

表 1.1 卸料臂技术参数

序号	分项	参数	序号	分项	参数
1	类型	DCMA"S"	7	测试压力	26.85bar(g)
2	型号	L-1101A/B/C L-1102	8	工作压力	5.2bar(g)/0.18bar(g)
			9	设计压力	17.9bar(g)
3	类别	Ⅱ	10	工作温度	-161.5~-130℃
4	介质	LNG/NG	11	设计温度	-170~60℃
5	尺寸	20in	12	舷内臂长度	9449mm
6	设计流量	6000m³/h 18000m³/h	13	舷外臂长度	10363mm
			14	立管高度	15700mm

（二）主要连接件

卸料臂主要连接件见表 1.2。

表 1.2 卸料臂主要连接件

序号	位置	样式	规格
1	立管处	连接件	20in ANSI 150 RF 法兰
		管接头	2in ANSI 150 RF 法兰，带球阀和盲板法兰
2	Style 80 处	连接件	用于 20in ANSI 150 法兰的 20in 液压连接器类型的 Quikcon Ⅲ Cryo
		管接头	一个位于 ERS 之上：1in ANSI 150RF，带球阀
			一个位于 ERS 之下：1in ANSI 150RF，带球阀、盲板法兰和防护装置

（三）附件

（1）液压连接器：低温液压连接器（快速耦合器）安装在各个卸料臂的 Style 80 回转接头上。它能够将卸料臂与 LNG 运输船的法兰快速连接及分离。

（2）Style 80 回转接头上的 ERS/PERC：每个卸料臂均配备有一个紧急释放系统（ERS），包括设置在两个阀门（ERS 阀）之间的一个动力推动紧急释放连接器（PERC）。在 LNG 运输船发生漂移的情况下，该设备允许卸料臂在未排净之前快速脱离 LNG 运输船。

（3）机械式千斤顶：机械式千斤顶安装在各个卸料臂的 Style 80 回转接头处，用以降低直接作用在 LNG 运输船歧管上的负载,并且将一部分负载传送到 LNG 运输船的甲板。

(4) 电气绝缘:电气绝缘安装在各个卸料臂的 Style 80 回转接头第 5 号转节上。

(5) 机械锁定装置。

① 舷内臂:每个卸料臂均装备有舷内臂的机械锁装置。该装置能够将臂锁止在竖直停车/静止位置。

② 舷外臂:位于选择阀组件上的手动阀实现舷外臂的锁定。

(6) 可拆除弯头:每个卸料臂均在 Style 40 回转接头和 Style 50 回转接头处装备有可拆除弯头,能够在不拆除卸料臂的情况下更换填料。

(7) 可拆除筒式回转接头:每个卸料臂均在 Style 40 回转接头和 Style 50 回转接头处装备有可拆除回转接头,能够在不拆除卸料臂的情况下更换回转接头。

(8) 从基座立管到最高点(Style 40 回转接头)的氮气吹扫管线安装在每个卸料臂上,一根 1in 的带有一个止回阀氮气管线能够从 Style 40 回转接头的最高点用氮气置换吹扫 LNG。该管线与码头上的氮气回路连接。软管可用来旁通 Style 50 回转接头,还可以用来实现 Style 40 回转接头处的连接。

(9) 氮气干燥管线:每个卸料臂都配备有一根干燥管线,以便清除来自生产线回转接头球室的水分(冷凝液)。连续的氮气循环可避免结冰。由 1in 法兰实现码头上的连接。用来调节压力和流速的氮气控制面板配置安装在每个卸料臂的臂立管处。

(10) 通道用梯子及平台:用来够到 Style 50 回转接头和 Style 40 回转接头的通道用梯子安装在每个卸料臂的立管和舷内臂上。安装在每个卸料臂的 Style 40 回转接头和 Style 50 回转接头高度处的平台以便于对零部件的检查和小型维修。

(四) 液压及电气设备

1. 液压动力装置

液压动力装置包括:

(1) 两个相同的电动泵组件,各自含有一个与 18L/min 齿轮泵联接在一起的防爆型电机(7.5kW-380V-50Hz-1500r/min)。

(2) 一个应急手摇泵(每冲程 10.6cm^3)。如果液压泵由于某种原因而无法启动,则可以使用手摇泵来进行卸料臂的极低速移动,来操作卸料臂。

(3) 一个释压阀,用压力表设置在 190bar(g)(主压力)。

(4) 一个 10μm 的双回油管滤油器,带旁通和堵塞指示器。

(5) 一个 10μm 的压力过滤器,带堵塞指示器。

(6) 一个压力开关,当过滤器被堵塞时(压力过滤器堵塞),该压力开关会启动报警。

(7) 一个空气干燥器。

(8) 一个安装在油槽上的可视液位计(观察窗类型)。

(9) 一个安装在回流管路上的快速连接器,可以用一个手动泵来充注油槽。

(10) 一个双速控制装置,含有一个双向控制阀(有螺线管),用来调整液压流体的速度(常速/低速)。

(11) 一个 300L 油槽,在最低点处有放泄阀。

(12) 一个 10L 的蓄能器,用作 PAC 管线中压力调节的备用电源。

(13) 一个用来检查油压的压力表(蓄能器压力)。

(14) 一组阀门(一个排放阀和一个隔离阀)和一个泄压阀,设置在 210bar(g),可以在超压的情况下使蓄能器泄压。

(15) 一个压力开关(蓄能器增压),可使蓄能器中的压力保持在 178bar(g)和 180bar(g)之间。

(16) 一个双向控制阀(有螺线管),如果出现紧急序列分离(ESD),该控制阀可将蓄能器中的压力泄放。

(17) 一个压力开关,如果油压过低[175bar(g)],该压力开关可启动报警。

2. 选择阀组件

选择阀组件位于卸料臂基脚上,它包括:

(1) 对于卸料臂的移动;
(2) 对于舷外臂在停车位置的锁;
(3) 对于 ERS 阀(DV);
(4) 对于 PERC 接箍;
(5) 对于液压连接器;
(6) ERS 液压蓄能器;
(7) 卸料臂上的液压设备;
(8) 本地控制面板;
(9) PLC 机柜;
(10) 无线电遥控;
(11) 控制面板上的外部信号;
(12) 接近开关和电位计;
(13) 位置监测系统(PMS)。

三、主要部件

主要部件有组合式旋转接头、输送臂、平衡机构、支撑立柱以及转向机构等。

(一) 快速连接装置(Quick Connect/Disconnect Couplers,QCDC)

快速连接装置是装卸臂组合式旋转接头的发冷与船上卸料口法兰准确对接后,对法兰实施紧固的装置,设计成由液压驱动的夹紧装置。有手动操作和遥控操作两种形式。

1. 快速连接器(QCDC)结构

大连 LNG 接收站使用的是型号为 Quikcon Ⅲ 液压自动紧固型,设计选用五个紧固柱式的结构,是 FMC 公司针对 20in×20in×65ft FP DCMA"S"装卸臂开发的快速船岸液压法兰连接装置,特点是使用遥控器或者是现场就地盘按钮,通过控制液压系统可以方便、快速地将船岸法兰进行连接和松开,提高了法兰连接的效率。

快速连接器部件有液压分配器、液压马达、驱动齿轮、定心导杆和紧固件总成(图 1.3、图 1.4)。

控制分配器液压，通过液压马达和齿轮，带动紧固螺杆旋转，从而紧固或松开紧固头，以此紧固船岸连接法兰。

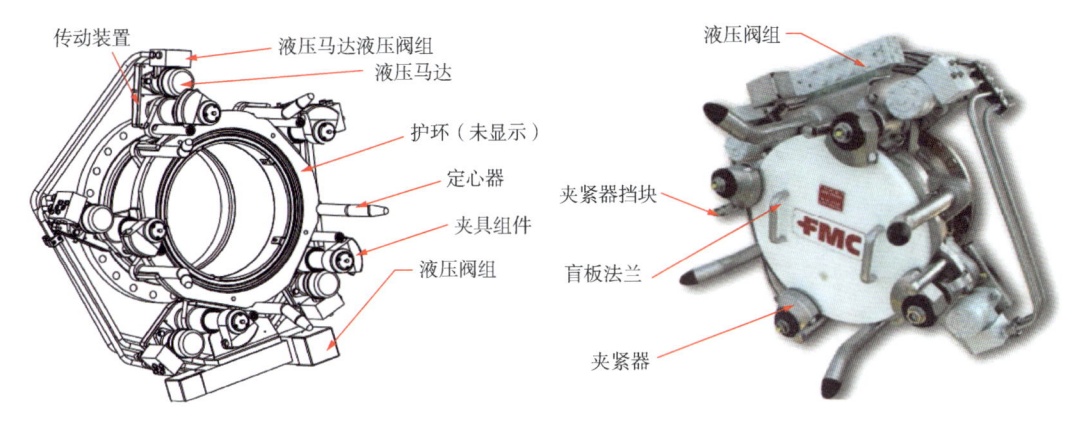

图1.3 Quikcon Ⅲ型QCDC结构

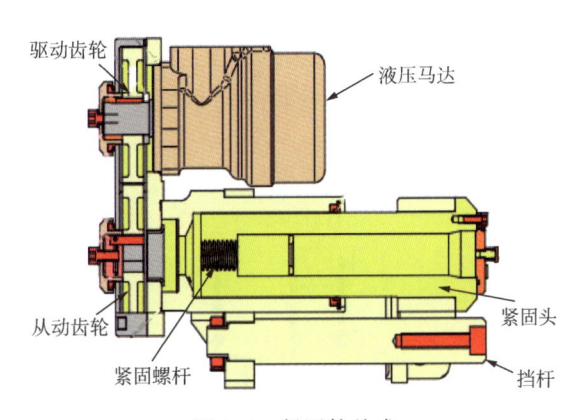

图1.4 紧固件总成

2. 快速连接器(QCDC)控制原理

Quikcon Ⅲ型QCDC液压系统是用一个液压分配器控制五个液压紧固器，为保证法兰紧固时，五个紧固器都能紧固到位，液压分配器在设计上采用了串联和并联两种液压控制模式；开始紧固时，为满足快速紧固要求，液压采取串联模式，流过每个紧固液压马达的液压油流量相同，压力均分，液压马达速度相同；当有一个紧固器紧固到位后，液压分配器立即自动转换成并联模式，从而达到驱动没有到位的紧固器继续紧固，此时流过每个紧固液压马达的液压油流量不同、压力相同(图1.5至图1.7)。

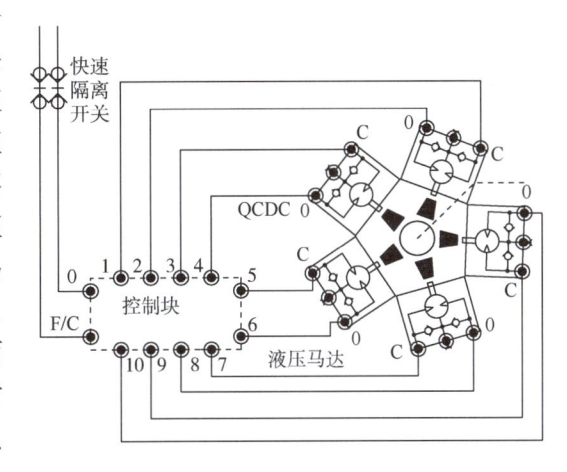

图1.5 QCDC液压控制图

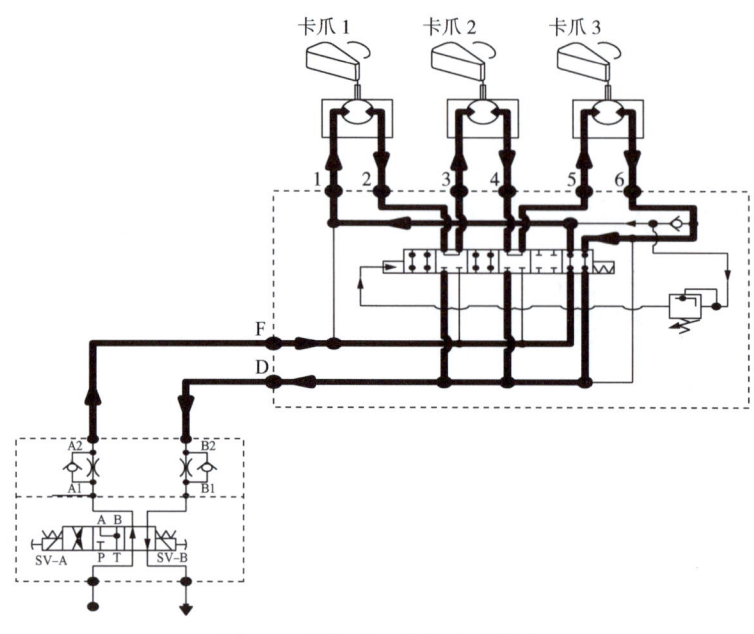

图 1.6　关闭过程中的串联模式

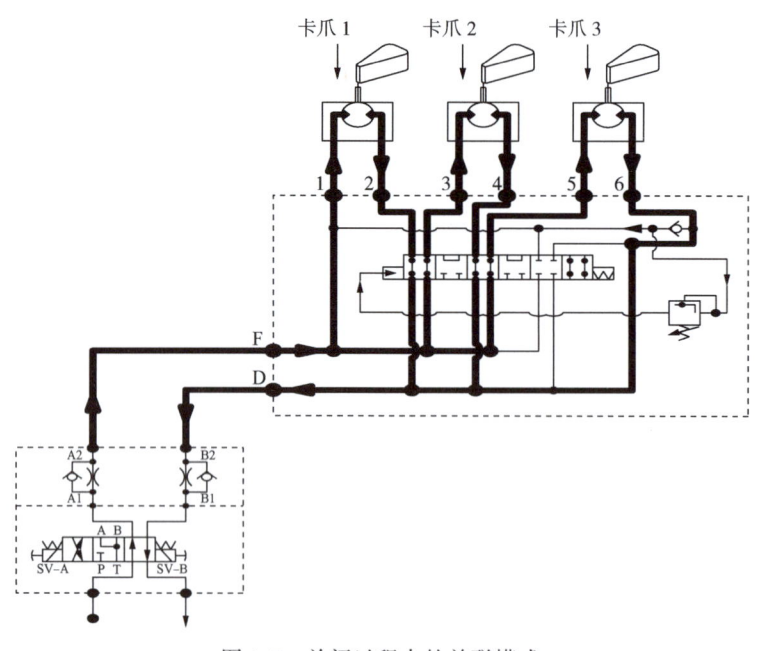

图 1.7　关闭过程中的并联模式

(二) 紧急释放系统(ERS)

每个卸料臂均配备有一个紧急释放系统(ERS)，包括两台球阀、设置在两个阀门(ERS 阀)之间的一个液压动力推动紧急释放连接器(PERC)和提供动力的液压缸(图 1.8)。在 LNG 运输船发生漂移的情况下，该设备允许卸料臂在未排干之前快速脱离 LNG 运输船。

ERS 串联液压缸的第一冲程用来关闭阀门。为此，阀轭推动操作杆的滚筒，上部阀门关闭；同时，连接在第二根操作杆上的连接杆将下部阀门关闭。

ERS 系统串联液压缸的第二冲程用来释放液压动力推动紧急释放连接器（PERC），需要用推杆推动 PERC 轴。在此阶段，上部阀门脱离下部操作杆。

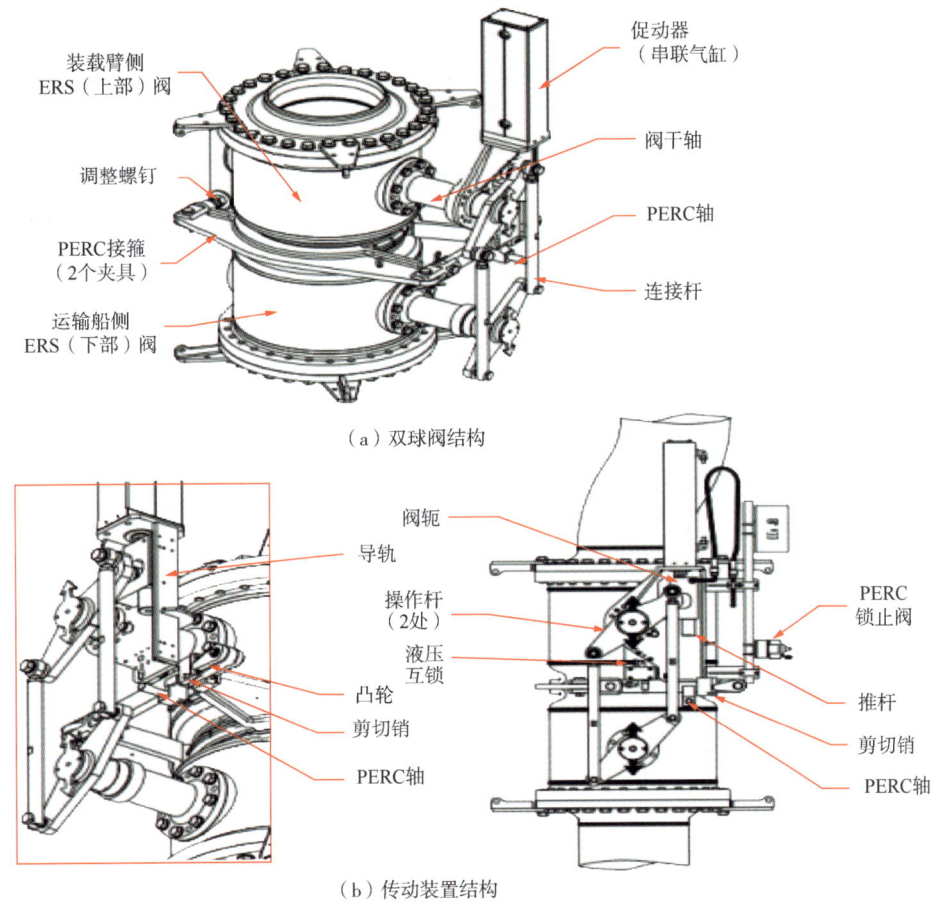

（a）双球阀结构

（b）传动装置结构

图 1.8　ERS 组件结构

紧急分离后在重新组装之前，使 ERS 阀恢复环境温度以消除结冰对阀球、密封件或 PERC 法兰造成损坏，安全连接 PERC，必须限制 LNG 运输船歧管法兰的移动范围。否则，就要在 ERS 阀之间安装起吊系统并手动释放液压连接器，使卸料臂将 Style 80 回转接头的剩余部分吊起。如果 LNG 运输船的移动幅度仍然过大，将卸料臂在码头上折叠起来并重新组装 Style 80 回转接头。

（三）旋转接头

旋转接头主要适用于装卸臂随船在一定范围内移动而设计的，主要有连接外臂和内臂的 Style 40 回转接头有一个自由度（即一个回转接头），链接工艺管线和卸料臂工艺臂的 Style 50 回转接头有两个自由度（即两个回转接头），链接船和双球阀的 Style 80 回转接头有三个自由度（即三个回转接头），如图 1.9 所示。

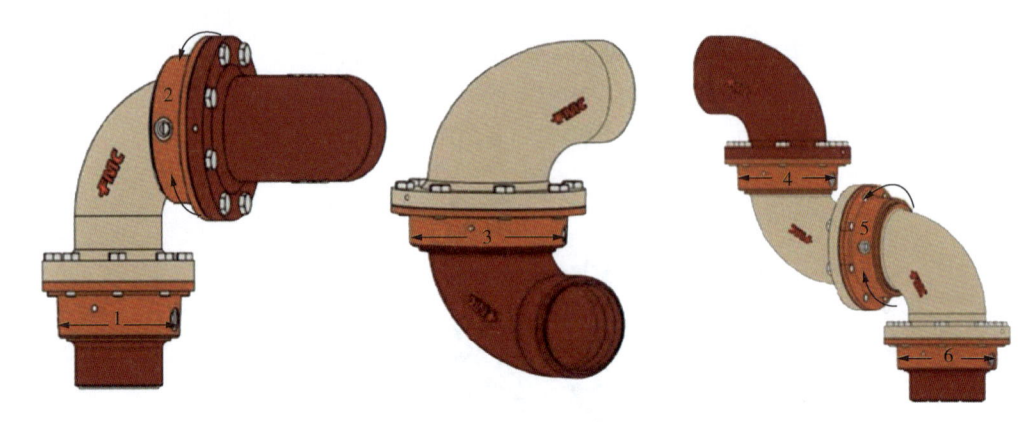

图1.9 回转接头

旋转接头是关键部件，确保卸料臂在不同位置和不同平面即多自由度空间中灵活接船，还能确保LNG零泄漏、长寿命、安全和可靠；它包含多重密封和双列自润滑的滚动轴承结构，是卸料臂机械结构部件中技术含量最高、最脆弱的结构部件之一。

旋转接头的设计是非常巧妙的，密封部件采用耐低温的PTFE或者KEL-FGU有自润滑作用的很耐用材料，采用双列滚动轴承，且滚道是可以拆卸更换的（便于延长卸料管或法兰的使用寿命），保证回转接头刚度的同时确保旋转自如；回转接头在安装投用前要检查露点是否符合要求，这样就保证了在干燥的情况下安装，平时卸料管不用时有氮气保压保护可保证回转接头的使用寿命。

FMC卸料臂的回转接头分为桶式和对开法兰式，图1.10、图1.11是桶式和对开法兰式结构图和部件名称，图1.12是以Style 50回转接头的动（静）密封分布进行的说明。

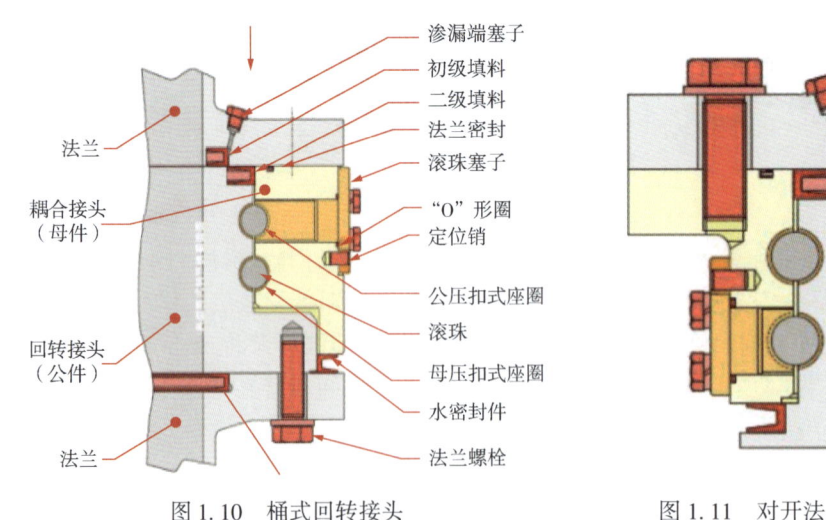

图1.10 桶式回转接头　　　图1.11 对开法兰式回转接头

旋转接头的氮气吹扫非常重要，接收站运维需确保回转接头露点符合要求，即确保干燥并防止天然气（或LNG）向外泄漏，回转接头的滚珠和密封一旦结冰，可能造成接头无法动作或是部件损坏，后果将非常严重。

FMC 卸料臂回转接头氮气吹扫从基座冒口至顶端的氮气排放管线，其设置为每条臂上安装一条氮气线，从 Style 40 回转接头顶点吹扫氮气；该氮气线安装在顶部，通过止回阀避免任何产品进入管线内，Style 50 回转接头使用软管来加分路，并通过软管实现其与 Style 40 回转接头的连接；其吹扫氮气压力为 0.2bar(g)，流量为 25L/min。

（四）位置监控

为了监控装卸臂移动位置，并在超过控制箱时发出报警信号，本装卸臂设计了两套位置监控，一套为接近开关，另一套为位置检测系统(PMS)。

1. 接近开关

每个卸料臂均装备有接近开关，用于控制作业范围内的运动。

作业范围内用于卸料臂运动的接近开关位置如下：

（1）三个接近开关位于 Style 50 回转接头立管转节上，用来控制 LNG 运输船水平位置的摆动角及相应的纵向漂移。

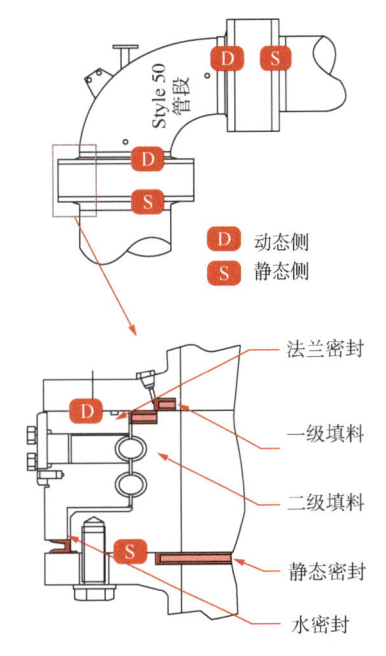

图 1.12　回转接头密封布置

（2）三个接近开关位于配重梁上，用来控制 LNG 运输船横向漂移时舷内/舷外臂的开度。

（3）其他接近开关位置如下：

① 表示 ERS 阀开启/关闭位置的两个接近开关；
② 在 PERC 销轴端部位置的一个接近开关；
③ 监测 PERC 卡箍的一个接近开关；
④ PMS 装置的三个电位计；
⑤ 安装在装卸臂选择阀组件上的一个接近开关。

2. 位置监测系统(PMS)

位置监测系统为一个永久性的监测系统，可以实时了解 LNG 船的所有装载(卸载)臂的 LNG 运输船或运输船歧管法兰的位置。

将卸料臂电位计中的数据传输到本地控制面板上的显示器和控制室(安全区域)中的监测计算机中。

PMS 读取卸料臂上 PMS 传感器的模拟输入，显示其位置并启动报警(PMS 预报警和紧急分离序列)。

PMS 通过发出各种信号通知操作者(和控制室)给出指令以停止装载(卸载)或进行紧急分离。

（五）电气绝缘（针对杂散电流防护）

为了隔断船和岸之间的杂散电流，在装卸臂设计时，要求有一个绝缘组件，FMC 装卸臂电绝缘装置安装在 Style 80 回转接头中间接头上。在旋转接头法兰重新组装后，必须涂上一层特殊的绝缘黑色涂层,以保证绝缘性能良好。

验收标准是在环境温度下,空载状态时,在电压为20V时,电阻为1000Ω。

四、维护事项

可将卸料臂置于维护位置,以便更为轻松地进行某些维护作业或测试 Style 80 回转接头设备。同时手动旋转 Style 80 回转接头至 90°,使装卸臂 QCDC 法兰连接在维修板上。针对装卸臂维护情况,对装卸臂进行日(周、月、年度)检查。日检查主要针对装卸臂试用期间的检查项目。

具体检查项目包括:液压系统的油位,五台蓄能器中的氮气充气压力,回油管滤油器,钢索接头(锻压螺纹接头和中心管套)是否紧固,整条钢索上润滑剂涂层,钢索外部锈蚀、断丝,滑轮状态,检查有无过度应变或过度磨损迹象,目测检查回转接头上是否有渗漏(不拆解),查液压设备上是否有渗漏(液压缸、蓄能器、柔性软管和所有管接头等),操作各个卸料臂,其操作方式需能够以全冲程延伸及缩回所有液压缸,检查作业范围及报警步骤。检查电气绝缘法兰(针对杂散电流防护)、液压缸状态以及活塞杆。

第二节　快速脱缆钩和绞盘

快速脱缆钩是一种安装于码头上,用于船舶绞缆、系缆及脱缆的专用设备,是系缆桩的更新换代产品;与系缆桩相比,该产品减轻了工人的劳动强度,提供了劳动效率、安全性和可靠性,在码头或船舶发生火灾险情等紧急情况时,需要船舶迅速离开停泊码头,此时操作人员操作手柄使锁定机构快速脱开,系泊缆绳迅速脱钩解锁,从而保证了码头和船舶的安全,避免巨大损失。

电动绞盘内包含了一台垂直安放成一体的直接啮合的行星齿轮电机、附带输出轴销锁止的绞盘。绞盘是完全密闭在缆钩基座结构内,可提供完全的机械保护和防腐蚀保护。固定的缆绳导向架可帮助操作人员把缆钩内的缆绳引导至正确位置。

脚踏开关能使双手腾出操作绞盘,使操作人员能更好地控制绞盘。这样的设计可以实现高效地系缆操作,将操作员的工作量降到最低并节省操作时间(图1.13)。

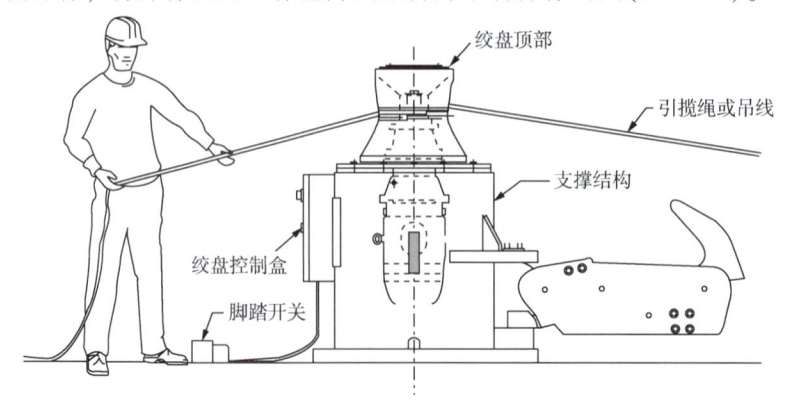

图1.13　脱缆钩操作示意图

快速脱缆钩和绞盘性能参数见表1.3。

表1.3 脱缆钩和绞盘性能参数

序号	项 目	参 数	数 量
1	三钩快速脱缆钩带绞盘	CB150-03-C	150t(工作荷载)	4套
2	四钩快速脱缆钩带绞盘	CB150-04-C	150t(工作荷载)	6套
3	CB150-03-C 三钩快速脱缆钩、CB150-04-C 四钩快速脱缆钩缆钩移动范围	垂直地平线以上45° 垂直地平线以下5° 地平线 90°/45°(左钩) 45°/45°(中钩) 45°/90°(右钩)	
4	缆绳最大尺寸	每个缆钩最大可以承受2根系缆绳,每根为以下公称直径: 150T SWL 缆钩—10mm	
5	设计和荷载测试	最小测试荷载(工厂测试)为1.25×SWL,每个缆钩均被单独测试	
6	安全工作荷载(SWL)时手动脱放的力	20kg	
7	绞盘性能特征	6t 启动拉力; 脱缆速度25m/min时的工作拉力为3t; 可正反向操作带制动装置	
8	绞盘马达外壳类型	IEC 外壳/TEFC(完全密封风扇冷却)危险	
9	绞盘马达电压	380V,3相,50Hz	
10	马达尺寸/防护等级/绝缘等级	4级/IP66、防风尘/F	
11	加热器	240V 单项加热器	
12	制动扭矩力(仅适用于可反向马达)	相当于马达正常工作扭力矩的150%	
13	制动操作(仅适用可反向马达)	自动,可以在电源关闭带缆情况下强行阻止绞盘倒退	
14	3×150T 缆钩/绞盘/基座	3450kg	
15	4×150T 缆钩/绞盘/基座	4580kg	

(1)每套完整系统包含:
① 高荷载声光报警和 QRH 的安装支座;
② 智能钩荷载监控;
③ 绞盘控制;
④ 远程脱放。
(2)防火星/防冲击保护:

① 缆钩的铸造设计包含三个合成橡胶防撞块。
② 橡胶防撞块能吸收缆钩从高荷载下脱钩产生的能量，该防撞块能有效用来防止对金属部件的碰撞。

（3）绝缘。

缆钩和钩基之间是绝缘的。这样可以保证船岸之间不会因为缆绳而传导电流，这个设计广泛应用在 THM 的产品体系中。注意：绝缘材料为胶木。

（4）基座结构和地脚螺栓。

（5）表面处理。

（6）危险区的马达启动器和脚踏开关的电气特征。
① 马达是直接启动的；
② 控制盒前面的选择开关能够进行绞盘的可逆操作；
③ 马达启动器拥有 Ex d ⅡB T6 防爆认证，可以安装在危险 1 区内；
④ 马达启动器上有一个紧急停止按钮；
⑤ 过载保护器包括：过载过热保护；相位故障保护；一个 D 型断路器提供短路保护；脚踏开关与保护器相连接以保证脚踏开关的回路安全。

（7）电气通信和装配。
① 绞盘将完全安装在缆钩基座结构上并在正确位置附带 D.O.L 马达启动器。
② 绞盘马达、绞盘马达启动器及脚踏开关都为有线式。

第三节　登　船　梯

登船梯系 LNG 码头泊位上的提供登船用的设备，供船员、操作人员及其他有关人员安全方便上下船舶的装置(图 1.14)。

一、主要技术参数及性能

登船梯主要技术参数及性能见表 1.4。

二、组成及作用

登船梯主要由三角梯、前梯、主梯、塔架、吊架、旋转平台、立柱、扶梯等结构及前梯调位、主梯调位、旋转、升降等机构组成。悬梯采用可俯仰式，并带有变踏步机构，整个悬梯与平台旋转以适应各类使用情况。前梯可调位，适应船舶漂移及改善悬梯自身高度。整个悬梯旋转以适应各类船型甲板面的不同布置及非工作状况下登船梯在码头面上的放置。

悬梯的一端铰接于旋转平台，作业时，其另一端由前梯搭于甲板上；不作业时，由俯仰机构抬起，旋转 90°以避免船梯同其他设施发生碰撞。若遇大风或较长时间不作业和维修时悬梯拉起，悬梯旋转，使悬梯端部搭于码头平台上。升降机构使旋转平台根据船舶高度在塔架上升降到一定高度位置。

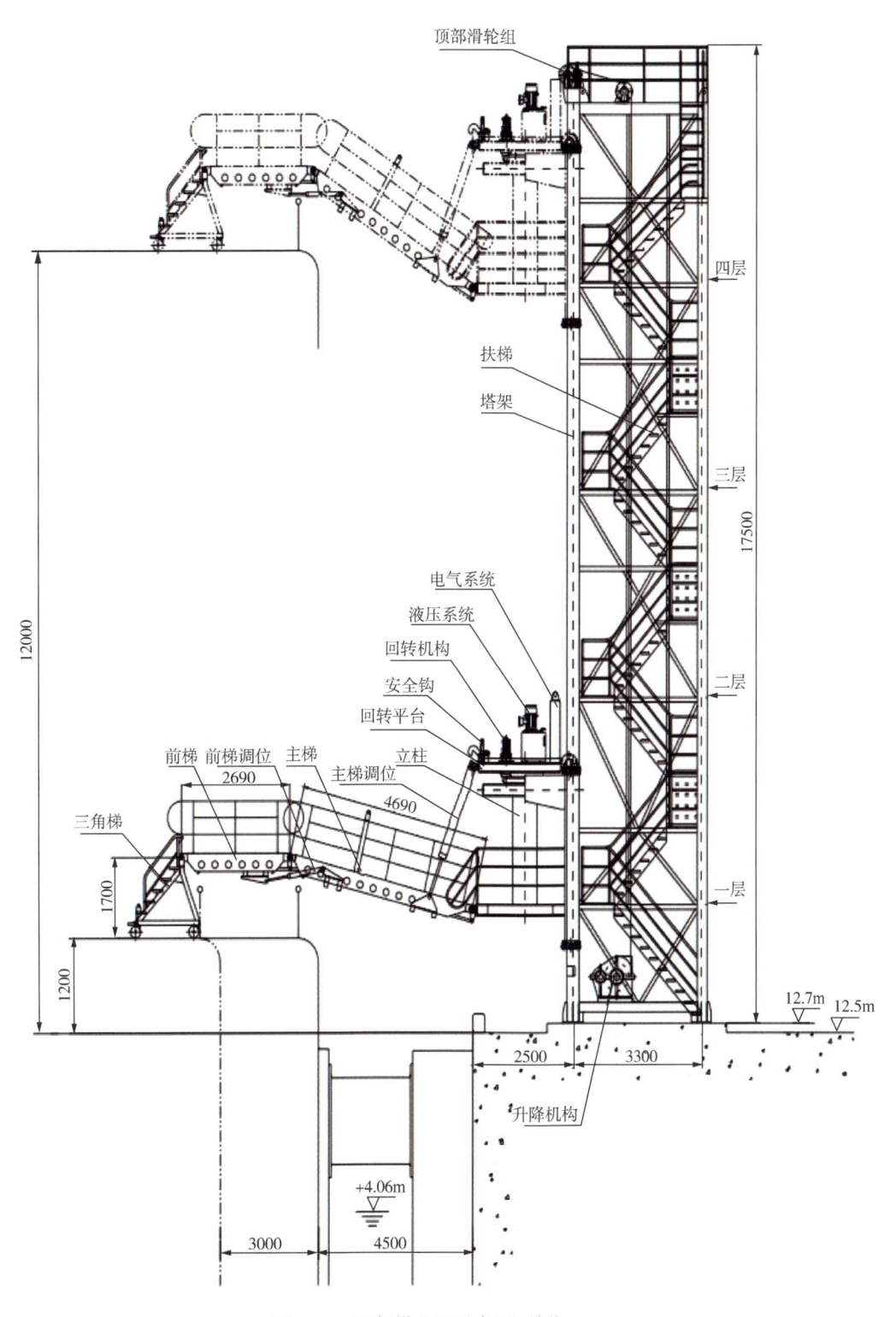

图 1.14　登船梯立面示意图（单位：mm）

表1.4 登船梯主要技术参数及性能

总体	设计船型		80000-140000GT	前梯调位	型式	双侧油缸调位
	工作高度	码头面上	12.0m		调整角度	0°~60°
			1.2m	主梯俯仰	型式	双侧油缸驱动
	悬梯	长度	8.375m		调整角度	-50°~70°(非工作)
		宽度	800mm			-45°~45°(工作)
		俯仰角度	-50°~70°(非工作)	回转机构	型式	油马达驱动
			-45°~45°(工作)		回转速度	0.17r/min
	总功率		18.5kW		回转角度	-90°~90°
	总高度		17.5m	升降机构	型式	钢丝绳牵引
	总质量		32t		升降速度	4m/min
液压系统	工作压力		16MPa	电气系统	防爆等级	dⅡBT4
倾覆力矩			$M=1500kN \cdot m$		防护等级	IP66
水平力			$T=100kN$	设计风速(非工作)		55m/min
垂直力			$P=320kN$	地脚螺栓		M42
				地脚螺栓数量		48

第四节 码头护舷

码头护舷是码头边缘使用的一种弹性缓冲装置,主要用于减缓船舶与码头之间在靠岸或系泊过程中的冲击力,防止和消除船舶及码头受到损坏;大连LNG接收站码头共布置TD-A2250H橡胶护舷4组及D300H型橡胶护舷21组(图1.15、图1.16)。

码头护舷包括护舷本体、防冲板、贴面板、拉链及涉及的所有预埋件、连接件。护舷规格表见表1.5。

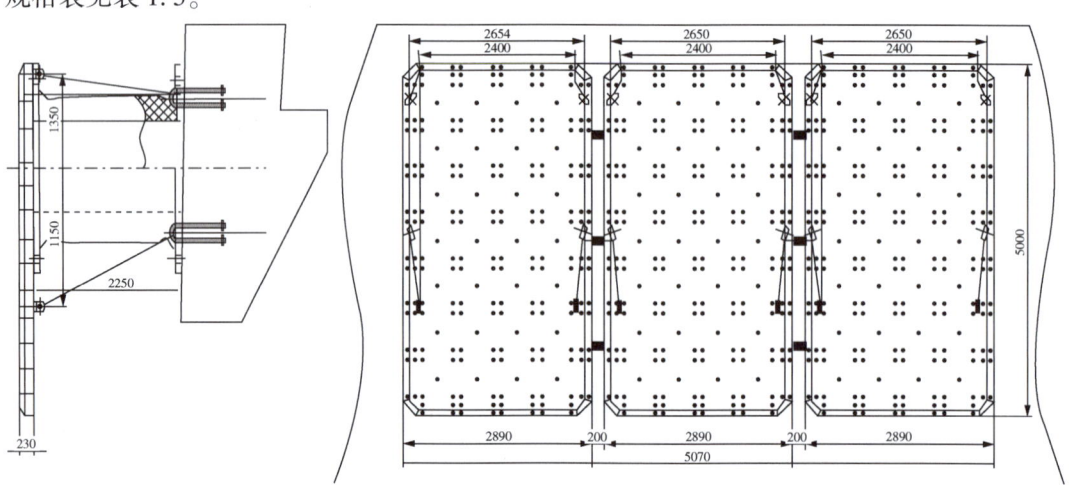

图1.15 TD-A2250H橡胶护舷安装图(单位:mm)

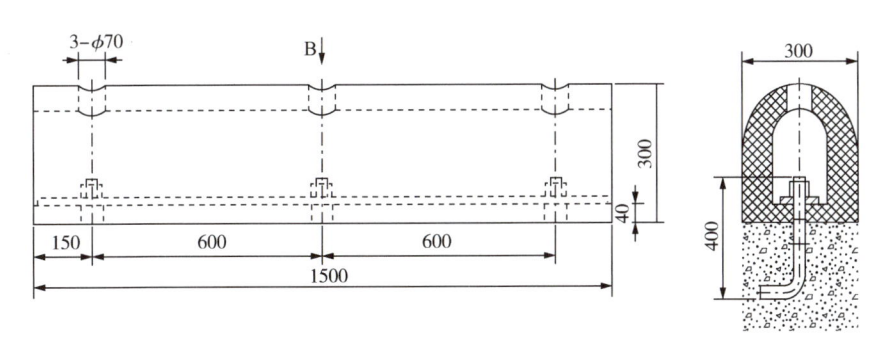

图 1.16　D300H 型橡胶护舷安装图(单位：mm)

表 1.5　码头护舷规格表

序号	名称	规格	材质	数量	备注
1	D300H 型橡胶护舷	TD-D300H×1500L-3Z，1500mm	橡胶	21	包括其他配套件
	定位板	1480mm×100mm×6mm	Q235 涂漆	21	
2	TD-A2250H 橡胶护舷	TD-A2250H×3×1	橡胶	4	包括其他配套件
	防冲钢板	9070mm×5000mm×230mm	16Mn 热喷锌	4	
	贴面板		PE	600	
	普通链条	ϕ40mm	Q235 热浸锌	24	
	弹簧链条	ϕ40mm	Q235 热浸锌	24	

第二章　储罐区设备设施

第一节　LNG 储罐

一、类型

LNG 储罐是 LNG 接收站储存工艺系统核心设备，伴随着材料和焊接技术的发展，LNG 储罐越来越趋于大型化和多样化。LNG 储罐属常压、低温储罐。

LNG 储罐一般可按容量、围护结构隔热、形状及罐的材料进行分类：

(1) 按储罐结构形式分有单包容罐、双包容罐、全包容罐和薄膜罐；

(2) 按照容量大小分为小型储罐、中型储罐、大型储罐、特大型储罐；

(3) 按照围护结构的隔热分为真空粉末隔热、正压堆积隔热、高真空多层隔热；

(4) 按储罐形状分为球形储罐和圆柱形储罐；

(5) 按罐放置分为地上型和地下型（细分为埋置式和池内式）；

(6) 按材料分为双金属型、预应力混凝土型、薄膜型；

(7) 按罐围护结构分为单围护系统、双围护系统、全封闭围护系统、薄膜型围护系统，其中，单包容罐、双包容罐、全包容罐均为双层罐，由内外罐组成，在内外罐间填充保冷材料。

（一）地下储罐

地下储罐除罐顶外，罐内储存的 LNG 的最高液位在地面以下，罐体坐落在经过处理的不透水的地层上。为防止周围土壤冻结，在罐底和罐壁设置加热器，也有的在储罐周围留有厚 1m 的冻土层，以提高土壤的强度和水密性。地下储罐采用圆柱形金属罐，外面有钢筋混凝土外罐，能承受自重、液压、地下水压、罐顶、恩度、地震等载荷。内罐采用金属薄膜，紧贴在罐体内部，能承受温度、液压、气压的变动。

地下储罐比地上储罐具有更好的抗震性和安全性，不易受到空中物体撞击，不会受到风载影响，但地下储罐必须位于地下水位以上，且施工周期长、投资高。

（二）地上罐

目前世界上 LNG 储罐应用最为广泛的是金属制成的圆柱形双臂地上储罐。分为单容罐、双容罐、全容罐和薄膜罐。

单容罐外罐壁材质是普通碳钢，不能承受低温 LNG，也不能承受低温气体，一般建在远离居民区的位置，要求有较大的安全距离。

双容罐具有耐低温的金属材料内罐和混凝土外罐，在内筒发生泄漏时，气体会发生外泄，但液体不会外泄，增强了外部安全性，同时在外部有危险时，外层混凝土墙有一定的保护作用，其安全性大于单容罐。根据规范要求，双容罐不需要设置防火堤，但也要求较大的安全距离。

全容罐是采用9%镍钢为内筒、铝吊顶、镍钢外筒和预应力混凝土外筒及顶盖、底板。外筒或混凝土墙与内筒之间距离约为1~2m，允许内筒LNG和气体向外筒泄漏，可以避免火灾发生。其设计最大压力为30kPa，允许最大操作压力为25kPa，设计最低温度为-170℃，由于全容罐外筒可以承受内筒泄漏的介质，并不会向外泄漏，其安全防护距离要小得多。

全容罐具有混凝土外罐和罐顶，可以承受外来飞行物的撞击和热辐射，对周围火情具有良好的耐受性。

膜式罐采用了不锈钢内膜和混凝土外罐，对防火和安全距离的要求与全容罐相同，而与双容罐和全容罐相比，它只有一个筒体。内膜很薄，没有温度梯度的约束。可以防止液体的溢出，安全性较高，适宜在地震活动频繁及人口密集地区使用，缺点是可能会有微量泄漏。

目前，中国已经建设的LNG储罐都是全容式，其中，中石油深圳液化天然气有限公司建设了3座地下式全容罐，北京燃气天津南港液化天然气有限公司项目开始建设6座膜式罐。

二、全容罐

由于全容罐具有更高的安全性，在LNG储存越来越大型化、且对安全性要求越来越高的情况下，全容罐得到了广泛的应用。

（一）全容罐结构

地上式全容罐一般为平底双壁圆柱形。内罐材质为9%镍钢，外罐为预应力钢筋混凝土，罐顶未悬挂式绝热支撑吊顶，内外罐之间填充未膨胀珍珠岩、弹性玻璃纤维和泡沫玻璃等绝热材料。

内罐设计压力为29kPa和真空下为-1.5kPa，设计温度为-170~60℃；混凝土外罐能经受6h的外部火灾，承受加速度0.21g地震，风力70m/s，重110kg、速度为160km/h的行物冲击，当发生内罐LNG溢出时，外罐混凝土墙至少要保持有10cm不开裂，并保持2MPa以上的压应力；最大日蒸发率不大于0.05%。

全容罐设计标准为《低温工作条件下的立式平底圆筒形储罐》(Flat-bottomed, vertical, cylindrical storage tanks for low temperture service)(BS7777：1993)，国内还没有相应的标准支持。

（二）全容罐保冷设计

为最大程度地限制热泄漏进入储罐内，尽量减少热损失，储罐蒸发率要小于0.5‰的设计要求，在罐体保温结构设计、保温材料选用方面有特殊的要求。罐体的不同部位有不同的类型保温材料。

内层罐和外层罐之间环形空间填充膨胀珍珠岩，内层罐壁的外侧安装玻璃纤维保温毯，吊顶上铺设一定厚度的膨胀珍珠岩，施工程序是内罐外壁纤维玻璃棉，绑扎后加热到

900℃，在良好天气，再从罐顶填充珍珠岩，分层填充，分层夯实，直到罐顶；最后进行吊顶珍珠岩铺设，同时要把捆绑珍珠岩的绑扎带拆除，防止过冷脱落，被吸入高压泵入口。

储罐保温另一个关键区域是底板，采用泡沫玻璃砖，同时考虑防潮设计；多层施工的顺序是：防潮衬板—混凝土找平—中间垫毡层—硬质泡沫玻璃块—中间垫毡层—硬质泡沫玻璃块—中间垫毡层—干沙层—罐底板—混凝土找平层—中间垫毡层—硬质泡沫玻璃块—中间垫毡层—干沙层—罐底板。

(三) 试验

1. 水压试验

内罐充水，进行盛水试验。在空罐，1/4、1/2、3/4 的液位高度和设计盛满水高度，分别进行基础沉降、环向位移、径向位移及倾斜测量；内罐静水压充水试验的目的：一是检查储罐基础在充水和放水过程中的沉降情况，消除基础的不均匀沉降量，以便对出现的问题给出及时的解决办法；二是检验罐体泄漏情况，对发现的问题做出补救，确保储罐正常使用，水压试验后，对罐底板搭接焊缝、环板的对接焊缝、罐壁板与环板 T 焊缝进行第二次真空试验。

2. 气压试验

内罐盛水试漏合格后，将外罐开口大门封闭，进行外罐气密试验。试验压力为36.25kPa，时间为1h，气压试验目的是试内罐墙体衬板、拱顶衬板的严密性，外罐混凝土墙体和穹顶的强度和严密性。

3. 负压 0.05kPa 真空试验

负压试验的目的测试外罐混凝土墙体和穹顶的稳定性。

三、大连 LNG 接收站储罐概况

大连 LNG 接收站储罐区包括三座 LNG 储罐，为全包容式混凝土顶储罐(FCCR)，每台储罐内设计四个泵井，泵井各布置一台低压输送泵，储罐内的 LNG 通过低压泵加压后输送至低压输送总管后方可进入下游工序。

LNG 储罐由内罐和外罐组成，内罐采用9%镍钢，外罐用预应力混凝土材料建成(包括罐顶)。其环隙空间、吊顶板及罐底都设有保冷层，罐内保冷层材料主要为膨胀珍珠岩、弹性玻璃纤维毡及泡沫玻璃砖等；保证储罐日最大蒸发量不超过储罐容量的 0.05%；储罐的内外罐各自有独立承受储存介质的能力，不设防火围堰，具体结构如图 1.17 所示。

储罐支撑有 360 根钢筋混凝土灌注桩，直径为 1.2m，灌注桩上部直径为 86.6m，厚度 0.9m，用于支撑钢结构内罐及预应力混凝土外罐的钢筋混凝土承台，预应力混凝土外罐墙体竖向分布 122 根，环向 220 根抗拉强度为 1860MPa 的钢绞线，竖向钢绞线锚固于墙底部及顶部；环向钢绞线每一束环绕混凝土墙半圈，分别锚固于四根竖向扶壁柱。用液压工具拉伸到设计的应力后，两端固定，水泥浇筑。

每座储罐有效工作容积为 $16×10^4 m^3$。为防止 LNG 泄漏，罐内所有的流体进出管道及所有仪表的接管均从罐体顶部连接。每座储罐设有两根进料管，既可以从顶部进料，也可以通过罐内插入立式进料管实现底部进料，进料方式依据来船 LNG 密度与储罐内 LNG 密度差进行选择，主要目的是防止 LNG 储罐内的液体分层产生翻滚事故。LNG 储罐通过一根气相管线与蒸发器总管连接，用于输送储罐内产生的蒸发器和卸船期间置换的气体至 BOG 压缩机、LNG 船舱及火炬系统。

储罐的设计压力为 -0.5~29kPa(g)，储罐的压力是通过 BOG 压缩机压缩回收储罐内产生的蒸发器进行控制。排放过量的蒸发器至火炬系统是储罐的第一级超压保护，每座储罐还配备四个安全阀，是储罐的第二级超压保护，超压气体通过安装在罐顶的安全阀直接排入大气。

每座 LNG 储罐都设有连续的罐内液位、温度和密度监测仪表，以防止罐内 LNG 发生分层和溢流。

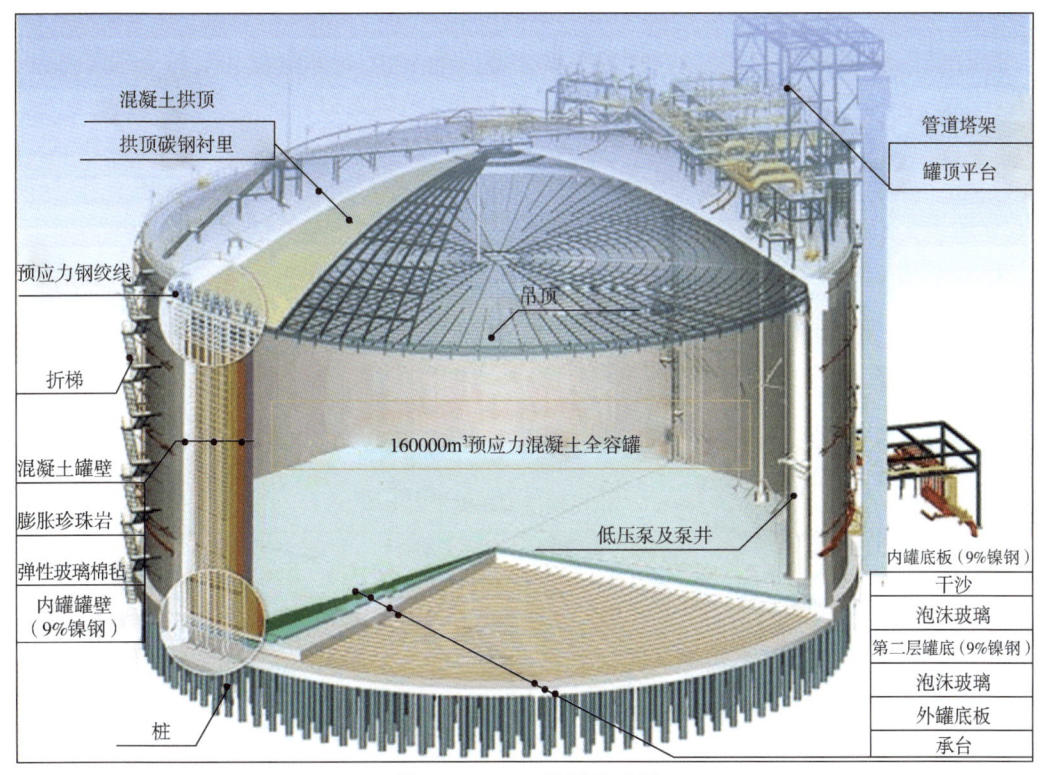

图 1.17　LNG 储罐示意图

四、LNG 储罐储存安全性能要求

LNG 储罐投用后，在正常使用中，必须时刻关注其安全性，从罐体结构沉降、倾斜及内部 LNG 的预防翻滚现象。

（1）对 LNG 储罐进行沉降观测。
（2）依据设计的承台内孔，对 LNG 储罐倾斜进行测量。
（3）防止 LNG 储罐内的 LNG 分层和产生漩涡。
（4）防止因 LNG 产生翻滚造成事故。

第二节　低压输送泵

LNG 低温泵是 LNG 接收站输送系统关键设备，由于 LNG 温度在-162℃，温度低，易气化、易燃、易爆，因此对泄漏要求严格，泵必须在低温条件下轴封可靠；为防止处于气液平衡态的 LNG 在泵内气化、保持泵内 LNG 与储罐内 LNG 具有相同的温度，LNG 泵设计成浸没式结构，连同电动机一起浸没在 LNG 液体的储罐内。

LNG 低温泵和电机共用一根轴，整体浸没在 LNG 液体中，没有轴封结构，不需要联轴器，使用 LNG 介质整体冷却运行中产生的热量，保证了泵轴承的安全运行。

一、结构组成

LNG 低压离心潜液输送泵，通常用于将储罐内的 LNG 向外输出，泵体全部零部件均浸没在 LNG 液体中，泵一经启动，在之后再次启动时无需吹扫和预冷。

LNG 低压输送泵主要由底阀、导流器、叶轮、扩散器、平衡盘等零部件组成（图 1.18），泵内部的泵轴采用自润滑型轴承，无需外部润滑。低压输送泵末级叶轮出口处设计有平衡盘，用于平衡轴向力，减少对轴承的作用力，从而延长泵的使用寿命。

LNG 低压输送泵安装于泵井的底部，泵井与储罐通过底阀隔开，当低压输送泵的底座压到底阀上时，凭借泵的自身重量将底阀打开，泵井与储罐连通，LNG 充满泵井。

二、主要性能参数

低压输送泵主要性能参数见表 1.6。

表 1.6　低压输送泵主要性能参数

序号	项目	参数	序号	项目	参数
1	工作液体	液化天然气	8	满载电流	38.3A
2	位号	P-1201/1202/1203A/B/C/D（每台储罐四台）	9	启动电流	249A
3	型号	8ECR-152	10	设计压力	15.3bar(g)
4	电动机功率	310kW	11	设计流量	460m³/h
5	电源	6000V/50Hz/3 相	12	泵扬程	280m
6	设备外形尺寸	φ577mm(泵壳尺寸)、高度 2390mm	13	操作温度	-161.2℃
7	设备质量	泵体 1210kg、顶板 545kg、电力线缆 562kg，合计质量 2317kg	14	泵转速	3000r/min

三、轴向力平衡

泵运行中，因为入口压力和出口压力差，在叶轮面上，会产生轴向力，平衡这个轴向力，常规采用对称双吸叶轮、平衡鼓、平衡盘、末级叶轮开设平衡孔的方法。

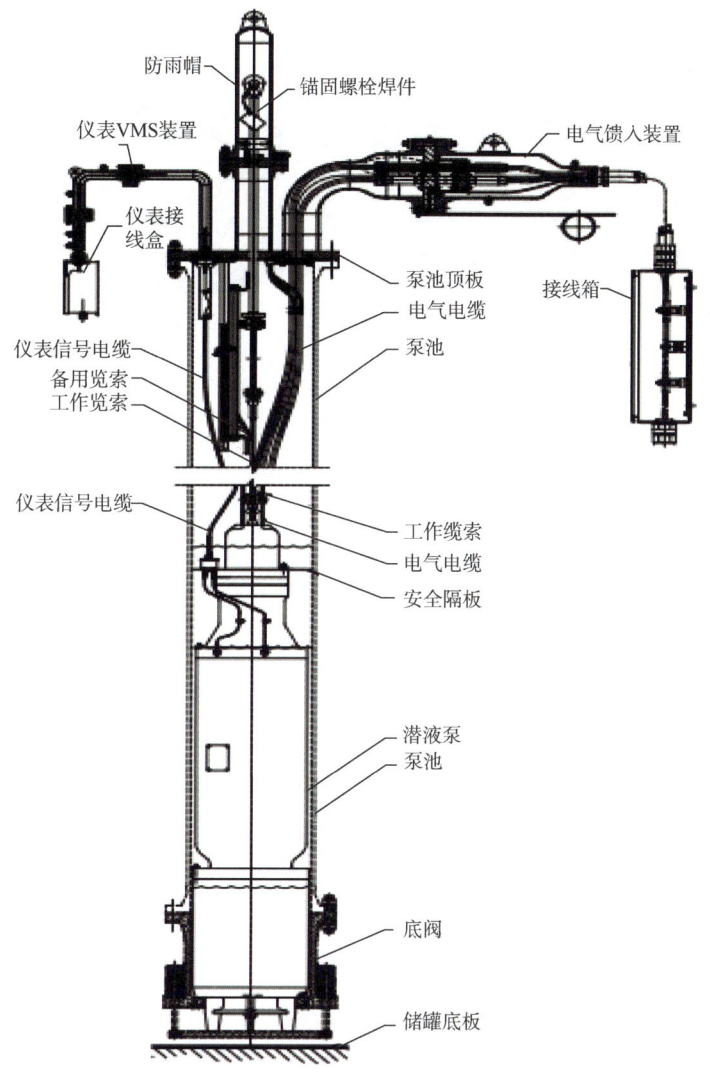

图 1.18　LNG 低压泵立面示意图

大连 LNG 接收站低压泵是采用末级叶轮制造成一种特殊的结构，末级叶轮在背面设有可调整口环，在泵运行时，会随着泵压力自动调节间隙的大小，从而调整叶轮背面产生的压力，达到轴向力的平衡。具体结构如图 1.19、图 11.20 所示。

四、维修

低压泵安装在储罐泵井内，在 LNG 储罐内安装运行，深入储罐内部液面下超过 30m，维修时无法排净储罐内部的 LNG，故在泵井下部安装一个底阀，利用泵自身重量控制阀门开关，在泵维修时，必须将底阀关闭，当泵运行时，底阀是打开的状态，判断低压泵是否将底阀关闭或者打开。现场依据是提升泵称的读数和泵提升杆上升和下降的高度及在操作过程中称重量的逐渐变化进行综合判断，否则在泵打开底阀过程中容易误判，导致泵卡在底阀导向支撑上，而没有将泵底阀打开。

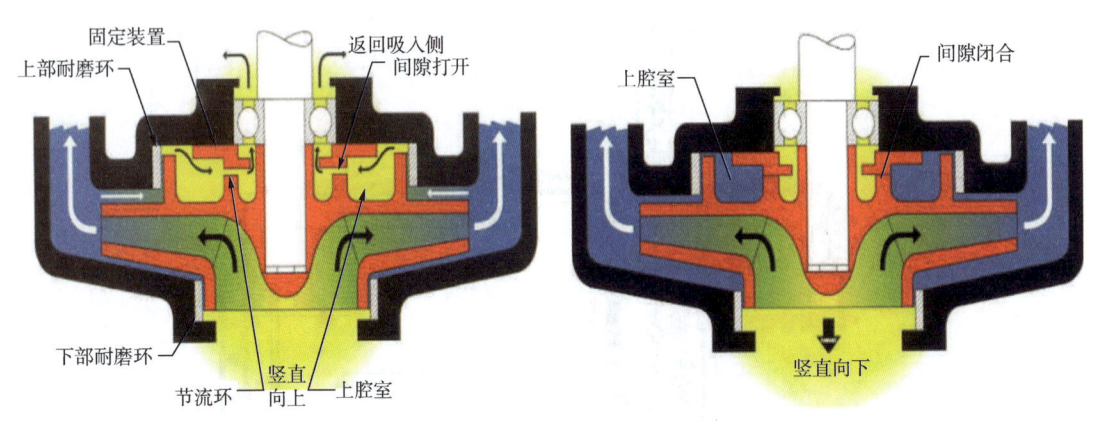

图 1.19　轴向力平衡结构图　　　　　图 1.20　轴向力平衡结构图

第三章　海水系统设备设施

海水取水区主要为开架式气化器(ORV)提供稳定和清洁的海水热媒，格栅清污机可清除水源中漂浮的草木、垃圾等杂物，旋转滤网能连续拦截并清除循环水源中的悬浮杂物，次氯酸钠系统产生的 NACLO 可有效防止海水泵坑、管道及 ORV 水槽及面板海生物滋生，保证海水泵的正常稳定运行。

第一节　海　水　泵

大连 LNG 接收站设置多台海水泵，其中一期四台为日本酉岛制作所生产的 SPV 型单级式海水泵，二期三台为湖南湘电长沙水泵有限公司生产的单级式海水泵。

一期海水泵为竖轴驱动，湿坑型，酉岛独特设计的 SPV 型单级式，叶轮是混流型，壳体是扩散碗型。泵轴之间通过壳型联轴器连接。该泵轴承是无缝橡胶型，通过从外部水源供的水和轴密封管内泵送的水来进行润滑。可更换的耐磨环分别配备在叶轮和壳体上。水力轴向推力和转子重量由泵轴承支撑。该轴密封型式是无石棉的填料密封。电动机是安装在独立的钢结构电动机座上的，通过油脂润滑的齿轮式联轴器连接在泵上。从顶部往下看，泵的旋转方向是顺时针方向(图 1.21)。

二期海水泵电动机与泵直联、单基础安装、吐出口在基础层之下；垂直向下的喇叭口吸水，水平吐出；泵的下部浸没在水中，采用水润滑导轴承，并有轴保护管将清洁的润滑水与泵输送水隔开；泵制成转子不可抽出式，即泵维修拆卸时必需拆动外筒体；叶轮和喇叭口之间的间隙值通过上部联轴器处的调整螺母予以调节；水泵的轴向推力由电动机承受(图 1.22)。

海水泵技术参数见表 1.7 至表 1.10。

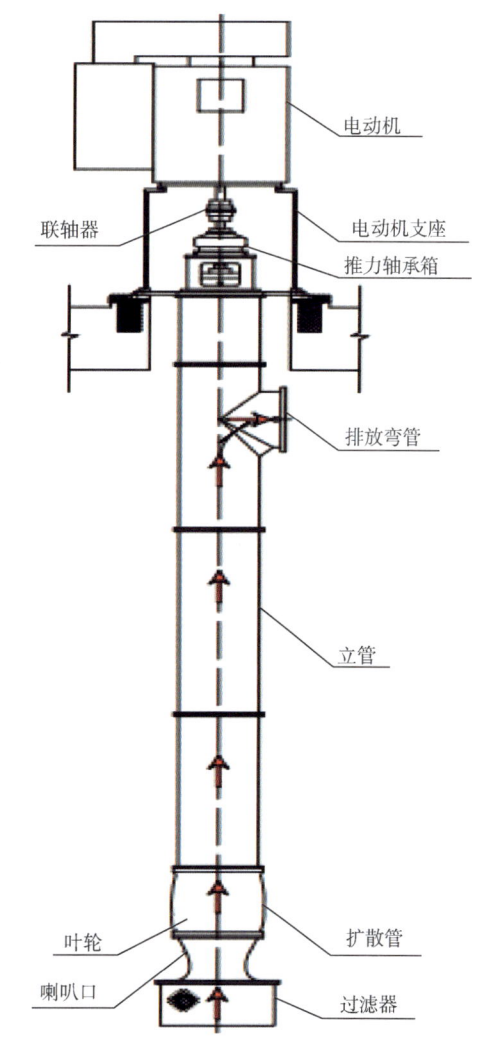

图 1.21　大连 LNG 接收站(一期)海水泵

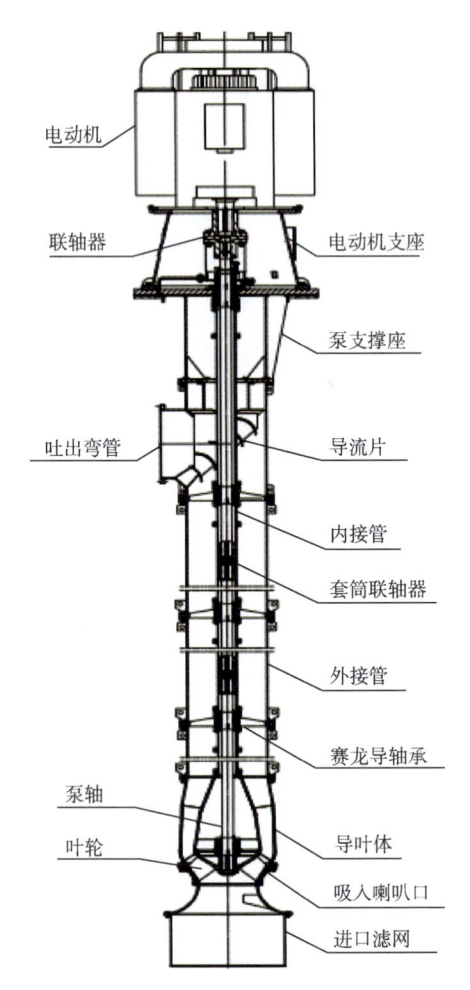

图 1.22 大连 LNG 接收站(二期)海水泵

表 1.7 大连 LNG 接收站(一期)海水泵技术参数

	海水泵		电动机	
序号	项目	参数	项目	参数
1	位号	P-2301A/B/C/D	额定功率	1500kW
2	泵型号	SPV900	额定电压	6000V
3	泵介质	海水	额定频率	50Hz
4	介质温度	30.1℃	极数	8
5	额定扬程	41m	绝缘等级	F
6	额定流量	8930m³/h	电动机质量	6300kg
7	额定转速	740r/min	水泵质量	13200kg

表1.8　大连LNG接收站(一期)海水泵主要部件及材质

序号	项目	材质	序号	项目	材质
1	叶轮	CD4MCu	5	轴	SUS329J4L
2	扩散壳体	CD4MCu	6	填料密封	Pillar 6501L
3	提升管	SUS329J3L	7	O形圈	NBR70
4	出口弯管	SUS329J3L	8	推力轴承	陶瓷轴承

表1.9　大连LNG接收站(二期)海水泵技术参数

序号	海水泵		电动机	
	项目	参数	项目	参数
1	位号	P-2301E/F/G	功率	1120kW
2	型号	36LBXA-32	额定频率	50Hz
3	输送介质	海水	绝缘等级	F
4	介质温度	26.2℃	防护等级	IP55
5	配套功率	970kW	额定电压	6000V
6	扬程	32m	额定电流	135.8A
7	流量	9180m^3/h	效率	94.5%
8	转速	742r/min	功率因素	0.84
9	效率	85%	冷却方式	IC611
10	必须汽蚀余量	8.91m	推力轴承冷却水量	3m^3/h
11	最小淹没深度	2.9m	冷却水压力	0.1~0.3MPa
12	泵质量	11500kg	电动机质量	10500kg

表1.10　大连LNG接收站(二期)海水泵主要部件及材质

序号	项目	材质	序号	项目	材质
1	吸入喇叭口	CD3MN	10	主轴a/b/c	022Cr22Ni5Mo3N
2	导叶体	CD3MN	11	叶轮	CD3MN
3	外接管a/b	022Cr22Ni5Mo3N	12	套筒联轴器	45
4	内接管a/b/c	022Cr22Ni5Mo3N	13	轴承支架	022Cr22Ni5Mo3N
5	吐出弯管	022Cr22Ni5Mo3N	14	电动机联轴器	ZG310-570
6	泵安装垫板	Q235B	15	泵联轴器	ZG310-570
7	泵支撑座	022Cr22Ni5Mo3N+Q235B	16	导轴承	CD3MN+赛龙(SXL)
8	电动机支座	Q235B	17	轴套	022Cr22Ni5Mo3N
9	导流片	022Cr22Ni5Mo3N	18	进口滤网	022Cr22Ni5Mo3N

第二节　旋转滤网

一、结构组成

旋转滤网主要由动力装置、工作链轮主轴装配、主轴两端可调轴承座和带滑道固定轴承座支架、工作链条、网板、轨道、过载保护装置、冲洗系统、排污槽、主机护罩、弧形侧封板及密封橡胶等组成。

电动机转动带动减速机转动，减速机上的小传动链轮随之转动；小传动链轮转动，通过与其啮合传动链条带动工作链轮主轴装配上的大传动链轮转动；大传动链轮转动带动工作链轮主轴转动，工作链轮随之转动；工作链轮转动带动与其啮合的工作链条转动。工作链条与工作链轮啮合部分为旋转运动，工作链轮半径以下脱离啮合部分到水池底部圆弧形轨道半径以上之间的距离为直线运动。工作链条运动带动其上网板运动。由于网板运动过程是一端上升，另一端下降，因此，网板上升端在上升过程中将过滤拦截到网面上的杂物带出地面。这时由地上冲洗水管上的喷嘴喷出的压力水将附着在网面上杂物冲落到排污槽中，再由排污槽将杂物冲推到排污沟中，然后集中卸污和运输。根据以上工作原理并根据水中杂物多少可安排定时工作或连续工作，达到过滤清污和用水量的要求。

旋转滤网可以正向连续运转。维修时通过电动按钮可反向运转，检查网板具体状况，方便维修。

链轮与减速机之间设置有一个安全开口轴销，当旋转滤网出现卡涩，减速机无法带动旋转滤网旋转时，开口销会受到超过轴销承受力的力，导致轴销断裂，保护电动机免收烧损。

二、主要技术参数

旋转滤网主要技术参数见表1.11。

表 1.11　旋转滤网主要技术参数

序号	项目	参数	序号	项目	参数
1	设备名称	旋转滤网（侧面进水，中间出水）	13	网板上升速度	1.8m/min、3.6m/min
			14	喷嘴冲洗水压	0.3MPa
2	设备位号	S-2302A/B/C/D/E/F/G	15	冲洗水量	115m^3/h
3	设备型号	XWC-2000	16	网板与网板之间间距	≤5mm
4	名义宽度	2000mm	17	网板与轨道之间间距	≤5mm
5	链板节距	600mm	18	电动机减速机型号	XWED3/4.5-95-1/391（行星摆线针轮减速机—电动机直联）
6	网孔尺寸	3mm×3mm
7	水室深度	12.7m
8	最大过水量	1200m^3	19	电动机型号	YD132M-8/4
9	最大过水流速	0.2m/s	20	电动机功率	3/4.5kW（H型、防护等级IP54、绝缘等级F级）
10	网板设计水位差	300mm
11	网板设计水位差	1500mm
12	水位差	200mm	21	控制柜	防护等级IP56

三、重要配套设备——反冲洗泵

反冲洗泵是旋转滤网运行中重要的配套设备，当旋转滤网运行时将过滤拦截到网面上的杂物带出地面时，由反冲洗泵供水，通过管道喷嘴喷出的压力水将附着在网面上的杂物清除，使海水达到过滤清污的要求。大连 LNG 接收站共设置两台反冲洗泵，一用一备。

反冲洗泵技术参数见表 1.12。

表 1.12　反冲洗泵技术参数

序号	项目	参数	序号	项目	参数
1	设备名称	反冲洗泵	7	转速	2950r/min
2	设备位号	P-2302A/B	8	材料及结构	ALL SS
3	设备型式	立式	9	尺寸	123PVaIUVV4502
4	型号	PVa	10	叶轮直径	215mm
5	流量	260m³/h	11	叶轮最大直径	270mm
6	额定扬程	30m	12	功率	45kW

第三节　格栅清污机

移动格栅清污机是用于海水取水系统的重要海水过滤设备，其主要作用是清除水源中漂浮的草木、垃圾等杂物。

一、技术参数

格栅清污机技术参数见表 1.13。

表 1.13　格栅清污机技术参数

序号	项目	参数	序号	项目	参数
1	设备位号	S-2301	6	提升速度	6~9r/min
2	设备型号	YPQ-2950	7	行走速度	3~6r/min
3	格栅名义宽度	3000mm	8	格栅栅条净间距	25~150mm
4	格栅安装倾角	90°	9	运行启动水位差	500
5	提升高度	10~30m	10	过栅流速	≤0.9m/s

二、结构

移动式格栅清污机分地上部分即清污机和地下部分即格栅及导轨。清污机由机架、护栏、主动行走机构、从动行走机构、主轴组装、翻耙机构、刮刀组装、电缆卷筒、清污耙、驾驶室、过渡导轨等组成（图 1.23）。

（一）大车行走组装

大车行走由机架和行走机构两部分组成，其中机架是框架式结构的零件，由型钢和钢板等焊接而成，它是一个基础件，除清污耙、电气控制装置外的其他零件均安装在机架上。机架组装包括排污槽、刮刀支撑梁、主轴底座、过度导轨等。行走机构由两套车轮组组成，由一台行走电机驱动。

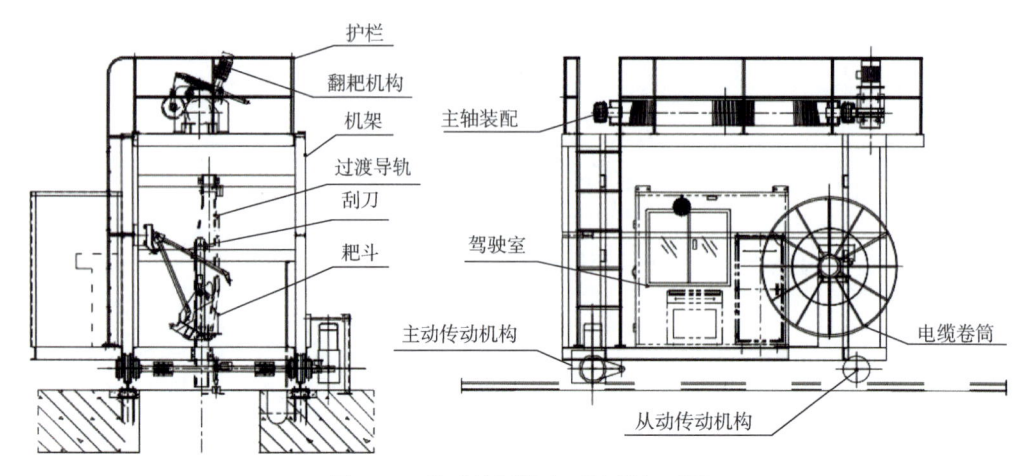

图 1.23　移动清污机立面及侧立面图

(二) 升降传动机构(主轴装配)

升降传动机构由主轴、轴承及轴承座、旋转限位开关、提升钢丝绳、翻转钢丝绳等组成，主轴由无缝钢管和圆钢制作，其上有三个钢丝绳螺旋槽。主轴由两个轴承座支承安装在机架上，机架安装在平台上。带制动器的轴装减速电动机安装在主轴的一端。

(三) 清污耙

清污耙由带四个导向滚轮的小车和可在小车上翻转一定角度的清污耙斗组成。清污耙的小车在其专用轨道内上下行走。

(四) 耙斗翻转机构

耙斗翻转机构由电动推杆、推杆支座、滑轮支架、主支架、带座轴承、导向滑轮及滑轮轴等组成。

(五) 刮刀组装

刮刀组装包含带座轴承、刮板、刮刀支架等。不卸污时，刮刀处在下部位置(其位置可通过调节螺栓进行调节)，卸污时耙斗上升耙斗左端与刮刀接触，耙斗继续上升，带动刮刀绕轴承支架旋转使刮刀向右移动，即将耙斗上的污物向右刮移，当耙斗到达上部极限位置时，主轴停止旋转，刮刀到达耙斗的右端，耙斗上的污物被刮下，通过拦污挡板落入排污沟。

(六) 安全保护装置

安全保护装置主要有松绳保护、过载保护、行程限位保护及电气控制的有关保护。

(七) 松绳保护装置

在每根提升钢丝绳上配备一个松绳保护装置，正常时钢丝绳是绷紧的，如果钢丝绳松弛，接近开关动作，控制系统发出声(光)报警信号，机器便停止运行。

(八) 导轨装配

导轨是一槽形零件，主要是限制耙斗小车的运动轨迹，承受耙斗受到的水流压力，用不锈钢制作，除孔外一般不进行机械加工。

第四节　平板钢闸门

平板钢闸门(图1.24)用于关闭海水系统过滤水道；其主要由闸门体和导槽组成，置于水室墙壁内，闸门本体由碳钢钢板和型钢制作，用压板将成型的氯丁橡胶密封条固定在闸门体上。成型密封只在水下密封。潜孔闸门口上部直到平台设有护墙。闸门只在静水中提升或下降，这时闸门两侧承受相等的压力。在闸门提升前，用所提供的提升梁在启吊上升运行前的初始阶段打开闸门上的平衡阀，使闸门前后两面水位平衡。

闸门两侧边装有导向块与水室墙壁上导轨配合，当闸门下降到底部时，二者间隙允许闸门在水下前移，使氯丁橡胶密封条同装于水室闸门孔口的密封框架紧密接触以实现密封。

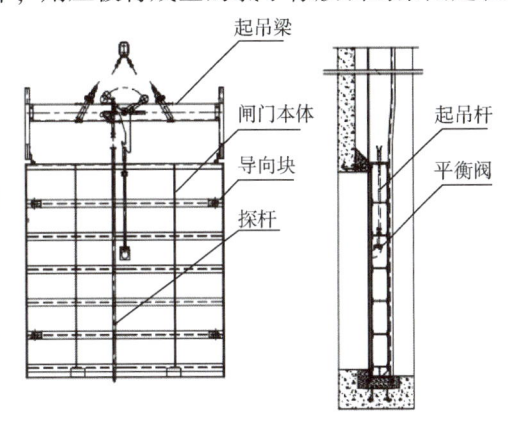

图1.24　平板闸门典型截面图

装在闸门上的定距推杆同水室底部接触后，可使提升梁脱开。这个装置还能防止闸门沿导轨降到水室底部前受阻挡时脱开。

平板钢闸门及起吊梁技术参数见表1.14。

表1.14　平板钢闸门及起吊梁技术参数

序号	平板钢闸门		起吊梁	
	项目	参数	项目	参数
1	闸门型式	潜孔平板钢闸门	数量	1
2	名义宽度	2.95m	型式	单钩、半自动
3	名义高度	3.00m		
4	设计水头	5.26m		
5	平衡阀数量	2		
6	止水型式	单向密封，正向、橡胶止水		
7	水室底标高	-5.60m		

第五节　次氯酸钠装置

为防止海水取水区海生物滋生，保证海水系统的正常运行，工艺海水系统配有次氯酸钠装置两套(一用一备)，次氯酸钠装置采用电解海水方式产生，并将其投加至海水中。装置由次氯酸钠发生器、次氯酸钠溶液投加泵(图1.34)、次氯酸钠溶液储存罐、稀释风机等设备组成。

一、次氯酸钠发生器

本设备用于电解海水制次氯酸钠。海水进入海水升压泵增压后被注入过滤器除去固体微粒，过滤后的海水进入制次氯酸钠发生器。在电解槽中，通过电化学反应产生次氯酸钠（NaClO）和氢气（H_2），产生的 NaClO 和 H_2 进入 NaClO 储罐，这时，气体将被分离出来。NaClO 溶液将通过投加泵注射到 NaClO 投加点。同时，部分 NaClO 溶液通过再循环系统进入电解槽上游与海水混合，H_2 将被稀释到低于 1% 浓度后排入大气。

电解槽技术参数见表 1.15。

表 1.15 次氯酸钠电解槽技术参数

序号	项目	参数	
		1号发生器 G-2301A	2号发生器 G-2302A
1	电解槽类型	CECHLO-M600X2，直流电解	
2	NaClO 生产能力	25kg/h 有效氯	25kg/h 有效氯
3	流量	22m³/h	22m³/h
4	NaClO 浓度	1500μg/g 有效氯	
5	电解槽主要材料	外壳：U-PVC	
		电极：阳极为钛涂层，阴极为钛板	
6	电解槽外壳总数量	每个发生器 5 套外壳，共需 10 套	

二、次氯酸钠投加泵/海水增压泵/酸洗泵技术性能参数

次氯酸钠投加泵/海水增压泵/酸洗泵技术性能参数见表 1.16。

表 1.16 次氯酸钠投加泵/海水增压泵/酸洗泵技术性能参数

序号	泵的类型	位号	规格型号	备注
1	一期投加泵	P-2307A/B	$Q=50m^3$，$H=20m$	两用一备
2	一期冲击投加泵	P-2308	$Q=50m^3$，$H=20m$	
3	一期海水增压泵	P-2305A/B	$Q=40m^3$，$H=18m$	一用一备
4	二期投加泵	P-2343A/B	$Q=50m^3$，$H=20m$	两用一备
5	二期冲击投加泵	P-2344	$Q=50m^3$，$H=20m$	
6	二期海水增压泵	P-2341A/B	$Q=40m^3$，$H=18m$	一用一备
7	酸洗泵	P-2306	$Q=7.5m^3/h$，$H=20m$	

三、储罐

（1）次氯酸钠储罐为立式储罐，材质为玻璃钢，主要是储存次氯酸钠发生器生产的次氯酸钠并供应次氯酸钠投加泵而设置。

（2）酸洗罐是储存盐酸的容器，酸洗的目的是去除电解槽内的结垢，恢复电解槽运行的效率。

储存罐/酸洗罐技术规格见表 1.17。

表1.17 储存罐/酸洗罐技术规格表

序号	储罐类型	位号	材质	规格型号	介质
1	次氯酸钠储罐	T-2301A/B	纤维缠绕玻璃钢	DN3800×6520	次氯酸钠溶液
2	酸洗罐	XP-2302A		$V=1m^3$，300L	盐酸(7%~9%)

四、风机

风机技术参数见表1.18。

表1.18 风机技术参数

位号	规格型号	备注
C-2301/2A	CLQ24，$Q=2400m^3/h$，$p=360Pa$	一用一备

第六节 消 防 泵

一、稳高压海水消防电泵

XBD-LC型立式长轴消防泵，位号P-2101，采用立式电动机驱动，具有结构紧凑、运行平稳、操作简单、维护方便、占地面积小等特点。为适用于抽送海水作消防之用，消防泵主要零部件采用不锈钢或铜合金材。

(一) 总体结构

电动机立式长轴消防泵机组由电动机、立式长轴消防泵、泵座、联轴器等设备组成，其立面图如图1.25所示。

泵立式安装于平台基础上，吸入口淹没于海水中，排出口位于基础上面。电动机安装在泵座上，通过联接器与泵轴连接。叶轮、导叶体和喇叭口组成水力部件，锥管、扬水管、调整扬水管和出水弯管组成扬水排出管部件。具有自润滑性的导轴承作径向支承，泵的轴向推力（包括水推力和转子重量）由设置在泵座内的推力轴承承受。叶轮轴、中间轴和传动轴采用套筒联轴器刚性联接。

(二) 主要零部件

喇叭口：将液体均匀稳定地引入第一级叶轮。

叶轮：叶轮对液体做功，高效地将机械能转换为动能，叶轮的叶片型面和流道经过精工制造以求获得高的水力效率，叶轮经过严格平衡，减轻泵运行时的振动。

导叶体：导叶体有效地将来自叶轮液体的动能转化为压力能，使之高效地进入下一级叶轮及锥管。

出水弯管：出水弯管将来自喇叭口→叶轮→导叶体→

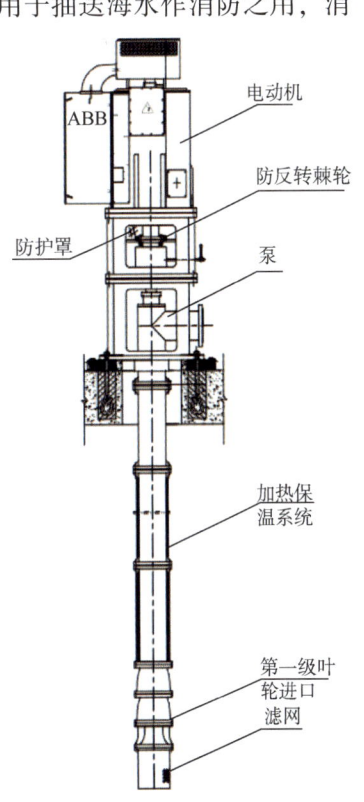

图1.25 电动消防泵立面图

锥管→扬水管→调整扬水管的液体稳定、顺畅、高效地排出。

套筒联轴器部件：它使两轴牢固地连接在一起，并且除传递扭矩外，还承受轴向力和下部转子的重量。

（三）性能参数

海水消防电动泵性能参数见表1.19、表1.20。

表1.19　海水消防电动泵（P-2101）技术参数

序号	立式长轴泵		电动机	
	项目	参数	项目	参数
1	型号	XBD11.2/361-400LC2	功率	630kW
2	额定扬程	112m	电源	6000V/50Hz/3相
3	额定流量	1300m³/h	转速	1486r/min
4	效率	80%	防护等级	IP55
5	出口口径	400mm	绝缘等级	F
6	泵级数	2级	水泵附件	泵管加热器
7	水泵质量	10800kg	电动机质量	3060kg
8	最大起吊质量	10800kg	最大起吊高度	5000mm

表1.20　海水消防电泵（P-2105）技术参数

序号	立式长轴泵		电动机	
	项目	参数	项目	参数
1	型号	XBD15.5/417-400L3	功率	1000kW
2	额定扬程	155m	电源	6000V/50Hz/3相
3	额定流量	1500m³/h	转速	1488r/min
4	效率	80%	防护等级	IP55
5	出口口径	400mm	绝缘等级	F
6	泵级数	3级	水泵附件	泵管加热器
7	水泵质量	11200kg	电动机质量	3380kg
8	最大起吊质量	11200kg	最大起吊高度	5000mm

二、稳高压海水消防柴油泵

自动型柴油机立式消防泵机组由柴油发动机、柴油机底架、柴油机冷却水进出管路、柴油机消声器及排气管道、高弹性联轴器及传动轴、锥角传动齿轮箱、立式长轴消防泵、柴油箱、柴油机自动控制柜、蓄电池组箱、整体橇块底架等设备组成（图1.26）。

柴油机与水泵安装在不同高度的基础上。水泵为湿式单层基础安装，通过一个圆形底座直接安装在泵房基础上。锥角传动齿轮箱直接落在水泵泵座上，两者间无联轴器，传动轴直接穿过锥角传动齿轮箱。柴油机通过其底架安装在混凝土基础上，其动力输出是通过安装在柴油机飞轮上的高弹性联轴器及传动轴与锥角传动齿轮箱连接。传动轴具有轴向50mm及径向5~7.5mm的补偿。

海水消防柴油泵技术参数见表1.21、表1.22。

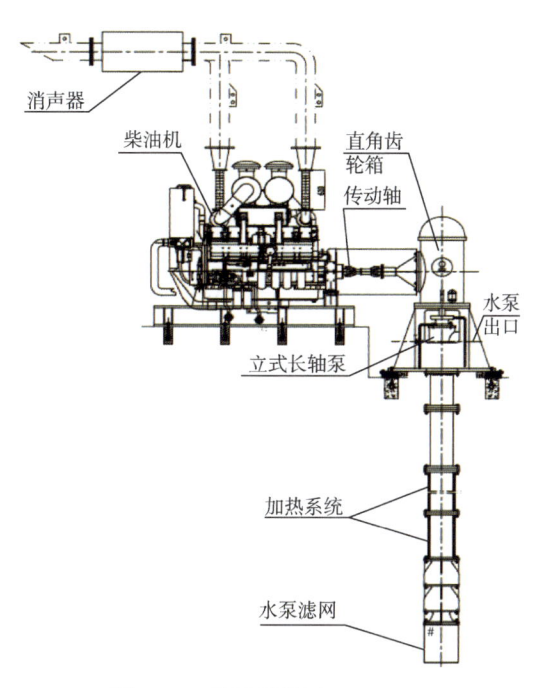

图 1.26　柴油消防泵(P-2102)

表 1.21　海水消防柴油泵(P-2102)技术参数

序号	立式长轴泵		柴油机	
	项　目	参　数	项　目	参　数
1	型号	XBC11.2-361-400LC2	型号	CUMMINS KT38-P1000
2	额定扬程	112m	功率	747kW
3	额定流量	1300m³/h	转速	1800r/min
4	效率	80%	加热器	380V AC 4kW
5	出口口径	400mm	防护等级	IP55
6	泵级数	2 级	双电瓶组	8×12V 200Ah
7	水泵质量	10800kg	质量	4800kg
8	最大起吊质量	10800kg	最大起吊高度	3800mm

表 1.22　海水消防柴油泵(P-2106)技术参数表

序号	立式长轴泵		柴油机	
	项　目	参　数	项　目	参　数
1	型号	XBC15.5/417-400LC3	型号	CUMMINS KT38-P1400
2	额定扬程	155m	功率	1045kW
3	额定流量	1500m³/h	转速	1480r/min
4	效率	79%	加热器	380V AC 4kW
5	出口口径	400mm	防护等级	IP55
6	泵级数	3 级	双电瓶组	8×12V 200Ah
7	水泵质量	10800kg	质量	4800kg
8	最大起吊质量	10800kg	最大起吊高度	3800mm

第四章　增压冷凝区设备设施

LNG 接收站最常见的 BOG 蒸发气的处理工艺是 BOG 再液化工艺，即将 BOG 经压缩机加压至 0.7MPa 后，与过冷 LNG 液体混合后再液化，经高压泵加压至 10MPa 后气化外输，当外输停止后，为了控制储罐压力，罐内挥发 BOG 气体经 BOG 压缩机一次加压，再经增压机二次加压后，直接进入外输管线。增压冷凝区主要设备有高压泵、BOG 压缩机及 BOG 增压机等。

第一节　高　压　泵

LNG 高压泵(图 1.27)是将 LNG 储罐输送来的低压 LNG 升压并输出到气化器的重要设备。高压泵属于浸没式潜液泵，为了防止 LNG 气化对泵的叶轮造成气蚀，它被安装在一个带压容器内，带压容器通过法兰与 LNG 管路相连。正常工作时容器内保持一定的 LNG 液位；并设计排气系统，使启泵时电机运转产生热量汽化的 NG，通过排气管线返回系统中。高压泵选用自润滑轴承，并设计平衡叶轮(Thrust Equalizing Mechanism，TEM)。

一、技术参数

高压泵技术参数见表 1.23。

表 1.23　高压泵技术参数

序号	项目	参数	序号	项目	参数
1	名称	高压输出泵	7	质量	泵体 8980kg，顶板 2267kg，合计质量 11247kg
2	位号	P-1401A
3	型号	8ECC-1515	8	入口压力	0.65MPa
4	功率	2096kW	9	出口压力	10.51MPa
5	电压	6000V	10	设计流量	435m³/h
6	外形尺寸	φ1200mm(泵壳尺寸)，高度 4722mm	11	泵扬程	2342m
			12	操作温度	-161.09℃

二、结构及特点

高压泵由螺旋诱导轮、叶轮、平衡叶轮、主轴、泵壳及电动机等零部件组成(图 1.28)。
高压泵泵体完全浸没在液体中，运行期间噪声非常小；叶轮和轴承采用自润滑型式，推力自平衡装置的设计延长了泵的轴承使用寿命和泵的大修周期；电动机不受潮湿、腐蚀的影响，其绝缘不会因为温度变化而恶化；消除了可燃气体与空气接触的可能，保证了安全性；无需使用防爆电动机。高压泵通过 15 级叶轮高速旋转来使液体增压，所以高压泵输出压力较高。正是由于有着诸多优点，潜液式 LNG 泵在 LNG 工业中得到了广泛应用。

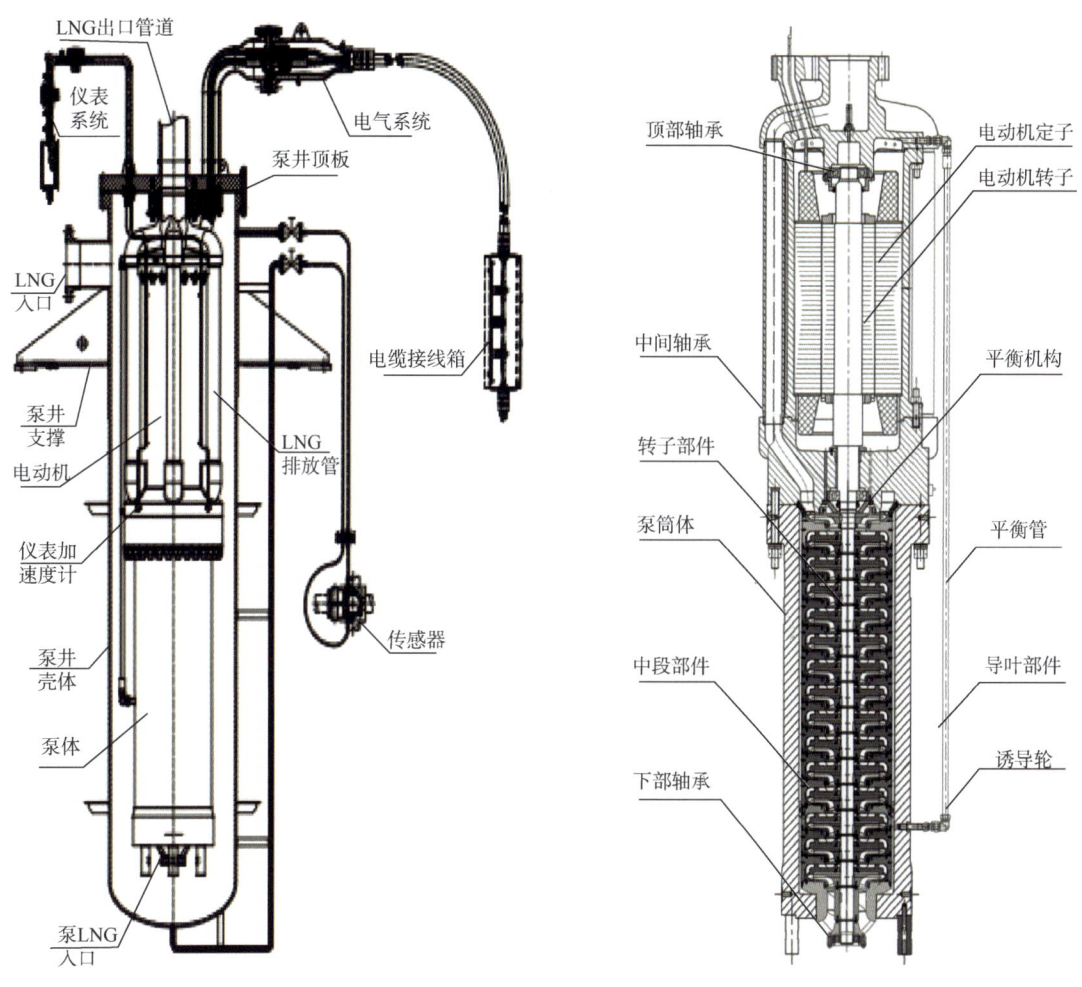

图 1.27　高压泵系统立面图　　　　图 1.28　高压泵结构图

泵轴承为自润滑轴承，浸没在 LNG 介质中，产生的热量被介质直接带走，保证了轴承的可靠运转。

泵振动仪表引线和动力电缆都是通过仪表穿线管或电气穿线管与外部连接，中间使用氮气密封，保证 NG 气体不能窜入电气系统中，满足防爆要求。

为保证泵轴向力流量要求，泵出口设有最小流量线，依据泵性能设计，最小流量设定为额定流量的 30%。

三、高压泵力平衡

LNG 泵力的平衡直接影响轴承的使用寿命和泵的运行周期，而影响平衡的载荷主要包括径向载荷和轴向载荷，产生载荷主要是机械构件平衡度、流体流动均匀性和流体产生的压差导致的。

（一）径向力平衡

LNG泵运行时，考虑流体和机械力的不平衡，在设计和制造时，尽可能地从结构和制造上消除非平衡力。叶轮本体和导流体都具有良好的水力对称性。在设计流量时，理论上作用在叶轮上的径向力为0，当流量高于或低于额定流量时，流体的非平衡状态将影响导流体内部的流速场，影响泵壳内部的压力分布，从而产生径向作用力。因此，在叶轮和导流体设计和制造时，要从分考虑泵本体近些平衡和水利水方面的平衡。

（二）轴向力平衡

1. 单级离心泵轴向力平衡方法

（1）轮上开平衡孔。其目的是使叶轮两侧的压力相等，从而使轴向力平衡，在叶轮轮盘上靠近轮毂的地方对称地钻几个小孔（称为平衡孔），并在泵壳与轮盘上设置密封环，使叶轮两侧液体压力差大幅度减小，起到减小轴向力的作用。这种方法简单、可靠，但有一部分液体回流至叶轮吸入口，降低了泵的效率。这种方法在单级离心泵、单吸离心泵中应用较多。

（2）采用双吸叶轮。它是利用叶轮本身结构特点，达到自身平衡，由于双吸叶轮两侧对称，所以理论上不会产生轴向力，但由于制造质量及叶轮两侧液体流动的差异，不可能使轴向力完全平衡。

（3）叶轮上设置径向筋板。在叶轮轮盘外侧设置径向筋板以平衡轴向力，设置径向筋板后，叶轮高压侧内液体被径向筋板带动，以接近叶轮旋转速度的速度旋转，在离心力的作用下，使此空腔内液体压力降低，从而使叶轮两侧轴向力达到平衡。其缺点就是有附加功率损耗。一般在小泵中采用四条径向筋板，大泵采用六条径向筋板。

（4）设置止推轴承。在用以上方法不能完全消除轴向力时，要采用装止推轴承的方法来承受剩余轴向力。

2. 多级离心泵轴向力平衡方法

（1）泵体上装平衡管，在叶轮轮盘外侧靠近轮毂的高压端与离心泵的吸入端用管连接起来，使叶轮两侧的压力基本平衡，从而消除轴向力。此方法的优缺点与平衡孔法相似。有些离心泵中同时设置平衡管与平衡孔，能得到较好的平衡效果。

（2）叶轮对称排列将两个叶轮，背对背或面对面地装在一根轴上，使每两个相反叶轮在工作时所产生的轴向力互相抵消。

（3）采用平衡鼓装置，在分段式多级离心泵最后一级叶轮的后面，装设一个随轴一起旋转的平衡鼓。

（4）采用平衡盘装置，在分段式多级离心泵最后一级叶轮后面，装设一个随轴一起旋转的平衡盘和在泵壳上嵌装一个可更换的平衡座。

大连LNG接收站高压泵为了使轴向力达到平衡，减小轴向力载荷，高压泵设计了TEM叶轮（图1.29），与平衡鼓作用类似，但也是一级叶轮，由泵运转产生出口压力达到力的平衡。

高压泵轴向力的平衡结构采用平衡盘来平衡轴向力，通过平衡盘间隙的变化达到轴向力的动态平衡（图1.30）。

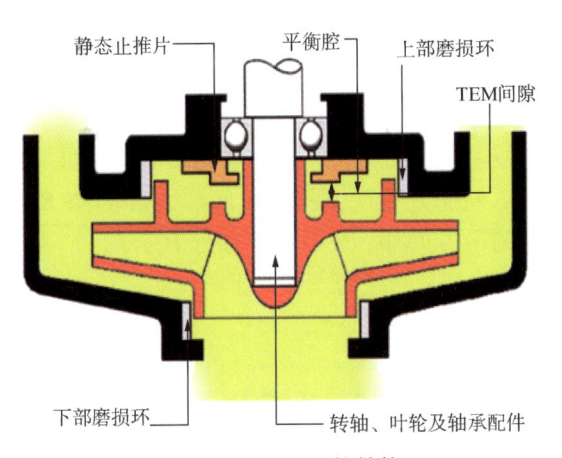

图 1.29 TEM 叶轮结构

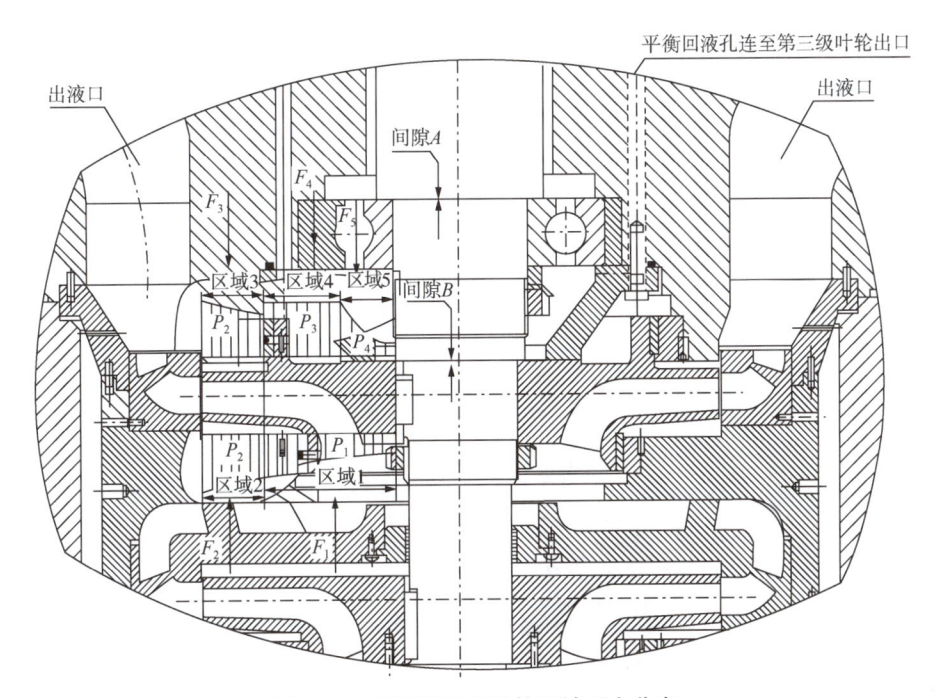

图 1.30 高压泵末级叶轮区域压力分布

转子部件总的轴向力为：

$$F = F_3 + F_4 + F_5 - F_2 - F_1 \tag{1.1}$$

其中，由于区域 2 和区域 3 压力均为 P_2，面积相等，这两个区域对前后叶轮盖板的力是相反的，两者抵消。总的轴向力为：

$$F = F_4 + F_5 - F_1 \tag{1.2}$$

由此可见，轴向力决定于 F_4、F_5 和 F_1。

高压泵起泵前，转子受自重影响，转子落至最低位置，间隙 A 达到最大值 A_{MAX}，间隙 B 也达到最大值 B_{MAX}。启动瞬间，区域 1 受到前面所有叶轮扬程产生的作用力 F_1，区域 4 和区域 5 受到平衡回液孔与之相连的前三级叶轮产生的作用力 F_4 和 F_5，$F_1 > F_4 + F_5$，轴向力向上指向电机侧，推动转子上浮，间隙 A 由 A_{MAX} 慢慢变小。同样，间隙 B 由 B_{MAX} 慢慢变小，介质通过间隙 B 节流降压，区域 4 中的压力 P_3 数值逐渐增大并接近 P_2，区域 5 中的压力 P_4 依然为前三级叶轮产生的作用力，导致 F_4+F_5 慢慢变大。当转子上浮至最大极限，间隙 A 变为零，间隙 B 变小至 B_{MIN}，轴承承受了转子向上瞬时最大轴向力。此时，F_4+F_5 已经增大到大于 F_1，转子开始向下移动，间隙 A 和间隙 B 慢慢变大，间隙 B 节流降压能力下降，区域 4 中的压力 P_3 由 P_2 减小并接近 P_4，F_4+F_5 慢慢变小。当间隙 A 和间隙 B 变大到 A_{MAX} 和 B_{MAX} 值时，F_1 已经增大到大于 F_4+F_5，转子开始上浮。如此反复多次，调整至 F_4+F_5 与 F_1 相等，轴向力得到平衡，转子平稳运转。

第二节　BOG 压缩机

BOG(Boil off Gas)压缩机(图 1.31、图 1.32)一般采用无油润滑往复式压缩机，其工作原理与普通的往复式压缩机一样，利用连杆推动活塞进行反复运动，使气体增压外输。而不同的是，BOG 压缩机的入口吸入的是低温气体(-154.3℃)，因此压缩机的一级缸体、活塞等必须耐低温，还要防止结冰，缸体内活塞采用迷宫密封式无油润滑来实现。

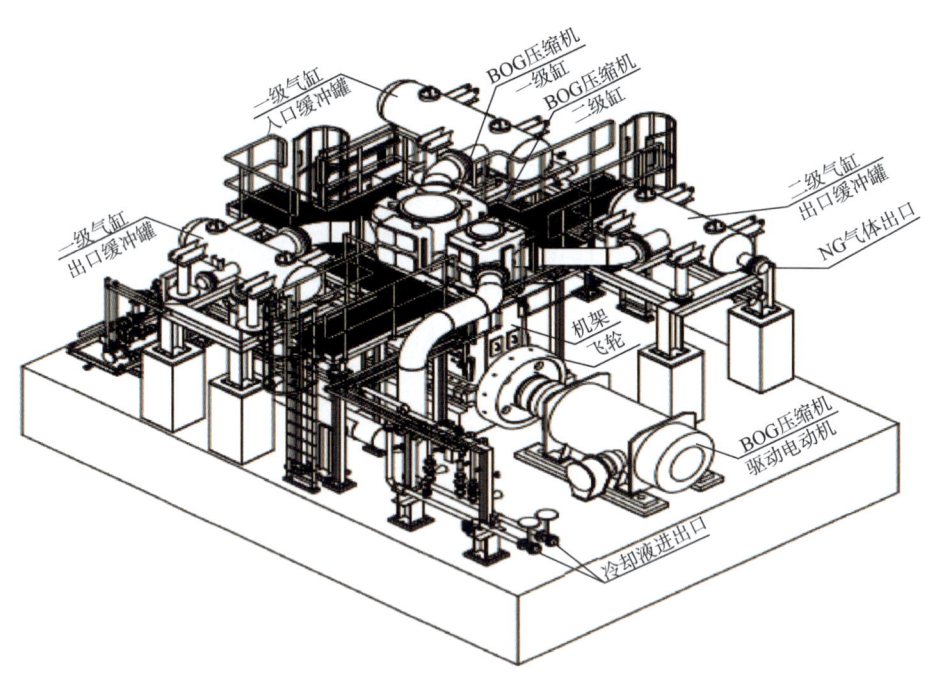

图 1.31　BOG 压缩机系统轴测图

大连 LNG 接收站设置了三台能力相同的低温两级活塞往复式 BOG 压缩机，其型号为 2DL250B-2B-1，主要功能是处理储罐过量 BOG 气体，维持储罐压力恒定。

BOG 压缩机性能参数见表 1.24。

BOG 压缩机可通过逐级调节(25%、50%、75%、100%)来实现流量控制。压缩机通过挠性联轴器与电动机连接，挠性联轴器能适应轴受热膨胀、角度偏差和平行位移。

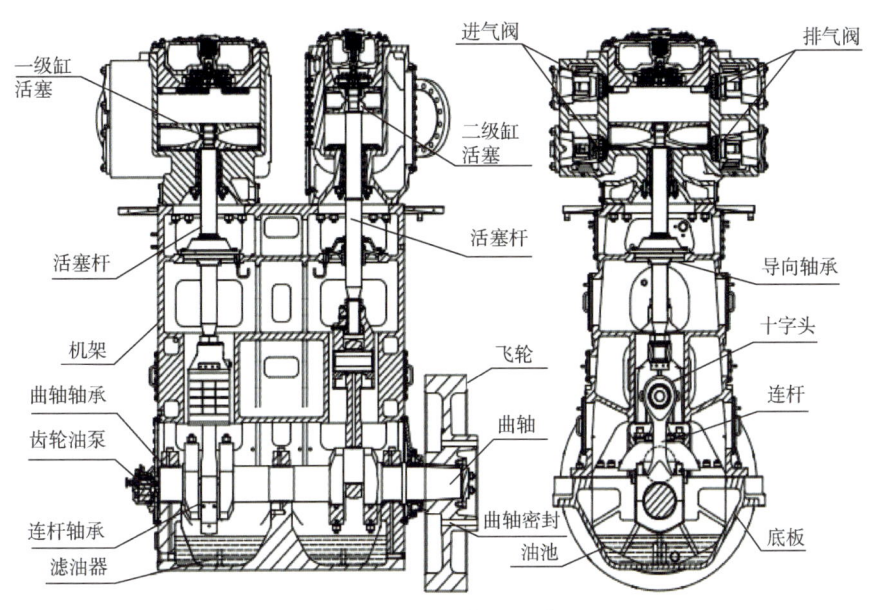

图1.32 BOG压缩机侧立面典型视图

表1.24 BOG压缩机性能参数

序号	项目	参数	序号	项目	参数
1	压缩机型号	2DL-250B-2B-1	8	吸气容积	3411m^3/h
2	序列号	101315/16/17	9	吸气温度	-154℃
3	压缩机质量	19150kg	10	吸气压力	0.118MPa(a)
4	制造日期	2010	11	排气压力	0.801MPa(a)
5	工艺气体	甲烷(CH$_4$)	12	旋转速度	424r/min
6	质量流量	6924kg/h	13	最大功率	413kW
7	标准体积流量	9440m^3/h	14	电动机额定功率	550kW

采用迷宫密封原理可使活塞和气缸壁之间实现无接触密封；气缸无需润滑，在无油状态下工作的迷宫活塞压缩气体不会被油污染。由于采用非接触式的运行方式，活塞杆压盖有少量的气体泄漏，这些泄漏的气体将按设置管道被排出。

使用合适的冷却剂来冷却气缸和十字头区域，并冷却润滑油。

润滑系统确保充分润滑了轴承和十字头。

十字头和导向轴承之间的部分采用飞溅润滑。导向轴承内的刮油环将活塞杆中的油刮除，并防止油进入隔离段，安装在活塞杆上的油挡将下部润滑区与上部的非润滑区清晰地分开。

曲轴的旋转通过连杆转化成十字头的往复运动。活塞杆与十字头连接。十字头和导向轴承维持迷宫式密封系统，使活塞精确地线性移动。

曲轴借助轴承支撑在底板上。在曲柄机构的驱动端，有一个飞轮装配在曲轴上，飞轮补偿从压缩机到电动机的不均匀负载。在驱动端，配有一轴密封件，用以防止油和气体泄漏到外界；在非驱动端，由曲轴驱动的齿轮油泵确保压缩机运行期间轴承和十字头的润滑。

第三节　BOG 增压压缩机

大连 LNG 接收站设置的 BOG 增压压缩机（简称 BOG 增压机）为四列三级，水平往复对称平衡式压缩机。气缸为无油润滑操作，水冷式双作用，单层布置方式；压缩机通过活塞不停地做水平往复运动，使气缸内交替产生气体膨胀吸入和压缩排出过程，从而得到连续脉冲的压缩气体。由于 BOG 增压压缩机压力高、流量小，因此在压缩机各级气缸的进（出）口要安装脉冲缓冲器。

一、主要功能

正常接收站零外输工况时，为了控制储罐压力及卸船过程中过量 BOG，罐内及卸船过程中产生的过量 BOG 气体经 BOG 增压机一次加压，再经 BOG 增压机二次加压后直接进入外输管线，维持系统压力恒定。BOG 增压机技术参数见表 1.25。

表 1.25　BOG 增压机技术参数

序号	项目	参数	序号	项目	参数
1	设备位号	C-1302	13	型号	TZYW-TAW2600-18/2600WTHF1
2	规格型号	4M45-46.3/7-100	14	型式	正压+增安型无刷励磁同步电动机
3	传动方式	刚性直连	15	电动机额定功率	2600kW
4	工艺气体	甲烷(CH_4)	16	轴功率	2274kW
5	容积流量	46.3m^3/min	17	额定电压	6kV
6	缸径	500mm、360mm、255mm	18	额定转速	333r/min
7	行程	320mm	19	主轴承温度	≤65℃
8	主轴径	300mm	20	电动机质量	36000kg
9	各级吸气压力	7bar(g)、25bar(g)、52bar(g)	21	机组噪声	≤85dB(A)
10	各级排气压力	25bar(g)、52bar(g)、100bar(g)	22	冷却水量	95t/h
11	吸气温度	40℃、45℃、45℃	23	机组外形尺寸	12500mm×9000mm×60000mm
12	排气温度	116℃、107℃、103℃	24	增压压缩机质量	42000kg

二、主要结构特征

BOG 增压机机体由机身、中体组成，机身、中体材料为灰铸铁，它们之间用螺栓连接成一体，并分别用螺栓固定在基础上，机体为对称平衡式，机体中装有曲轴、连杆、十字头（图 1.33、图 1.34）。

曲轴由 35CrMo 制成，它由主轴径、曲柄销、拐臂等组成，相对列的曲柄错角为 180°，相邻列的曲柄错角为 90°。轴伸端通过法兰盘与电动机及飞轮相连，输入扭矩是通过紧固法兰盘上的螺栓使连接面上产生的摩擦力来传递的。

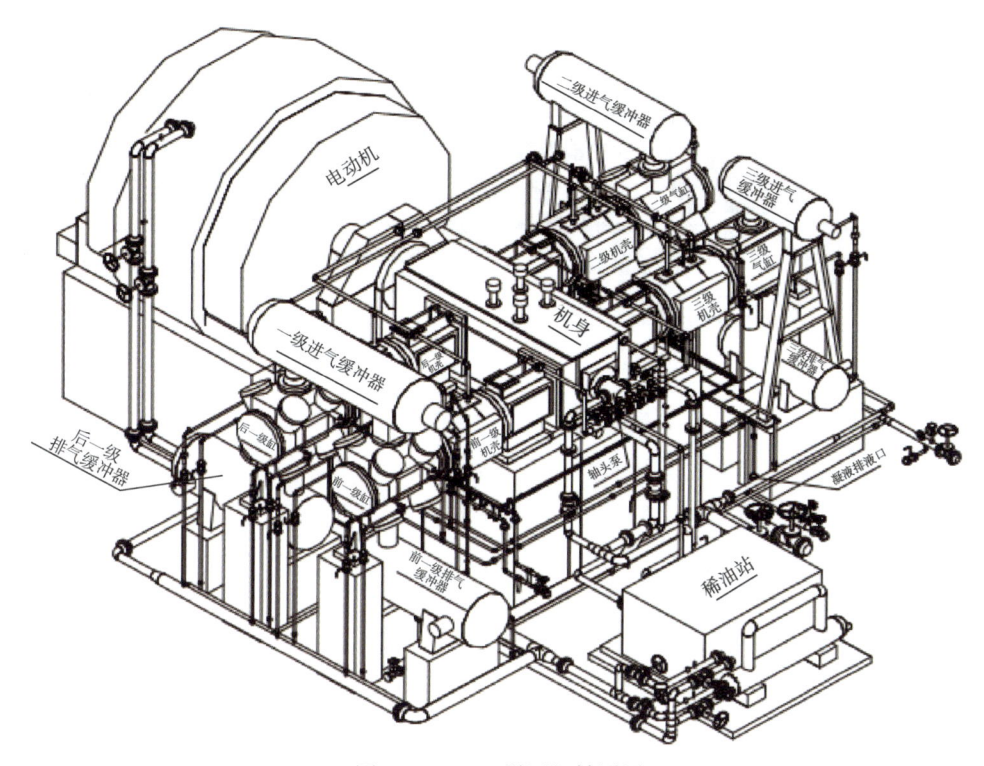

图 1.33 BOG 增压机轴测图

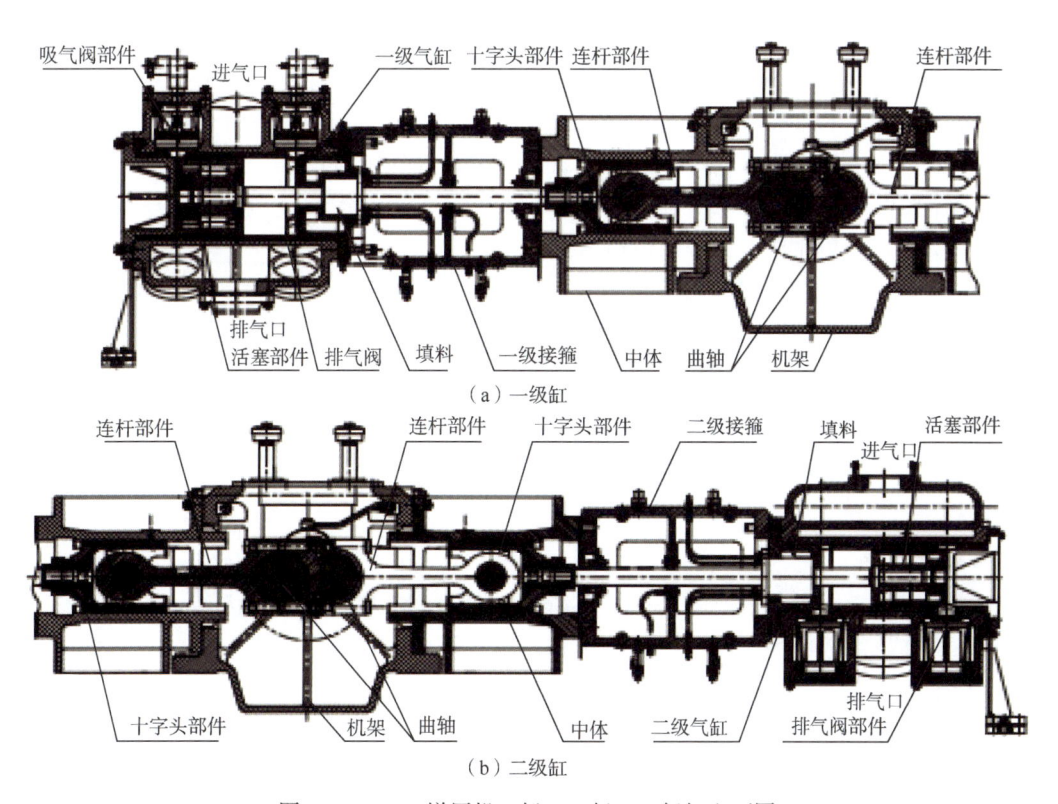

(a)一级缸

(b)二级缸

图 1.34 BOG 增压机一级、二级、三级缸立面图

(c) 三级缸

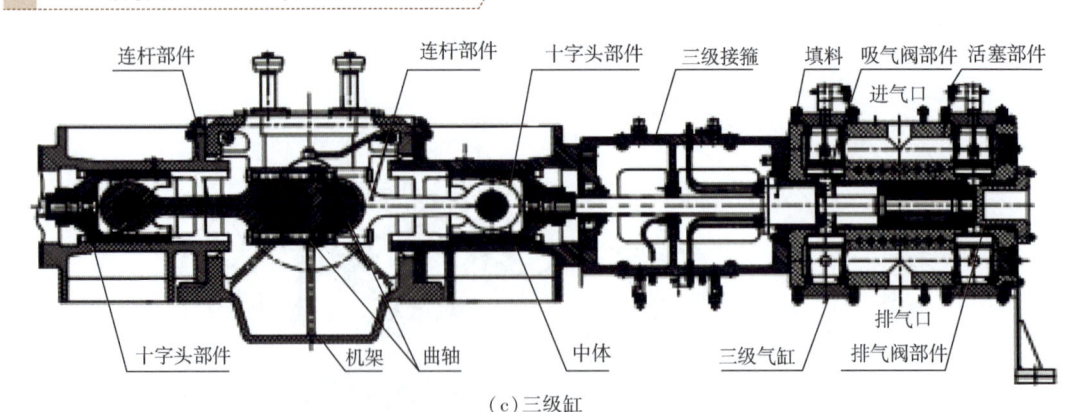

图 1.34　BOG 增压机一级缸、二级缸、三级缸立面图(续)

连杆分为连杆体和连杆大头瓦盖两部分，由两根抗拉螺栓将其连接成一体，连杆大头瓦为剖分式，瓦背材料为 15 号钢，瓦面为轴承合金，两边翻边做轴向定位，大头孔内侧表面镶有圆柱销，用于大头瓦径向定位，防止轴瓦转动。连杆小头及小头衬套为整体式，衬套材料为锡青铜。连杆体内沿杆体轴向钻有油孔，并与大小头瓦背环槽连通，润滑油经环槽并通过轴瓦上的径向油孔实现对曲柄销的润滑。

十字头为双侧圆筒形分体组合式结构，十字头体和上下两个可拆卸的滑履采用榫槽定位，并借助螺钉连接成一体。十字头体材料为 ZG230-450，上下滑履衬背材料为 20 号钢，承压表面挂有轴承合金，并开有油槽以利于润滑油的分布。

中间接筒为铸铁制成的双隔室筒形结构，是中体与气缸连接的桥梁，通过螺栓螺母把中体和气缸连在一起。与中体连接侧设有刮油器部件，防止机身润滑油进入缸体内，刮油环由锡青铜制成，是为刮下活塞杆上粘附的润滑油而设的，刮油环通过接筒窗口装入。接筒中间隔板上设有中间填料，进一步隔断油气的接触，接筒上设有填料冷却水进(出)水接口、排污口、放空口、填料和中间填料充氮口、填料漏气回收口等。

刮油环部件由压盖、壳体、刮油环组成。刮油环由锡青铜制成，是为刮下活塞杆上粘附的润滑油设的，刮油环通过接筒窗口装入。

一级活塞材料为 2A70，二级活塞材料为 35 号钢，三级活塞材料为 45 号钢。一级活塞杆材料为 17-4PH，二级、三级活塞杆材料为 20Cr13，活塞杆与填料及刮油环接触的工作表面经碳化钨处理，以增加活塞杆的耐磨性和使用寿命。

第四节　再冷凝器

一、结构

再冷凝器是一个中压低温容器，采用裙式支撑结构竖直安装。其内部结构主要有液体折流板、气体折流板、闪蒸盘、气液分布器、填料压板、填料支撑板、破涡器等部件，填料支撑板上散放着不锈钢拉西环填料(图 1.35)。

二、工作原理

再冷凝器利用填料环将压缩机输出的 BOG 和 LNG 充分混合再液化。蒸发气从再冷凝器顶部进入，LNG 从再冷凝器侧壁进入，二者在填充床中混合换热后蒸发气被冷凝，此处的压力控制保持恒定，以确保高压输送泵的入口压力稳定；另有一部分 LNG 经再冷凝器旁路和再冷凝器出口的液体混合后进入高压输出泵，根据压缩机负荷变化，用再冷凝器压力来调节进入再冷凝器冷却段的 LNG 流量，以保证蒸发气被完全冷凝为液体。如果出现紧急情况或需要进行检查，可将再冷凝器隔离，所有的 LNG 可绕过再冷凝器，同时输出也得以维持。

三、技术参数

再冷凝器技术参数见表 1.26。

表 1.26　再冷凝器技术参数

序号	项目	参数
1	设备位号	V-1301
2	外形尺寸	2.8m(宽)×7.5m(高)
3	工作介质	BOG/LNG
4	容积	43m³
5	操作压力	0.69MPa
6	设计压力	1.79MPa
7	操作温度	-160℃
8	设计温度	-170~180℃

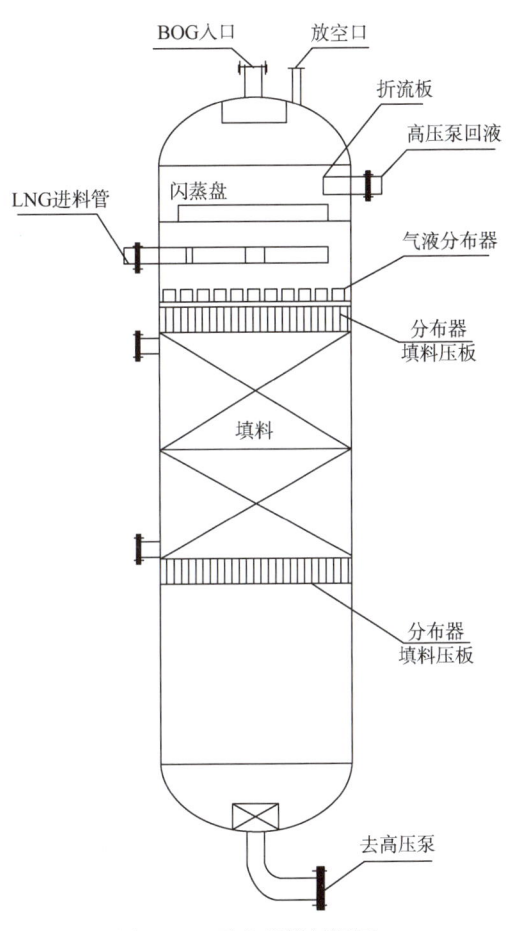

图 1.35　再冷凝器剖视图

第五章 气化区设备设施

大连 LNG 接收站设置的气化器包括开架式气化器（ORV）和浸没燃烧式气化器（SCV）两种，其中 ORV 使用海水作为气化 LNG 的热媒，SCV 则以燃烧天然气加热的水浴作为热媒。为了降低接收站运行成本，将 ORV 作为 LNG 气化的主要设备，当海水温度高于 5.5℃时，采用 ORV 气化 LNG；当海水温度低于 5.5℃时，运行 SCV，SCV 设有电加热器以防止水浴结冰。

第一节 开架式气化器

一、结构

ORV 主要结构由气化组块和海水分布系统构成，如图 1.36 所示。

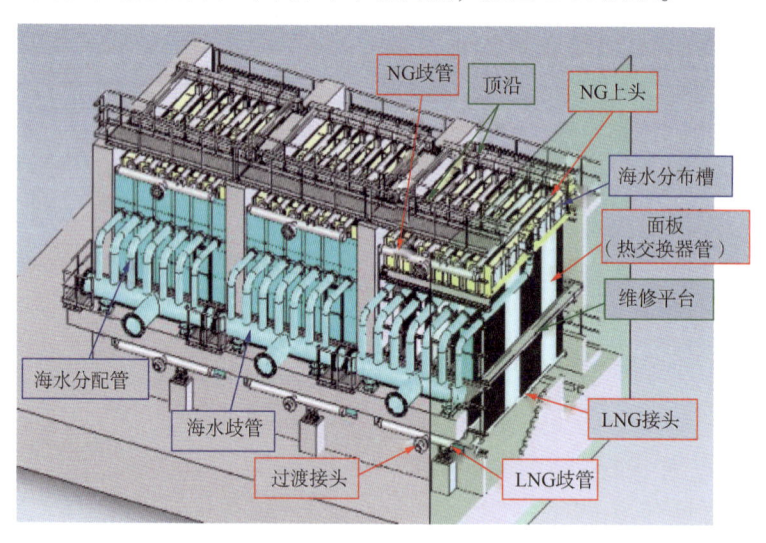

图 1.36 开架式气化器轴测图

（一）海水系统

该系统可分为海水总管、海水歧管、分布水槽、支撑架、歧管吊杆等组件，海水总管和歧管材质为纤维增强复合塑料（FRP），分布水槽及其配件由铝合金掩板制成。每组气化器海水歧管和水槽的数量比管束板数量多一个，以保证所有管束板的两侧均有海水分布。分布水槽配件包括缓冲板、分布板、泄水塞、海水导板等[图 1.37(a)]。

（二）汽化组块

汽化组块[图 1.37(b)]是 ORV 的主体结构，使用具有良好耐温性能的铝合金材料制造，由 LNG 总管、LNG 歧管、换热管束片、NG 歧管、NG 总管及支座等部分组成。

其中，换热管束板是 LNG 气化为 NG 的场所，由若干根翅组成板状结构翅片管两端分别与 LNG 管和 NG 歧管焊接。

每片管板的翅片管数量和每组气化器的管束板数量（即 NG 歧管和 NG 歧管的数量）取决于气化能力的大小。如一期气化器的一组管束板数量为 6 片，每片管束板由 77 根翅片管排列而成，支座包括 LNG 总管支座和 LNG 歧管支座，总管支座位于介质入口附近的总管下部，管支座则位于 LNG 歧管的盲端为联合式支座，并设有挡水板用于防止海水外溅。

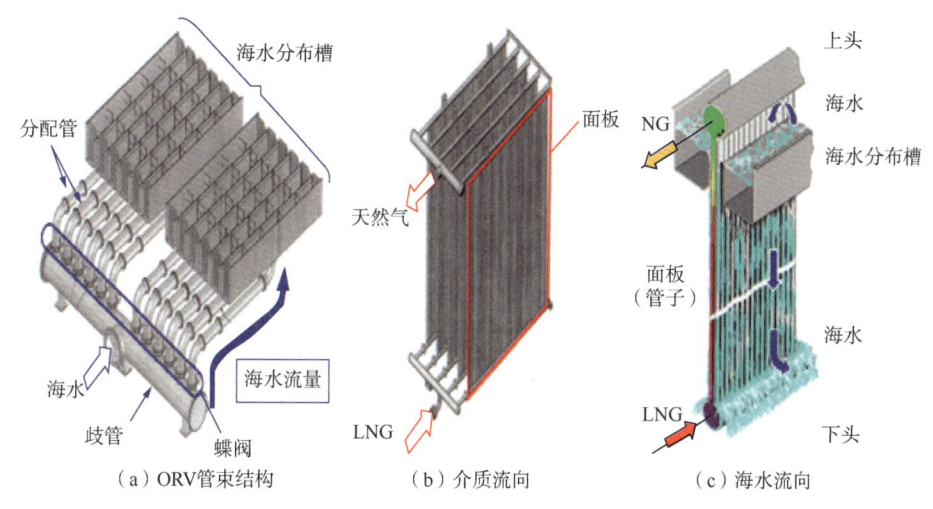

（a）ORV 管束结构　（b）介质流向　（c）海水流向

图 1.37　ORV 海水及介质流向

二、特征和性能参数

ORV 内部传热单元是由若干个铝合金传热管组成的板状排列，换热管两端与进（出）口汇总管连接在一起形成一个管板，若干个管板最后组成一个气化器。

为了提高传热系数，换热管采用铝合金材料，换热管的内外表面是不同形状的翅片，在换热管的内侧，LNG 的传热系数相对较低，新型的海水开架式气化器对换热管进行了强化设计，通过增加管内肋片改变流道的形状，增大管子的换热面积，增强流体扰动程度，并增加总换热面积，达到强化传热的目的。ORV 性能参数见表 1.27。

表 1.27　ORV 技术性能参数

序号	项目	参数	序号	项目	参数
1	处理能力	200t/h	8	设计压力	15.00MPa(g)
2	换热量	36.8MW	9	操作温度	入口：-158℃ 出口：≥1℃
3	工作介质	LNG(NG)
4	设计温度	-170~60℃
5	测试温度	环境温度	10	试验温度	16.50MPa(g)
6	换热器型式	面板歧管及管束	11	单台内体积	1.46m³
7	操作压力	入口：10.36MPa 出口：10.16MPa	12	单台受热面积	3081m³

第二节　浸没燃烧式气化器

浸没燃烧式气化器(SCV)主要部件由鼓风机、燃烧器、换热盘管、冷却水泵、水处理装置、混凝土结构水箱、烟囱等组成(图1.38)。

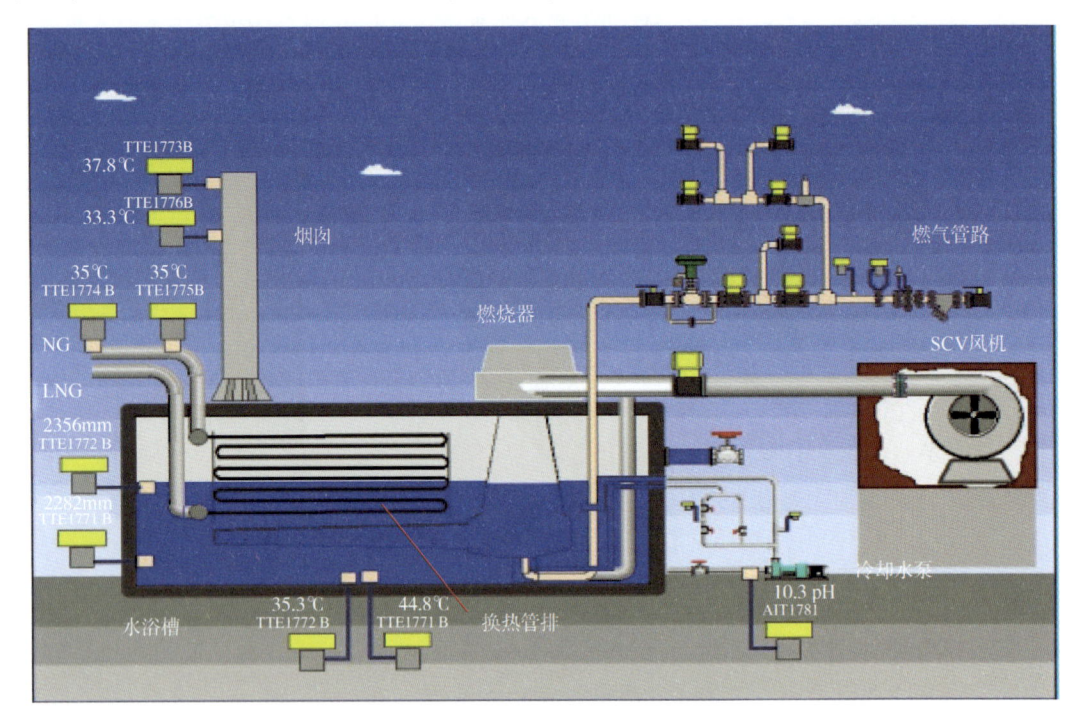

图1.38　浸没燃烧式气化器模拟系统图

SCV是通过燃烧天然气来产生热量，然后直接与水混合将水加热，输送LNG的盘管浸没在热水中，通过热水将管内的LNG加热气化，由于热水较海水而言与LNG的温差更大，因此传热效果更好、气化能力更强，SCV的处理能力为140~200t/h，气化器的处理量可以在10%~100%的范围内调节，能对负荷的瞬间变化做出快速反应，特别适合用于调峰时段快速启动的要求。

虽然SCV具有结构紧凑、传热效率高、运行安全、占地面积小等优点，但是由于其后期的运行成本较高，且会有废气排放，因此目前国内SCV一般只作为ORV的备用，用于ORV调峰和ORV维修时段。

一、结构原理

大连LNG接收站所选用的SCV为德国林德公司生产的"单燃烧器"Sub-X气化器。SCV包括储存燃烧器、输送系统、工艺管排及挡堰组件。其结构采用钢筋混凝土构筑。封闭设计，带有可拆卸网纹钢板盖板，在盖板处设有两扇舱门，可通往气化器内部。

(一) 燃烧器

Sub-X单燃烧器由位于沉燃式气化器装置内的经过特别设计的燃烧系统组成。燃烧器的一部分浸于水浴槽中,燃烧产物通过特殊的输送系统被排放至位于管排下方某处的水中。由全金属制成的燃烧器分为三个主要部分,上(下)卷动分配装置(涡螺)和将其相连的椭圆形中央装置。主燃气喷射装置位于下部涡螺,而气体引燃器与点火/火焰监测系统安装于上涡螺。助燃气体从两处输入燃烧器。大部分气体进入上涡螺,而不到1/4的气体被输送至主燃气喷射装置的周边。

(二)沉式排气输送系统

由分配装置与喷管管路组件所组成的沉式排气输送系统将燃烧器内的高温燃烧产物直接输送至位于工艺管排下方在挡堰内的水浴槽中。这一设计的目的是为了确保管排周围气泡的均匀分布,并使发泡贯穿整个负载变化范围。喷管管路孔位于管排之间,以避免排出气体对管体造成直接冲击。分配装置与喷管管路组件完全采用不锈钢制成。

(三)工艺管排

工艺管排由水平安装在挡堰内的多管道蛇形管组成。加工液从底部顶盖流出,然后通过管道向上流至顶部出口顶盖。

(四)挡堰与管排支座

挡堰由不锈钢制成。挡堰将工艺管排四周完全包围,仅保留顶部与底部未被覆盖。其功能是限制因燃烧生成气体排放至管排下方与挡堰内的水浴槽而引起的上升作用。另外,由于挡堰组件与管排集成为一体,因此挡堰组件还可在运输与吊装过程中对管排起到保护作用。

(五)排气烟囱

气化器配有一个自承重排气烟囱。该烟囱由环氧树脂涂层碳钢制成。在设计条件下,排气烟囱的排放速度低于8m/s。

(六)助燃气体风扇

Sub-X气化器配有一台100%负荷强制通风离心助燃气体风机,其叶片为后倾式。风机还安装有进口与出口静音装置,整个风扇/电动机组件安装在一个完全隔音罩内。

(七)水浴储罐

SCV水浴储罐为LNG的气化提供了空间,工艺管排浸没在水里,上部设置有溢流口。水浴储罐由混凝土制成,具体尺寸:总长(槽内侧)12000mm、总宽(槽内侧)4880mm、总高(包括烟囱)28000mm。

SCV水浴采用软化水,软化水氯含量小于50mg/L,可最大限度地减少运行过程中沉淀物堆积。

(八)水系统

水浴中的水经过水泵加压后,一部分注到主燃烧气喷嘴,抑制氮氧化物的形成,其余的进入循环水套,用于冷却燃烧室金属外壳。

(九)加碱系统

水泵出口配备有pH值检测装置,自动控制系统可根据检测出的pH值自动加碱,将pH值控制在5~9范围内。

二、技术参数

SCV 技术参数见表 1.28 至表 1.30。

表 1.28　SCV 技术参数

序号	项目	参数	
1	气化器型号	Sub-X140-202	
2	液化天然气类型	低含量	高含量
3	液化天然气设计流量(t/h)	192	202
4	液化天然气进口温度(℃)	−158	−155
5	液化天然气出口温度(℃)	1	1
6	设计压力(MPa)	15	15
7	液化天然气进口压力(MPa)	10.36	10.36
8	液化天然气出口压力(MPa)	10.16	10.16
9	设计效率(%)	96	96
10	设计热输入(MW)	37.805	37.041
11	燃料消耗量(kg/h)	2493	2446
12	燃气高位发热量(HHV)(kJ/kg)	54596	54517
13	管径(外径)(in)	1¼	
14	9.75MPa(g)液化天然气压降(MPa)	<0.2	
15	水浴槽设计温度(℃)	33	
16	水浴槽最高温度(℃)	55	
17	水浴槽最低温度(℃)	5	
18	设计环境温度(℃)	10.5	
19	污垢系数(总值)($m^2 \cdot K/W$)	0.000176	
20	排气烟囱排放速度(m/s)	8(最大值)	

表 1.29　SCV 电气参数

序号	项目	参数
1	助燃气体风机	(6000V/3 相/50Hz)450kW
2	通风扇(助燃气体风机隔音罩)	(380V/3 相/50Hz)3.6kW
3	冷却水水泵	(380V/3 相/50Hz)5.5kW
4	气化器控制	(230V/1 相/50Hz)2.2kW
5	面板供电/照明加热器	(230V/1 相/50Hz)1.5kW
6	水浴槽加热器	(380/3 相/50Hz)2×10kW

表 1.30　SCV 水浴槽规格

序号	项目	参数
1	总长(槽内侧)(mm)	11000
2	总宽(槽内侧)(mm)	4880
3	总高(包括烟囱)(mm)	28000

第三节　燃料气电加热器

燃料气电加热器是用于 SCV 燃料气加热的必要设备。低温燃料气通过电加热器加热为适宜 SCV 燃烧温度的燃料气体。

燃料气电加热器技术参数见表 1.31。

表 1.31　燃料气电加热器技术参数

序号	项目	参数	序号	项目	参数
1	设备位号	E-2201A/B/C	6	额定功率	475kW
2	设备型号	ECH16/33-475	7	频率	50Hz 3 相
3	工作压力	0.7MPa	8	工作温度	-37.7/4℃
4	设计压力	0.875MPa	9	设计温度	-70/60℃
5	防护等级	IP55	10	质量	550kg

第六章　槽车装车区

LNG 接收站槽车装车区作为接收站外输系统的一部分，共设有 21 个装车位，每个装车位设有一台液体装车臂和一台气相返回臂及其配套的就地控制系统。装车臂如图 1.39 所示。

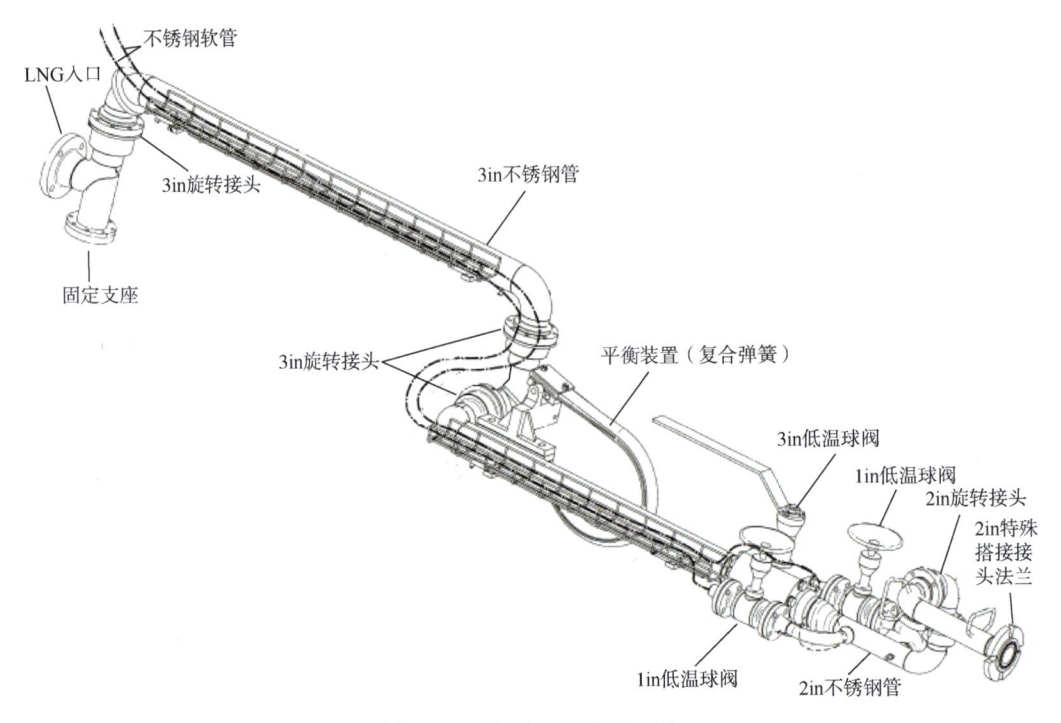

图 1.39　液(气)相臂轴测图

装车臂性能参数见表 1.32。

表 1.32　装车臂性能参数

项目	参 数	
名称	液相输油臂	气相输油臂
数量	14(每个橇 1 个)	14(每个橇 1 个)
装车能力	80m³/h	110m³/h
输送介质	LNG	NG
型号	RC 477V-自平衡	RC 477V-自平衡
配置	PID(下端进入/右侧)	PID(下端进入/右侧)
公称直径	3in×3in×2in	3in×3in×2in
尺寸	1500mm×1750mm×400mm	1500mm×1750mm×250mm

续表

项目		参　　数	
基座连接		3in ANSI 150 WN RF	3in ANSI 150 WN RF
端连接		2in 特殊搭接法兰，带"U"形孔	2in 特殊搭接法兰，带"U"形孔
回转接头		2000 系列型	2000 系列型
平衡装置		复合弹簧	复合弹簧
质量		160kg	140kg
提升装置的加载力矩		287m·dyn	282m·dyn
输送型式		液体下端侧面输送	液体下端侧面输送
工作流体		LNG	NG
操作压力		0.7~0.9MPa	0.01~0.4MPa
设计压力		60℃时为 17.9bar(g)	60℃时为 7bar(g)
试验压力		最大 40℃时为 27bar(g)	最大 40℃时 27bar(g)
操作温度		-162~60℃最大	-170~60℃最大
设计温度		-170℃	-170℃
操作		手动	手动
材料	输油臂装配(接触液体的部件)	不锈钢 304/304L	不锈钢 304/304L
	基座立管和固定板	碳钢	碳钢
	添料密封	Cryopack	Cryopack
	润滑脂无润滑	回转接头用通氮干燥法	
	表面保护	输油臂的钝化—基座立管的涂层	
附件	停止阀	手动球阀 3in SF BW FB	手动球阀 2in SF BW FB

第七章　公用工程区设备设施

第一节　氮气系统

大连 LNG 接收站两套 PSA 制氮系统(图 1.40)，一用一备，为接收站提供连续供氮；另设置一套液氮储存及气化系统(图 1.41)，液氮储存及气化系统设有两座立式液氮储罐、两台空气加热气化器、两台电加热气化器和相应控制系统，用于满足正常和高峰时的用氮。当冬季环境温度过低，空气气化器出口温度不能满足氮气使用要求时，开启电加热气化器。

氮气系统技术参数见表 1.33。

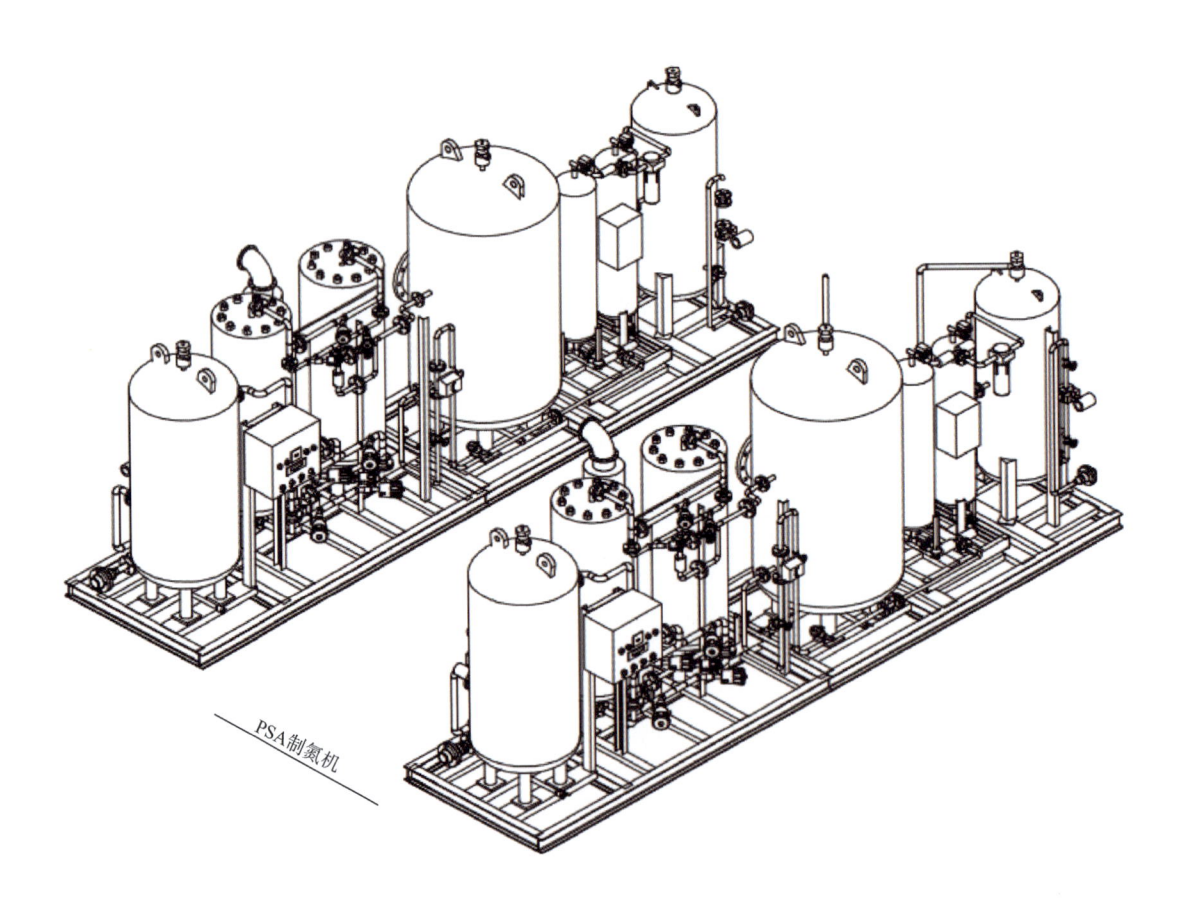

图 1.40　PSA 制氮系统轴测图

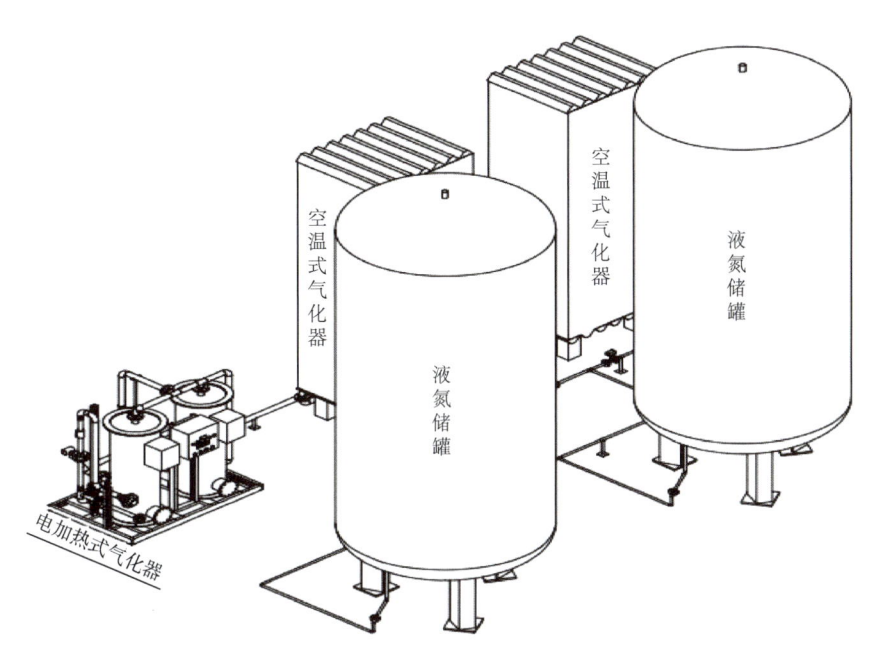

图 1.41 氮气储存气化系统轴测图

表 1.33 氮气系统技术参数

环境条件		设计条件	
平均温度	20℃	产量	100m³/h
平均相对湿度	60%	纯度	99%
蒸汽压	mbar	产品压力	7bar(g)
海拔	10m	产品温度	≤40℃
大气压	1000mbar	产品压力露点温度	-60℃
绝对含湿量	g/m³	入口空气压力	10bar(g)
室内最高温度	35℃	入口空气温度	≤40℃
室内最低温度	4℃	油含量	0.01mg/L
冷却水进(出)温度	—	循环/均压时间	60s
分子筛选型			
分子筛型号	CMS-1.3F	空气系数	2.8
分子筛数量	470kg	供应商	德国卡波
其他设备选型			
空气缓冲罐(V-2801A/B)		吸附塔(AD-2801A、B/AD-2802A、B)	
体积	1m³	体积	0.46m³
壁厚	8mm	壁厚	10mm
直径	800mm	直径	550mm
高度	2500mm	高度	2290mm
入口尺寸	40mm	入口尺寸	40mm
出口尺寸	40mm	出口尺寸	32mm
质量	555kg	质量	445kg

续表

活性炭过滤器(F-2803A/B)		氮气缓冲罐(V-2804A/B)	
体积	0.074m³	体积	2m³
壁厚	8mm	壁厚	10mm
直径	350mm	直径	1100mm
高度	1368mm	高度	2790mm
入口尺寸	40mm	入口尺寸	25mm
出口尺寸	40mm	出口尺寸	25mm
质量	160kg	质量	875kg
设备外形尺寸	6m×1.4m×2.8m	设备单体质量	5000kg

液氮储罐(V-2803A/B)				
容器类别	3	参数	内容器	外壳
工作压力	1.6MPa	设计压力	1.84MPa	-0.1MPa
操作温度	-196℃	设计温度	-196℃	50℃
体积	21.05m³	压力循环次数	N/A	N/A
介质	液氮	最大工作压力	1.75MPa	真空
密度	810kg/m³	最小工作压力	—	—
容器空重	10378kg	试验压力	2.91MPa	—

空气加热气化器(E-2801A/B)		电加热气化器(E-2802A/B)	
设计压力	1.6MPa(g)	设计压力	1.6MPa(g)
设计温度	-196℃	设计温度	-35℃
设计流量	700m³/h	设计流量	700m³/h
		电加热器功率	23kW

第二节 空气系统

大连LNG接收站设置三台螺杆式空气压缩机、一台空气缓冲罐、两台空气干燥器及一台仪表空气储罐。空气由大气吸入经空气压缩机压缩后，进入空气缓冲罐。压缩空气通过在干燥器中分离除去游离态水满足仪表空气质量要求后，经过仪表空气缓冲罐分别进入仪表空气总管、工厂空气总管和PSA制氮系统。在仪表空气总管设有压力控制阀和连锁系统，当仪表空气压力低于设定值时，控制阀切断工厂空气和氮气管线，优先为仪表空气提供压缩空气，当仪表空气压力低于最低设定值时，启动连锁系统，全厂工艺停车。

主机工作原理如下：

（1）主机主要是由一对阴阳转子和壳体组成，属于容积式。其工作过程由吸气过程、压缩过程和排气过程组成。

（2）外部空气吸入压缩机主机，当一对凸角完成排气过程(两凸角在排气端完全啮合)时转子另一端(进气端)的空隙开始通过吸气口充气，而另一对标有虚线的凸角准备压缩，当标有虚线的一对凸角中的阴凸角在其整个长度上充满气时，进气阶段结束。

（3）随着转子进一步转动，阳转子凸角开始在进气端与阴转子啮合。相互啮合的两凸角的脊线通过密封线时便将已吸入的空气截住。阳凸角开始挤压截住的空气,并同时将其挤到排气端盖(图1.42)。

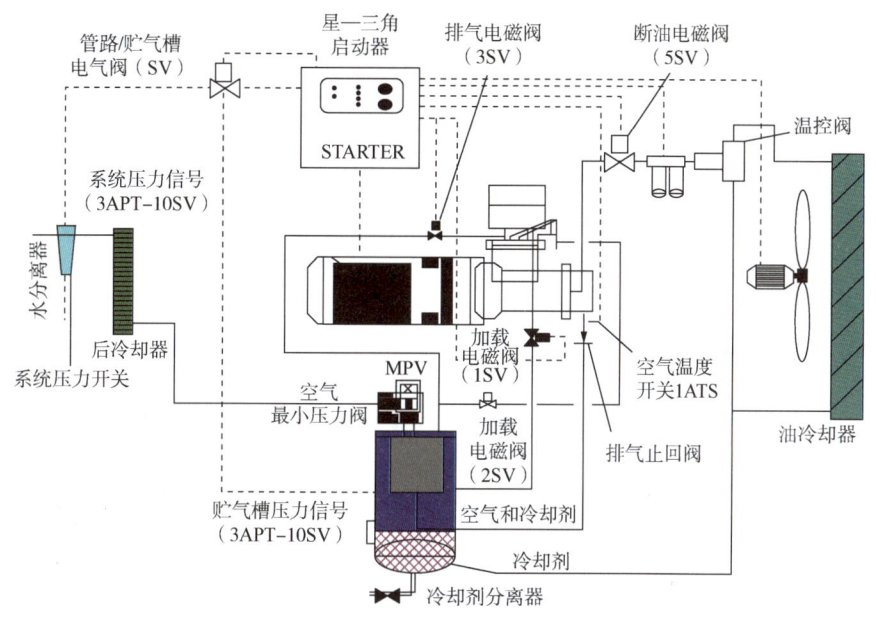

图 1.42 空气压缩机硬件系统示意图

(4) 在此点上排气端盖压缩被截留空气的体积。阳转子的挤压运动逐步减小被截留空气的体积,同时冷却油通过机壳上钻有的压力喷嘴不断地喷入这些空气中。冷却油吸收压缩热,润滑转子,并为转子提供密封。

空气压缩机技术参数见表 1.34。

表 1.34 空气压缩机技术参数

序号	项目	参数	序号	项目	参数
1	设备位号	C-2701A/B/C	8	完全加载排气压力	10.0bar(g)
2	机器型号	R90IU-A10A/C	9	最大脱机压力	10.2bar(g)
3	工作介质	空气	10	操作压力	0.85MPa
4	额定排气量	782m³/h	11	最小重新加载压力	4.5bar(g)
5	排气量	13.734m³/min	12	转子直径	226mm
6	容量	14.0m³/min	13	外螺纹转子速度	1.404r/min
7	压缩机电源	90kW	14	露点	-40℃(0.7MPa)

第八章　计量橇及火炬

计量橇用于气体外输和增压机外输气体计量，分为四个分橇，三用一备，其中 U-1701D 具有串联校验功能，计量橇立面图如图 1.43 所示。

火炬设于 BOG 总管末端，用于超压气体排放燃烧，火炬分液罐，用于 BOG 气体排放前气液分离。火炬的点火方式为高空点火系统点火和现场防爆内传焰点火盘点火两种。无排放时点燃长明灯，以备随时点燃火炬。

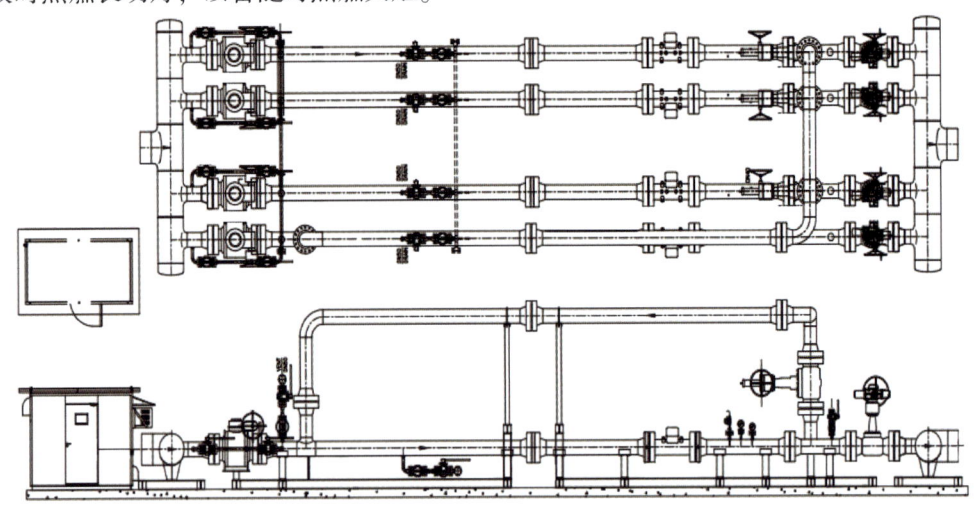

图 1.43　计量橇平立面图

计量橇及火炬设备技术参数见表 1.35。

表 1.35　计量橇及火炬设备技术参数

计量橇			
介质	NG	操作温度	>0℃
操作压力	10MPa(g)	设计压力	15MPa(g)
能力	(42.18~112.6)×10^{4}m^3/h	设计温度	-40/60℃
火炬			
介质	NG	操作压力	0.01MPa(g)
外形尺寸	700mm(宽)×50m(高)	设计温度	-46/60℃
能力	70t/h	设计压力	0.35MPa(g)
操作温度	-158℃/AMB		
火炬分液罐(V-1901)			
工作容积	20m^3	操作压力	0.02MPa(g)
外形尺寸	2.0m(宽)×6m(长)	设计温度	-170~60℃(180℃)
操作温度	-158℃/AMB	设计压力	0.35MPa(g)/FV

第九章 阀 门

第一节 主要性能

阀门安装在各种管路系统中，作为一种管路附件，主要用来控制流体的压力、流量和流向，如截断、调节、止回、分流、安全、减压等。实际上由于流体的压力、温度、流量及化学性质、物理性质不同，对流体系统控制要求和使用要求也不同。正是由于阀门的特殊性，也决定了阀门的复杂性。LNG接收站中阀门主要包括截止阀、球阀、闸阀、蝶阀、止回阀、安全阀及真空阀等。

一、强度性能

阀门的强度性能是指阀门承受介质压力的能力。阀门是承受内压的机械产品，因而必须具有足够的强度和刚度，以保证长期使用而不发生破裂或产生变形。

二、密封性能

阀门的密封性能是指阀门各密封部位阻止介质泄漏的能力，它是阀门最重要的技术性能指标。阀门的密封部位有三处：启闭件与阀座两密封面间的接触处，填料与阀杆和填料函的配和处，阀体与阀盖的连接处。其中前一处的泄漏称为内漏，也就是通常所说的关不严，它将影响阀门截断介质的能力。对于截断阀类来说，内漏是不允许的。后两处的泄漏称为外漏，即介质从阀内泄漏到阀外。外漏会造成物料损失、污染环境，严重时还会造成事故。对于易燃、易爆、有毒或有放射的介质，外漏更是不能允许的，因而阀门必须具有可靠的密封性能。

三、流动性能

介质流过阀门后会产生压力损失（即阀门前后的压力差），也就是阀门对介质的流动有一定的阻力，介质为克服阀门的阻力就要消耗一定的能量。从节约能源上考虑，设计和制造阀门时，要尽可能降低阀门对流动介质的阻力。

四、动作性能

（1）动作灵敏度和可靠性。

这是指阀门对于介质参数变化，做出相应反应的敏感程度。对于节流阀、减压阀、调节阀等用来调节介质参数的阀门及安全阀、疏水阀等具有特定功能的阀门来说，其功能灵敏度与可靠性是十分重要的技术性能指标。

（2）启闭力和启闭力矩。

启闭力和启闭力矩是指阀门开启或关闭所必须施加的作用力或力矩。关闭阀门时，需要使启闭件与发座两密封面间形成一定的密封比压，同时还要克服阀杆与填料之间、阀杆与螺母的螺纹之间、阀杆端部支承处及其他摩擦部位的摩擦力，因而必须施加一定的关闭力和关闭力矩。阀门在启闭过程中，所需要的启闭力和启闭力矩是变化的，其最大值是在关闭的最终瞬时或开启的最初瞬时。设计和制造阀门时应力求降低其关闭力和关闭力矩。

第二节 截止阀

截止阀又称截门阀（图1.44），属于强制密封式阀门，所以在阀门关闭时，必须向阀瓣施加压力，以强制密封面不泄漏。

截止阀的阀杆轴线与阀座密封面垂直，阀杆开启或关闭行程相对较短，并具有非常可靠的切断动作，因此这种阀门非常适合作为介质的切断或调节及节流。

截止阀一旦处于开启状态，它的阀座和阀瓣密封面之间就不再有接触，因此它的密封面的机械磨损较小。

由于大部分截止阀的阀座和阀瓣都易于修理，或更换密封元件时无需把整个阀门从管线上拆下来，因此对于阀门和管线焊接成一体的场合是很适用的。

介质通过此类阀门时的流动方向会发生变化，因此截止阀的流动阻力高于其他阀门。

LNG接收站截止阀主要包括高压泵最小回流线FCV阀、低压泵最小回流线FCV阀、低压泵出口HCV阀、ORV出口FCV阀及接收站保冷循环CSP阀门等。

图1.44 常见截止阀

一、工作原理

截止阀作为一种极其重要的截断类阀门，其密封是通过对阀杆施加扭矩，阀杆在轴向方向上向阀瓣施加压力，使阀瓣密封面与阀座密封面紧密贴合，阻止介质沿密封面之间的缝隙泄漏。

截止阀的密封副由阀瓣密封面和阀座密封面组成，阀杆带动阀瓣沿阀座的中心线做垂直运动。截止阀启闭过程中阀瓣与座密封面之间无相对滑动，因此对密封面的磨损与擦伤较小，提高了密封副的使用寿命。同时启闭时阀瓣行程小，易于调节流量，且制造维修方便，压力适用范围广。

二、分类

(一) 角式截止阀

流体通过角式截止阀，只需改变一次方向，因此压力降比常规结构的截止阀小。

(二) 直流式截止阀

在直流式或"Y"形截止阀中，阀体的流道与主流道成一斜线，流动状态的破坏程度比常规截止阀要小，因而通过阀门的压力损失也相对较小。

(三) 柱塞式截止阀

这种形式的截止阀是常规截止阀的变形，阀瓣和阀座通常基于柱塞原理设计。阀瓣磨光成柱塞与阀杆相连接，密封是由套在柱塞上的两个弹性密封圈实现的。两个弹性密封圈(能够更换)用一个套环隔开，并通过由阀盖螺母施加在阀盖上的载荷把柱塞周围的密封圈压牢。此类截止阀主要用于"开"或者"关"，但是备有特制形式柱塞或特殊套环，也可用于流量调节。

三、优缺点

截止阀具有以下优点：
(1) 在开闭过程中密封面的摩擦力比闸阀小，耐磨；
(2) 开启高度小；
(3) 通常只有一个密封且一般较小，因此制造工艺好，且便于维修。

截止阀使用较为普遍，但缺点是：
(1) 由于开闭力矩较大，结构长度较长，一般公称通径都限制在 DN≤200mm 以下；
(2) 流体阻力损失较闸阀、球阀、旋塞阀大，因而限制了截止阀更广泛的使用；
(3) 密封面较闸阀敏感，如介质含有机械杂质时，在关闭阀门时易损伤密封面。

四、结构及特点

截止阀一般采用明杆支架式，螺栓连接阀盖结构(OS&Y BB 型)、升降阀杆和手轮，是国际通用的截止阀结构型式，具体结构如图 1.45、图 1.46 所示。

(一) 阀体和阀盖

阀体、阀盖的设计经过严格的计算，具有良好的强度、刚度和流通能力。阀盖上设计了上密封座，在全开状态下使填料密封更为可靠，并方便更换填料。

(二) 阀杆与阀杆螺母

阀杆与阀杆螺母的螺纹传动采用适度的配合间隙和独特的牙型修正处理，保证阀门驱动的灵活性和阀门关闭状态的自锁性。在阀瓣与阀杆头部接触处，镶嵌硬质不锈钢材料，使该处不会因挤压而变形，或因锈蚀而影响阀瓣动作的灵活性。

(三) 填料

填料采用石墨材料(不含石棉)，并可在客户要求的前提下，提供填料隔环(标准品不含填料隔环)。

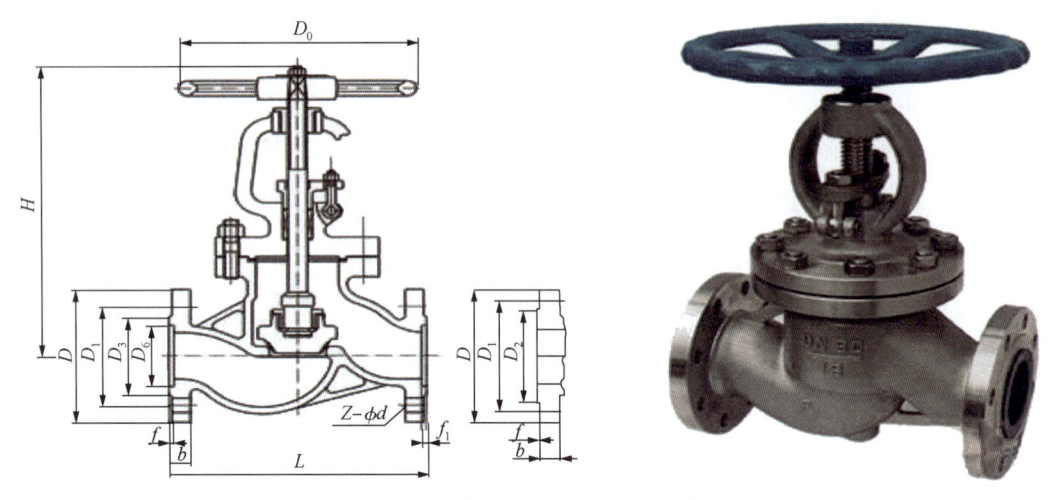

图 1.45　截止阀剖面图及实物图

图 1.46　截止阀分解图

（四）特点

（1）结构简单，维修方便。

（2）密封面磨损及擦伤较轻，密封性好，使用寿命长。

（3）启闭时，阀瓣行程小。

（4）启闭力矩大，关闭力包括介质压力的反作用力和密封所必需的力两部分。

（5）流动阻力大，阀体内介质通道曲折，消耗能量大。

（6）既然流动方向受限制，只能单向流动，不能改变流动方向。

五、安装要点

截止阀流向通常采用自上而下的安装方式，所以安装时有方向性。截止阀设计为低进高出,目的是使流动阻力小,在开启阀门时省力。同时阀门关闭时,阀壳和阀盖间的垫料与阀杆周围的填料不受力,不致长时间受到介质压力和温度的作用,可延长使用寿命,减少泄漏的概率。另外,还可在阀门关闭的状态下更换或增添填料,便于维修(阀内流体方向如图1.47所示)。

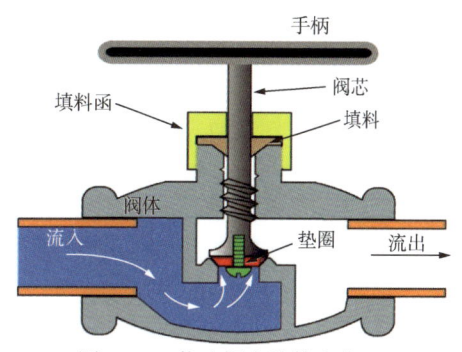

图1.47 截止阀内流体方向

(一)直径大于100mm的高压截止阀

由于大直径阀门密封性能差,采用这种方法截止阀在关闭状态下,介质压力作用在阀瓣上方,增加了阀门的密封性。

如果在高压大口径状态下采用低进高出的方式,阀门关闭较为困难。阀杆长期受到压力容易变形弯曲,影响阀门的安全性和密封性;若选用高进低出的方式,则对阀杆尺寸就可稍微小些,从而节约成本。

(二)旁路管道上串联的两个截止阀,第二个截止阀要求"高进低出"

为保证一个检修周期内阀门的严密性,经常启闭操作的阀门要求装设两个串联的截止阀。对于旁路系统而言,此旁路的装设作用有:(1)平衡主管道阀门的前后压力,使开启方便、省力,减小主管道阀门的磨损;(2)启动过程中小流量暖管;(3)主给水管道上,控制给水流量以控制锅炉升压速度进行锅炉水压试验。按介质流动方向旁路截止阀分别为一次阀和二次阀;机组正常运行时,一次阀和二次阀是关闭的,二者都和介质直接接触。为防止二次阀阀壳和阀盖间的垫料与阀杆周围的填料长时间受到介质和温度的作用,以及在运行过程可以更换阀门的填料,二次阀要求的安装方向"高进低出"。

六、检查要点

阀门在安装时,依据阀门具体型式,主要检查以下项目:(1)法兰对齐;(2)阀是否操作方便无阻碍;(3)阀是否操作安全;(4)阀门标签;(5)阀杆轴承是否加润滑脂等。

第三节 止 回 阀

止回阀是指启闭件为圆形阀瓣并靠自身重量及介质压力产生动作来阻断介质倒流的一种阀门。属自动阀类,又称逆止阀、单向阀、回流阀或隔离阀。阀瓣运动方式分为升降式和旋启式。升降式止回阀与截止阀结构类似,仅缺少带动阀瓣的阀杆。介质从进口端(下侧)流入,从出口端(上侧)流出。当进口压力大于阀瓣重量及其流动阻力之和时,阀门开启。反之,介质倒流时阀门则关闭。旋启式止回阀有一个斜置并能绕轴旋转的阀瓣,工作原理与升降式止回阀相似。止回阀常安装在泵或压缩机出口及用作泵的底阀,可以阻止介质的回流。止回阀与截止阀组合使用,可起到安全隔离的作用。

止回阀按结构划分,可分为升降式止回阀、旋启式止回阀、蝶式止回阀和轴流式止回阀。

升降式止回阀可分为立式和卧式两种。旋启式止回阀分为单瓣式、双瓣式和多瓣式三种。蝶式止回阀为直通式。轴流式止回阀根据其阀瓣结构形式不同，可以分套筒形、圆盘形、环盘形等多种形式。LNG 接收站止回阀主要安装在高压泵、低压泵等出口、低压泵入口底阀、BOG 压缩机、BOG 增压机出口，具体结构如图 1.48、图 1.49 所示。

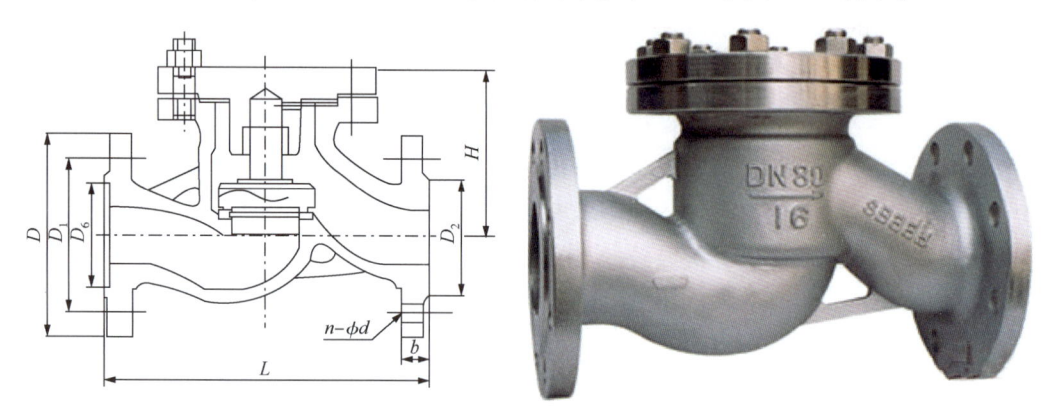

图 1.48 止回阀剖面图及实物图

图 1.49 止回阀拆解图

一、工作原理

止回阀只允许介质向一个方向流动，阻止其向反方向流动。通常自动工作，在一个方向流动的流体压力作用下，阀瓣打开；流体反方向流动时，由流体压力和阀瓣的自重合阀瓣作用于阀座，从而切断流动。

旋启式止回阀有一介铰链机构，还有一个像门一样的阀瓣自由地靠在倾斜的阀座表面上。为了确保阀瓣每次都能到达阀座面的合适位置，阀瓣设计在铰链机构，以便阀瓣具有足够的旋启空间，并使阀瓣真正、全面地与阀座接触。阀瓣可以全部用金属制成，也可以在金属上镶嵌皮革、橡胶，或者采用合成覆盖面，这取决于使用性能的要求。旋启式止回阀在完全打开的状况下，流体压力几乎不受阻碍，因此通过阀门的压力降相对较小。升降式止回阀的阀瓣坐落位于阀体上阀座密封面上。此阀门除了阀瓣可以自由地升降之外，其余部分如同截止阀一样，流体压力使阀瓣从阀座密封面上抬起，介质回流导致阀瓣回落到阀座上，并切断流动。根据使用条件，阀瓣可以是全金属结构，也可以是在阀瓣架上镶嵌橡胶垫或橡胶环的形式。像截止阀一样，流体通过升降式止回阀的通道也是狭窄的，因此通过升降式止回阀的压力降比旋启式止回阀大些，且旋启式止回阀的流量受到的限制很少。轴流式止回阀的结构特点是设计有减震弹簧，避免了普通止回阀开启时阀瓣与阀体之间的直接撞击产生振动和噪声，阀座采用硬密封带软密封的组合式密封结构，具有消声、减振效果，便于用户现场检修，结构紧凑，外形尺寸小，为轴流梭式结构，流阻小，流量系数大。轴流式止回阀的工作原理是通过阀门进口端与出口端的压差来决定阀瓣的开启和关闭。当进口端压力大于出口端压力与弹簧力的总和时，阀瓣开启。只要有压差存在，阀瓣就一直处于开启状态，但开启度由压差的大小决定。当出口端压力与弹簧弹力的总和大于进口端压力时，阀瓣则关闭，并一直处于关闭状态。由于阀瓣的开启与关闭是处于一个动态的力平衡系统中，因此阀门运行平稳，无噪声，水锤现象大幅减少。

如果流体流速压力无法将阀门支撑在一个较大的开启度，并保持在稳定的开启位置，则阀瓣和相关的运动部件可能会处于一种持续振动的状态。为了避免出现运动部件的过早磨损、噪声或振动，就要根据流体状态选择止回阀的通径。

轴流式止回阀的阀瓣重量轻，可减小在导向面上的摩擦力，回座迅速。小质量、低惯性的阀瓣经过一个短的行程并以极小的冲击力接触阀座面。这样能减轻阀座密封面遭到损坏，防止造成阀座泄漏。

轴流式止回阀关闭迅速，无撞击，质量小、惯性低的阀瓣经过一个短的行程并以极小的冲击力接触阀座面，能保持阀座密封面的良好状态，避免损坏。更重要的是，它能最大程度地减少压力波动的形成，保证系统安全。

二、分类及特点

（一）升降式止回阀

阀瓣沿着阀体垂直中心线滑动的止回阀。

特点：其流体阻力系数较大，密封性比旋启式好，水平或垂直瓣不能用错（水平和垂直管路）。

（二）旋启式止回阀

阀瓣围绕阀座外的销轴旋转的止回阀。

特点：密封性差，流阻小，不宜制成小口径，安装位置宽；但是垂直管线上时，介质应由下至上。

（三）碟式止回阀

阀瓣围绕阀座内的销轴旋转的止回阀。

特点：结构简单，只能安装在水平管道上，密封性较差。

（四）轴流式止回阀

阀瓣沿着阀体中心线滑动的阀门。

特点：是新出现的一种阀门，它的体积小，质量较轻，加工工艺性好，是止回阀发展方向之一，但流体阻力系数比旋启式止回阀略大。

三、安装检查注意事项

（1）在管线中不要使止回阀承受重量，大型的止回阀应独立支撑，使之不受管系产生的压力的影响。

（2）安装时注意介质流动的方向应与阀体所示箭头方向一致。

（3）升降式立式止回阀应安装在垂直管道上。

（4）升降式止回阀应安装在水平管道上。

（5）检查法兰是否对齐，检查阀是否操作方便、没有阻碍，检查阀是否操作安全，检查标签，检查安装方向。

第四节　闸　　阀

闸阀（图1.50）是一个启闭件闸板，闸板的运动方向与流体方向垂直，闸阀只能全开和全关，不能用作调节和节流。闸阀通过阀座和闸板接触进行密封，通常密封面会堆焊金属材料以增加耐磨性，如堆焊1Cr13、STL6、不锈钢等。闸板有刚性闸板和弹性闸板，根据闸板的不同，闸阀分为刚性闸阀和弹性闸阀。LNG接收站闸阀主要包括海水管线、消防水管线、生产水管线、生活水管线等部分阀门。

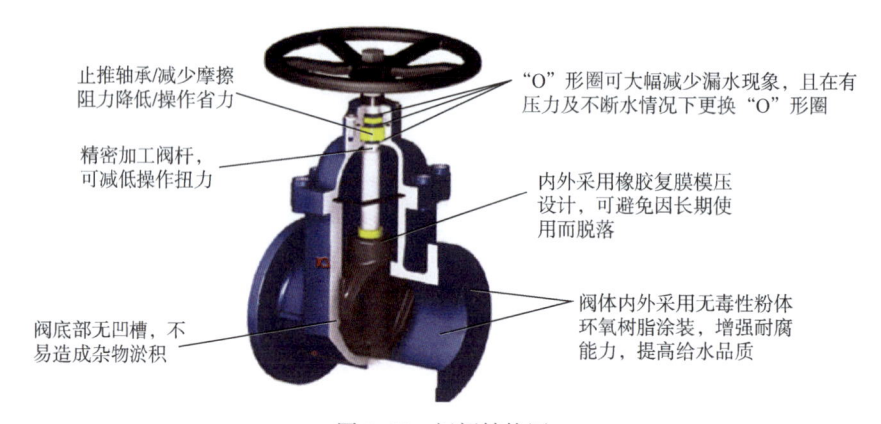

图1.50　闸阀结构图

一、工作原理

闸阀的启闭件是闸板。闸板有两个密封面，最常用的模式闸板阀的两个密封面形成楔形，楔形角随阀门参数而异，通常为5°，介质温度不高时为2°52′。楔式闸阀的闸板可以看作一个整体，称为刚性闸板；也可以看作能产生微量变形的闸板，以改善其工艺性，弥补密封面角度在加工过程中产生的偏差，这种闸板称为弹性闸板。闸阀关闭时，密封面可以只依靠介质压力来密封，即依靠介质压力将闸板的密封面压向另一侧的阀座来保证密封面的密封性，这就是自密封。大部分闸阀是采用强制密封的，即阀门关闭时，要依靠外力强行将闸板压向阀座，以保证密封面的密封性。闸阀的闸板随阀杆一起做直线运动的，称为升降杆闸阀，亦称为明杆闸阀。通常在升降杆上有梯形螺纹，通过阀门顶端的螺母以及阀体上的导槽，将旋转运动变为直线运动，也就是将操作转矩变为操作推力。开启阀门时，当闸板提升高度等于阀门通径时，流体的通道完全畅通，但在运行时，此位置是无法监视的。实际使用时，是以阀杆的顶点作为标志，即开不动的位置，作为它的全开位置。为考虑温度变化出现锁死现象，通常在开到顶点位置上，再倒回 1/2~1 圈，作为全开阀门的位置。因此，阀门的全开位置，按闸板的位置即行程来确定。有的闸阀的阀杆螺母设在闸板上，手轮转动带动阀杆转动，而使闸板提升，这种阀门称为旋转杆闸阀，或称为暗杆闸阀。

二、优缺点

(一) 优点

(1) 流动阻力小。阀体内部介质通道是直通的，介质成直线流动，流动阻力小。

(2) 启闭时较省力。是与截止阀相比而言，因为无论是开或闭，闸板运动方向均与介质流动方向相垂直。

(3) 高度大，启闭时间长。闸板的启闭行程较大，升降是通过螺杆进行的。

(4) 水锤现象不易产生。原因是关闭时间长。

(5) 介质可向两侧任意方向流动，易于安装。闸阀通道两侧是对称的。

(6) 结构长度（系壳体两连接端面之间的距离）较小。

(7) 形体简单，结构长度短，制造工艺性好，适用范围广。

(8) 结构紧凑，阀门刚性好，通道流畅，流阻数小，密封面采用不锈钢和硬质合金，使用寿命长，采用 PTFE 填料，密封可靠，操作轻便灵活。

(二) 缺点

密封面之间易引起冲蚀和擦伤，维修比较困难。外形尺寸较大，开启需要一定的空间，开闭时间长。结构较复杂。

三、结构特点

(一) 质量轻

本体采用高级球墨铸铁制成，质量较传统闸阀质量减轻 20%~30%，安装维修方便。

(二) 平底式闸座

传统的闸阀往往在通水洗管后，即因外物诸如石头，木块、水泥、铁屑、杂物等淤积于阀底凹槽内，容易造成无法紧密关闭而形成漏水现象，弹性座封闸阀底部采用与水管机同的平底设计，不易造成杂物淤积，使流体畅通无阻。

(三) 整体包胶

闸板采用高品质的橡胶进行整体内外包胶，欧洲的橡胶硫化技术使得硫化后的闸板能够保证其精确的几何尺寸，且橡胶与球墨铸闸板连接牢靠、不易脱落及弹性记忆佳。

(四) 精铸阀体

阀体采用精密铸造，精确的几何尺寸使得阀体内部无需任何精加工即可保证阀门的密封性。

四、注意事项

（1）手轮、手柄及传动机构均不允许作起吊用，并严禁碰撞。
（2）双闸板闸阀应垂直安装（即阀杆处于垂直位置，手轮在顶部）。
（3）带有旁通阀的闸阀在开启前应先打开旁通阀（以平衡进出口的压差及减小开启力）。
（4）带传动机构的闸阀，按产品使用说明书的规定安装。
（5）如果阀门经常开关使用，每月至少润滑一次。
（6）闸阀只供全开、全关各类管路或设备上的介质运行之用，不允许用作节流。
（7）带手轮或手柄的闸阀，操作时不得再增加辅助杠杠（若遇密封不严，则应检查修复密封面或其他零件）。手轮、手柄沿顺时针方向旋转为关闭，反之为开启。带传动机构的闸阀应按产品使用说明书的规定使用。

五、安装要点

（1）安装位置、高度、进出口方向必须符合设计要求，连接应牢固紧密。
（2）安装在保温管道上的各类手动阀门，手柄均不得向下。
（3）阀门安装前必须进行外观检查，对于工作压力大于1MPa及在主干管上起到切断作用的阀门，安装前应进行强度和严密性能试验，合格后方准使用。强度试验时，试验压力为公称压力的1.5倍，持续时间不少于5min，阀门壳体、填料应无渗漏为合格。严密性试验时，试验压力为公称压力的1.1倍；试验压力在试验持续的时间应符合《通风与空调工程施工质量验收规范》（GB 50243—2016）的国家标准要求，以阀瓣密封面无渗漏为合格。
（4）手轮、手柄及传动机构均不允许用作起吊，严禁碰撞。
（5）带传动机构的闸阀，按产品使用说明书的规定安装。

第五节　蝶　　阀

蝶阀又称为翻板阀，是一种结构简单的调节阀，在管道上主要起切断和节流作用。蝶阀启闭件是一个圆盘形的蝶板，在阀体内绕其自身的轴线旋转，从而达到启闭或调节的目的。LNG接收站蝶阀主要包括码头卸船线XV阀门、低压泵出口手阀、海水管线MOV阀、储罐进料管线HCV阀、压缩机出入口XV阀等。

一、工作原理

蝶阀是用圆盘式启闭件往复回转90°左右来开启、关闭或调节介质流量的一种阀门。蝶阀不仅结构简单、体积小、质量轻、省材料、安装尺寸小、驱动力矩小、操作简便且迅速，还可以同时具有良好的流量调节功能和关闭密封特性，是近十余年来发展最快的阀门品种之一。蝶阀的使用非常广泛。其使用的品种和数量仍在继续扩大，并向高温、高压、大口径、高密封性、长寿命、优良的调节特性，以及一阀多功能发展。其可靠性及其他性能指标均达到较高水平。

随着防化学腐蚀的合成橡胶在蝶阀上的应用，蝶阀的性能得以提高。由于合成橡胶具有耐腐蚀、抗冲蚀、尺寸稳定、回弹性好、易于成形、成本低廉等特点，并可以根据不同的使用要求选择不同性能的合成橡胶，以满足蝶阀的使用工况条件。

由于聚四氟乙烯(PTFE)具有耐腐蚀性强、性能稳定、不易老化、摩擦系数低、易于成形、尺寸稳定，并且可以通过填充、添加适当的材料改善其综合性能，得到强度更好、摩擦系数更低的蝶阀密封材料，克服了合成橡胶的局限性，因而以聚四氟乙烯为代表的高分子聚合材料及其填充改性材料，在蝶阀上得到了广泛应用，从而使蝶阀的性能得到进一步的提高，制造出了温度、压力范围更广，密封性能更可靠、使用寿命更长的蝶阀。

为了满足高低温度、强冲蚀、长寿命等工业应用的使用要求，金属密封蝶阀得到了很大的发展。随着耐高温、耐低温、耐强腐蚀、耐强冲蚀、高强度合金材料在蝶阀中的应用，使金属密封蝶阀在高低温度、强冲蚀、长寿命等工业领域得到了广泛应用，出现了大口径(9～750mm)、高压力(42MPa)、宽温度范围(-196～606℃)的蝶阀，从而使蝶阀的技术达到一个全新的水平。

蝶阀在完全开启时，具有较小的流阻。当开启度在15°～70°之间时，又能进行灵敏的流量控制，因而在大口径的调节领域，蝶阀的应用非常普遍。

由于蝶阀蝶板的运动带有擦拭性，故大多数的蝶阀可用于带悬浮固体颗粒的介质。依据密封件的强度，也可用于粉状和颗粒状的介质。

蝶阀适用于流量调节。由于蝶阀在管中的压力损失比较大，大约是闸阀的三倍，因此在选择蝶阀时，应充分考虑管路系统受压力损失的影响，还应考虑关闭时蝶板承受管路介质压力的强度。此外，还必须考虑在高温条件下弹性阀座材料所承受工作温度的限制。

蝶阀的结构长度和总体高度较小，开启速度和关闭速度较快，且具有良好的流体控制特性。蝶阀的结构原理最适合用于制作大口径阀门。当要求蝶阀作控制流量使用时，最重要的是正确地选择蝶阀的规格和类型，使之能恰当、有效地工作。

通常，在节流、调节控制与泥浆介质中，要求结构长度短、启闭速度快、低压截止(压差小)，推荐选用蝶阀。在双位调节、缩径的通道、低噪声、有气穴和汽化现象、向大气少量渗漏、具有磨蚀性介质时，可选用蝶阀。蝶阀还适用于在特殊工况条件下节流调节，或要求密封严格、磨损严重、低温(深冷)等工况条件下。

二、分类

按驱动方式分为电动蝶阀、气动蝶阀、液动蝶阀、手动蝶阀。

按结构形式分为中心密封蝶阀、单偏心密封蝶阀、双偏心密封蝶阀和三偏心密封蝶阀。

按密封面材质分为：

(1) 软密封蝶阀。密封副由非金属软质材料对非金属软质材料构成；密封副由金属硬质材料对非金属软质材料构成。

(2) 金属硬密封蝶阀：密封副由金属硬质材料对金属硬质材料构成。

按密封形式分为：

(1) 强制密封蝶阀。

① 弹性密封蝶阀：密封比压由阀门关闭时阀板挤压阀座，阀座或阀板的弹性产生。
② 外加转矩密封蝶阀：密封比压由外加于阀门轴上的转矩产生。
(2) 充压密封蝶阀：密封比压由阀座或阀板上的弹件密封元件充压产生。
(3) 自动密封蝶阀：密封比压由介质压力自动产生。

按工作压力分为：
(1) 真空蝶阀：工作压力低于标堆大气压的蝶阀。
(2) 低压蝶阀：公称压力 $p_N<1.6\text{MPa}$ 的蝶阀。
(3) 中压蝶阀：公称压力 $p_N=2.5\sim6.4\text{MPa}$ 的蝶阀。
(4) 高压蝶阀：公称压力 $p_N=10.0\sim80.0\text{MPa}$ 的蝶阀。
(5) 超高压蝶阀：公称压力 $p_N>100\text{MPa}$ 的蝶阀。

按工作温度分：
(1) 高温：$t>450℃$ 的蝶阀。
(2) 中温蝶阀：$120℃<t<450℃$ 的蝶阀。
(3) 常温蝶阀：$-40℃<t<120℃$ 的蝶阀。
(4) 低温蝶阀：$-100℃<t<-40℃$ 的蝶阀。
(5) 超低温蝶阀：$t<-100℃$ 的蝶阀。

按连接方式分为：
(1) 对夹式蝶阀：对夹式蝶阀的蝶板安装于管道的直径方向。阀门则呈全开状态。对夹式蝶阀结构简单、体积小、质量轻。蝶阀有弹性密封和金属密封两种密封型式。弹性密封阀门，密封圈可以镶嵌在阀体上或附在蝶板周边。
(2) 法兰式蝶阀：法兰式蝶阀为垂直板式结构，阀杆为整体式金属硬密封阀门的密封圈。为柔性石墨板与不锈钢板复合式结构，安装在阀体上，蝶板密封面堆焊不锈钢。软密封阀门的密封圈为丁腈橡胶材质，是安装在蝶板上的。
(3) 凸耳式蝶阀。
(4) 焊接式蝶阀。

焊接式蝶阀是一种非密闭型蝶阀，广泛适用于建材、冶金、矿山、电力等生产过程中介质温度不大于 300℃、公称压力为 0.1MPa 的管道上，用以连通、启闭或调节介质量。

三、优缺点

(一) 优点

(1) 启闭方便、迅速，省力，流体阻力小，可以经常操作。
(2) 结构简单，外形尺寸小，结构长度短，体积小，质量轻，适用于大口径的阀门。
(3) 可以运送钻井液，在管道口积存液体最少。
(4) 低压条件下，可以实现良好的密封。
(5) 调节性能好。
(6) 全开时阀座通道有效流通面积较大，流体阻力较小。
(7) 启闭力矩较小，由于转轴两侧蝶板受介质作用基本相等，而产生转矩的方向相反，因而启闭较省力。

(8）密封面材料一般采用橡胶、塑料，故低压密封性能好。
(9）安装方便。
(10）操作灵活省力，可选择手动、电动、气动、液压的方式。

（二）缺点

（1）使用压力和工作温度范围小。
（2）密封性较差。

四、结构

蝶阀主要由阀体、阀杆、蝶板和密封圈组成。阀体呈圆筒形，轴向长度短，内置蝶板（图1.51）。

（一）结构特点

（1）蝶阀具有结构简单、体积小、质量轻、省材料、安装尺寸小，开关迅速、90°往复回转、驱动力矩小等特点，用于截断、接通、调节管路中的介质，具有良好的流体控制特性和关闭密封性能。

（2）低压条件下，蝶阀可以实现良好的密封性，且调节性能好。

（3）蝶板的流线型设计，使流体阻力损失小。

（4）阀杆为通杆结构，经过调质处理，有良好的综合力学性能和抗腐蚀性、抗擦伤性。蝶阀启闭时阀杆只做旋转运动而不做升降运行，阀杆的填料不易破坏，密封可靠。与蝶板锥销固定，外伸端为防冲出型设计，以免在阀杆与蝶板连接处意外断裂时阀杆崩出。

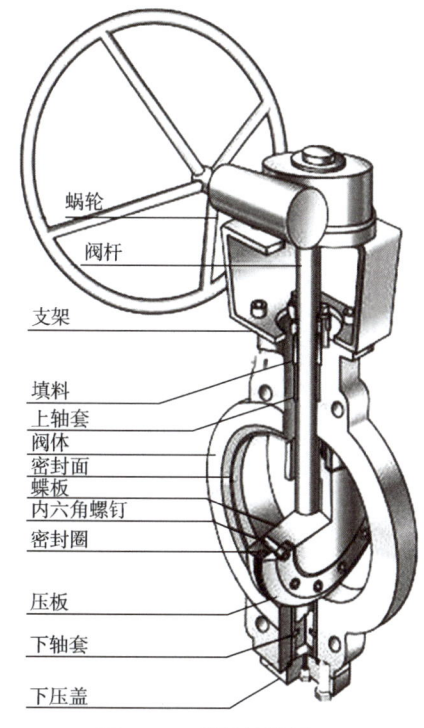

图1.51 蝶阀结构图

（5）连接方式有法兰连接、对夹连接、对焊连接及凸耳对夹连接。

（6）驱动形式有手动、蜗轮传动、电动、气动、液动、电液联动等执行机构，可实现远距离控制和自动化操作。

（二）结构型式

蝶阀与管线的连接有对夹、法兰、对焊、凸耳等方式。对焊结构的超低温蝶阀主要由带检修孔的阀体、检修阀盖、蝶板、加长阀杆，填料等构成。

检修方法：(1)将阀从管线上拆卸；(2)检修孔拆卸。

（三）密封结构型式

中心垂直板，单偏心，双偏心，三偏心，连杆机构，甚至四偏心。

用于海水中的蝶阀都是中心垂直板，内部衬橡胶防腐蚀，不带检修孔。用于LNG的蝶阀有的带检修孔，有的不带。都是三偏心。

（四）三偏心蝶阀

阀杆中心同时偏离了蝶片中心及本体中心，且阀座回转轴线与阀体通道轴线有一定角度，称为三偏心蝶阀(图1.52、图1.53)。

三偏心蝶阀优点是与蝶板阀座相比。大幅减少了阀座直接接触介质的机会，从而降低了阀座受冲蚀的程度，延长了阀座的使用寿命。其结构特征为在双偏心的阀杆轴心位置偏心的同时，使蝶板密封面的圆锥形轴线偏斜于本体圆柱轴线，也就是说，经过第三次偏心后，蝶板的密封断面不再是真圆，而是椭圆；其密封面形状也因此而不对称，一边倾斜于本体中心线，另一边则平行于本体中心线。这第三次偏心的最大特点就是从根本上改变了密封构造，不再是位置密封，而是扭力密封，即不是依靠阀座的弹性变形，而是完全依靠阀座的接触面压来达到密封效果，因此一举解决了金属阀座零泄漏这一难题，并因接触面压与介质压力成正比，耐高压、高温的问题也迎刃而解。

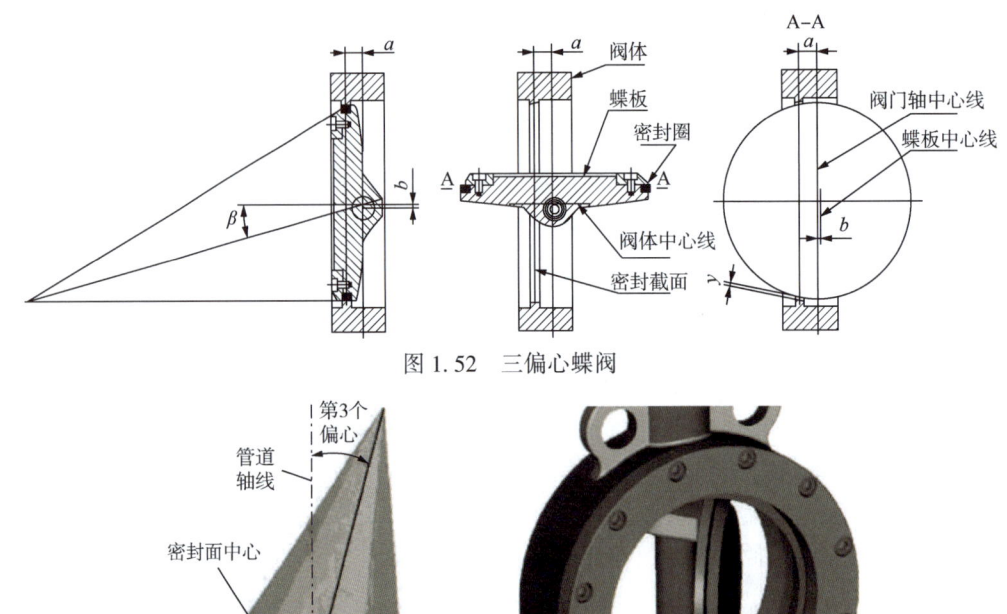

图1.52 三偏心蝶阀

图1.53 三偏心蝶阀

五、功能用途

蝶阀全开到全关通常小于90°，蝶阀和蝶杆本身没有自锁能力，为了蝶板的定位，要在阀杆上加装蜗轮减速器。采用蜗轮减速器，不仅可以使蝶板具有自锁能力，蝶板在任意位置停止，还能改善阀门的操作性能。

工业专用蝶阀的特点：能耐高温，适用压力范围也较高，阀门公称通径大，阀体采用碳钢制造，阀板的密封圈采用金属环代替橡胶环。

六、常见故障

蝶阀中的橡胶弹性体在连续使用中，会产生撕裂、磨损、老化、穿孔甚至脱落现象。

而传统的热硫化工艺很难适应现场修复的需要，修复时要采用专门的设备，消耗大量热能和电能，费时费力。现逐步采用高分子复合材料的方法替代传统方法，其中应用最多的是福世蓝技术体系。其产品所具备的优越的黏着力及出色的抗磨损、抗撕裂性能，确保修复后达到甚至超出新部件的使用周期，大幅缩短停机时间。

七、安装维护

（1）在安装时，阀瓣要停在关闭的位置上。
（2）开启位置应按蝶板的旋转角度来确定。
（3）带有旁通阀的蝶阀，开启前应先打开旁通阀。
（4）应按制造厂的安装说明书进行安装，质量大的蝶阀应设置牢固的基础。

第六节　球　　阀

球阀即以球体作为启闭件的阀门(图 1.54)。LNG 接收站球阀主要包括 ORV 出入口手阀和 XV 阀、高压泵出口手阀和 XV 阀、高压泵泵井放空阀、仪表引压管根部阀等。

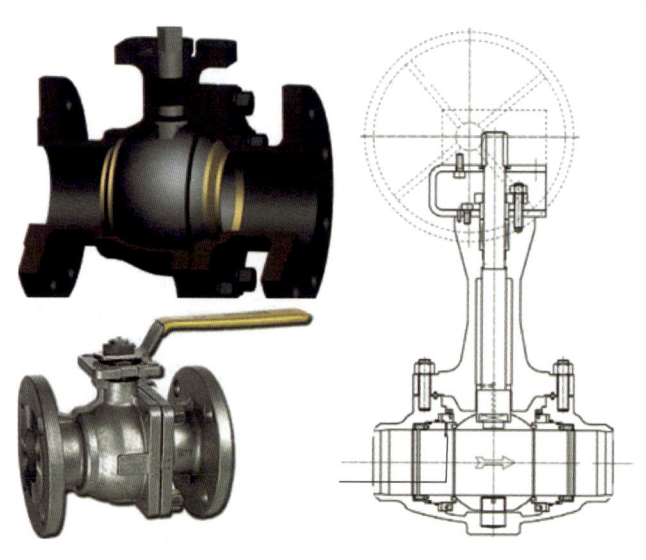

图 1.54　球阀

一、分类及特点

根据球阀的特点和用途，球阀可分为若干种类型。

（一）按球体的支撑方式分类

可分为浮动球球阀和固定球球阀。

1. 浮动球球阀

其主要特点是球体无支撑轴，阀杆与球体为活动连接。这种球阀的球体被两阀座夹持其中而呈"浮动状态"。球体通过阀杆借助于手柄或其他驱动装置可以自由地在两阀座之间旋转。当球体的流道孔与阀门通道孔对准时，球阀呈开启状态，流体畅通，阀门的流体阻力最小。当将球体转动 90°时，球体的流道孔与阀门通道孔相垂直，球阀处于关闭状态，球体在流体压力的作用下，被推向阀门出口端(简称阀后)阀座，使之压紧并保证密封。

浮动球阀的主要优点是结构简单、制造方便、成本低廉、工作可靠。浮动球阀的密封性能与流体压力有关。在其他条件相同的情况下，一般来说，压力越高，越容易密封。但是应考虑到阀座材料能否经受得住球体传递给它的载荷，因为流体压力在球体上所产生的作用力将全部传递给阀后阀座。此外，对于较大尺寸的浮动球阀，当压力较高时，操作转矩增大，而且球体自重也较大，自重在阀座密封面上所产生的压力分布是不均匀的；一般来说，沿通道直径水平面上半圈压力较小，下半圈压力较大，导致阀座磨损不均匀而发生渗漏。

为了使浮动球阀在较低的工作压力下具有良好的密封性能，球体与阀座之间必须施加一定的预紧力。预紧力不足，不能保证密封，而过大的预紧力又会使摩擦转矩增加，还可能导致阀座材料产生塑性变形而破坏密封性能。对于低压球阀，可通过调整法兰之间的密封垫片的厚度来限制其预紧力。

2. 固定球球阀

球体与上阀杆、下阀杆连成一体，或制成整体连轴式球，即球体与上阀杆、下阀杆锻(焊)成一体装在轴承上，球体可沿与阀门通道相垂直的轴线自由转动，但不能沿通道轴线移动。因此，固定球阀工作时，阀前流体压力在球体上所产生的作用力全部传递给轴承，不会使球体向阀后阀座移动，因而阀座不会承受过大的压力，所以固定球阀的转矩小、阀座变形小，密封性能稳定，使用寿命长，适用于高压、大通径的场合。

固定球球阀的密封关键在于正确选用弹性密封阀座的结构形式，合理设计阀座的各部分尺寸，巧妙地借助流体压力或弹簧作用力来达到密封要求。

(二) 按球体安装方式分类

可分为顶装式(上装式)、侧装式等。

1. 上装式球阀

上装式球阀的结构特点是阀体作为整体，其上部设有阀盖，球体、密封圈、阀座均从阀体上部装入。

上装式球阀的优点：检修或更换阀座时，不必将球阀从管线上拆下来，仅打开阀盖，将球体吊出即可，这给地下管线，特别是原子能工业用球阀带来很大的方便。对于三通、四通及多通球阀，因其球体较大，从任何一端通道装入或取出都不方便，而且多通球阀的阀体中腔本身就很大，采用上装式比侧装式更为优越。

上装式球阀的缺点是阀体体积大、质量重，因此，一般不用于高压场合。

上装式球阀示例如图 1.55、图 1.56 所示。

2. 侧装式球阀

(1) 侧装整体式球阀。

球体从阀体一端装入，用螺套将阀座与球体固定并压紧。这种球阀结构简单、零件数量少、制造及安装方便，适用于较小通径的场合，特别是对于黏稠或易结晶的介质，如尿素等需要将阀体当作保温夹套的场合几乎都是采用侧装整体式结构(图1.57)。

图1.55　上装式四通球阀　　　　　　图1.56　上装式固定球阀

(2) 侧装二分体式球阀(两片式球阀)。

将阀体沿通道轴线相垂直的截面分为不对称的左右两半,球体从截分面孔装入,左右两半阀体用法兰连接或螺纹连接的球阀。

由于阀体分为两半,与整体式相比,半个阀体单件质量较轻,铸造(锻造)及机械加工方便,这种球阀适于推广。

(3) 侧装三分体式球阀(三片式球阀)。

对于公称尺寸较大的球阀,为方便加工制造及装配,常采用侧装三分体式结构,即将阀体在两阀座部位沿与通道轴线相垂直的截面分为三部分,整台阀门沿阀杆中心轴线左右对称(图1.58)。其线条流畅、外形美观、制造方便,适宜于用小设备制造大阀门。这种结构的缺点是增加了一对大法兰,阀体总重量有所增加。

图1.57　侧装整体式球阀　　　　　　图1.58　侧装三分体式球阀

(三) 按球阀用途分类

在特殊工况下使用的球阀,按球阀用途可分为真空球阀、低温及超低温球阀、高温球阀、保温球阀、耐腐蚀衬里球阀、耐磨球阀、收发球球阀、全塑球阀及多功能球阀等。

1. 真空球阀

在真空场合使用的球阀即真空球阀。在结构上,真空球阀与一般球阀并无特殊之处,只是在选材、加工及试验要求上必须满足真空技术要求。作为真空球阀,零件材质必须致密,阀体内表面需经机械加工或抛光,零件装配前需经严格清洗,装配好的阀门必须严格保持清洁,以保证抽真空和保持真空度。

由于在真空下作业,球阀不能靠流体压力推动球体压紧阀座或流体压力推动阀座压紧球体来达到密封,而只能靠预紧力达到密封。为补偿阀座的磨损、保持密封力恒定,真空球阀宜采用弹性阀座的密封结构。

2. 低温及超低温球阀

在低温及超低温介质工况使用的球阀称为低温及超低温球阀。低温及超低温球阀应满足以下要求:

(1) 冷损失小;

(2) 在低温环境下工作可靠;

(3) 热容量小;

(4) 结构简单,流体阻力小;

(5) 阀体适宜于安装在保温箱里,但阀门的启闭机构应露在保温箱外。

低温阀门最突出的问题是填料密封问题。在低温条件下,填料的弹性消失,密封性能大幅降低,流体很容易从填料函处渗漏出来,致使该部位冻结,影响阀门的正常操作。为此,低温球阀多采用加长阀杆和散热盘的结构,以增加填料函部位与阀体体腔之间的温度梯度,使填料函处的温度保持在0℃以上,以改善填料函的工作条件,延长填料的使用寿命,减少冷损。同时也便于将阀门安装在真空外壳或具有绝热层的壳体里。对于必须安装在保温箱外的低温球阀,整台阀门则宜采用真空夹套保冷。

同时因为LNG气化后体积增大620倍,阀腔内介质压力必须释放,否则造成填料、密封件损坏,在设计上,采用阀座气压泄放或者是阀座开孔及球体开孔,将阀腔内介质压力释放到上游,以保证阀腔内压力与管道压力平衡。

3. 高温球阀

在高温介质工况使用的球阀称为高温球阀。球阀的使用温度通常取决于阀座材料的耐温性能。当球阀阀座采用聚四氟乙烯或尼龙材料制造,其使用温度不大于200℃。对于高温球阀(通常指温度高于250℃),其设计的关键是:

(1) 正确选用适合于高温下使用的密封材料;

(2) 如何补偿阀座在使用过程中的磨损及协调阀体、阀座和球体三者之间由于装配温度与使用温度不同的温差变形。

一般情况下,高温球阀采用金属对金属的密封副即金属密封球阀,其特点是球体和阀体都是用耐高温的金属材料制造,阀座为金属或耐热合金(如钴铬钨硬质合金等)制造。

金属对金属密封副高温球阀的优点是:适用温度范围广,各种金属材料的热膨胀系数相差不大,只要选用得当,可以达到基本一致,有利于协调温差变形。其缺点是金属材料硬度高,达到密封所必需的比压亦高,在通径较小和压力较低场合,难以靠流体压力达到密封，即使是采用预紧力达到密封，但因密封比压大，阀座和球体之间的磨损会很大，而且金属与金属的摩擦系数比较大，球阀的启闭转矩亦大。

4. 保温球阀

对于输送如尿素等易于结晶的物料或者黏稠流体(如含蜡质和沥青较高的石油等)场合，常采用加热保温的办法，以防止物料结晶或降低流体黏度，增加流动性，避免阀门被堵塞和减小工程的动力消耗。按加热方式，保温球阀有外加热式和内加热式两种。

(1) 外加热式保温球阀。

一般称为夹套式保温球阀，其阀体采用整体结构，球体和阀座从侧面装入，并用堵头顶住和压紧。球体为浮动式，保温夹套用铸件或钢板冲压焊接而成。在夹套上设有供加热水蒸气引入或排出的接管嘴。

这种加热保温球阀结构较简单、制造方便，但外形尺寸大、热损失大、加热效率低。

(2) 内加热式保温球阀。

它是将球体制成空心夹层，通入水蒸气或用电阻丝加热。内加热式保温球阀虽然结构较复杂、加工制造较困难，但结构尺寸小、加热效率高。

5. 耐腐蚀衬里球阀

对于输送强腐蚀性介质的场合，如硫酸、硝酸、盐酸等介质，虽然可以采用不锈钢等耐腐蚀金属材料制造，但成本高。如采用衬里球阀，既具有优良的耐腐蚀性能，又能节省贵重金属，是较为理想的耐腐蚀阀门。

耐腐蚀衬里球阀的阀体、球体和阀杆等，可选用铸铁、铸钢制造，用以承受介质压力，与腐蚀性介质直接接触的零件表面则衬以一层厚2~3mm的塑料，以抵抗介质的浸蚀，达到合理用材。

近年来，又出现了一种喷涂塑料球阀，即在上述衬塑料部位采用喷涂聚苯硫醚等耐腐蚀塑料的办法达到上述要求，其制造成本更低。

二、型号

根据《阀门型号编制方法》(JB/T 308—2004)，一般工业用球阀的型号编制方法中结构形式代号见表1.36。

表1.36 球阀型号表

	结构形式	代号		结构形式	代号
浮动球	直通流道	1	固定球	直通流道	7
	"Y"形三通流道	2		四通流道	6
	"L"形三通流道	4		"T"形三通流道	8
	"T"形三通流道	5		"L"形三通流道	9
				半球通道	0

注：型号编制示例如Q341Y-16P。

第七节 安 全 阀

安全阀是一种由进口静压开启的自动泄压防护装置,它是压力容器最为重要的安全附件之一(实物图如图1.59所示),它的功能是:当容器内压力超过某一定值时,依靠介质自身的压力自动开启阀门,迅速排出一定数量的介质。当容器内的压力降至允许值时,阀又自动关闭,使容器内压力始终低于允许压力的上限,自动防止因超压而可能出现的事故,所以安全阀又被称为压力容器的最终保护装置。LNG接受站安全阀主要包括储罐安全阀、再冷凝器等压力容器安全阀、泵井安全阀、管线出口安全阀等。

图1.59 安全阀实物图

一、分类及特点

(一) 分类

弹簧式安全阀分类为封闭微启式(A41型)、带扳手封闭微启式(A47型)、不带扳手封闭全启式(A42型)、带扳手封闭全启式(A44型)、带扳手不封闭全启式(A48型)、夹套式、双联式、背压平衡式(波纹管式)等类型。

(二) 安全阀结构特点

1. 喷嘴式阀座

阀座设计成喷嘴的形式,能够使介质在排放时具有很高的流速和动量作用在阀瓣上,从而安全阀能可靠地开启,并达到额定排量,以保证系统的安全(图1.60)。

2. 反冲机构

反冲机构由反冲盘和阀座调节圈组成,其作用为:当阀前压力升高到接近开启压力,即阀门处于前泄状态时,介质积聚在由反冲盘和阀座调节圈围成的腔室内,使该区域的静压力升高,从而增大了作用在阀瓣上的介质力,当此介质力超过弹簧载荷力的一定范围时，阀瓣便在瞬间突然跳起，同时借助于喷出的气流在反冲盘上产生的反冲力使阀瓣继续升高，达到额定的开启高度(图 1.61)。

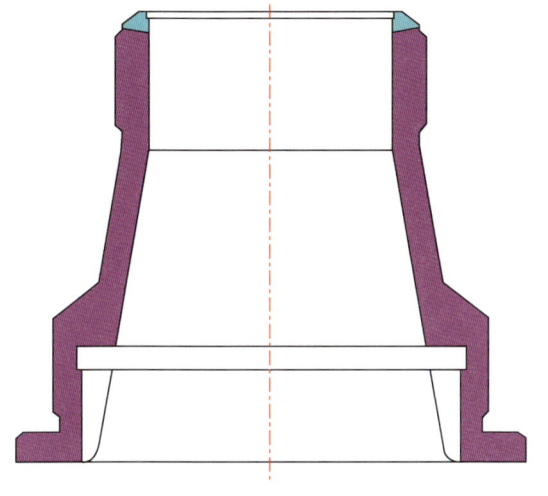

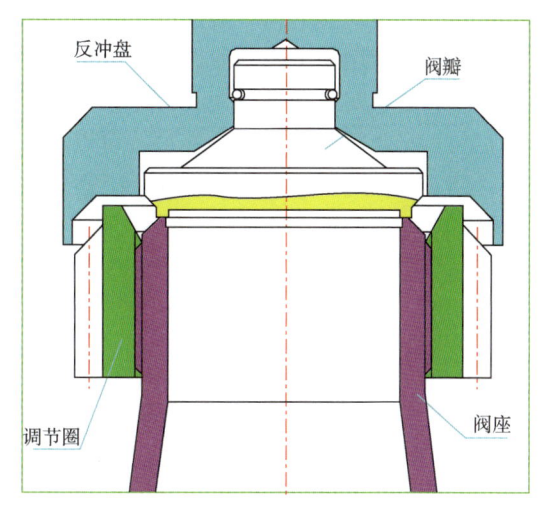

图 1.60 喷嘴式阀座

图 1.61 反冲机构

3. 调节机构

安全阀的调节机构包括两个部分：一是弹簧预紧力的调节机构，二是阀瓣升力的调节机构。

弹簧预紧力的调节机构由调整螺杆、锁紧螺母、弹簧座及弹簧组成。整定压力的调整是通过调整螺杆位置上下移动来改变的。锁紧螺母是用于防止随意改变安全阀整定压力的一种保护机构。

阀瓣升力的调节机构由反冲盘、阀座调节圈及调节圈限位螺柱组成。调节圈的作用是调整安全阀的回座压力和排放压力。这是因为调节圈的上下移动位置，改变了介质的动量大小，使托起阀瓣的力的大小得以改变，从而达到相应改变排放和回座时的压力差。

二、主要性能规范

安全阀的性能规范见表 1.37。

表 1.37 安全阀性能规范

性能规范适用介质	壳体试验压力(MPa)	密封试验压力(MPa)	启闭压差(MPa)	排放压力(MPa)
蒸汽	1.5 倍公称压力	90%p_k 或回座压力的较小值	$p_k \leq 0.4$ 时：≤ 0.04 $p_k > 0.4$ 时：$\leq 10\%p_k$	$\leq 1.03p_k$
空气或其他气体介质	1.5 倍公称压力	$p_k < 0.3$ 时：$p_k - 0.03$ $p_k \geq 0.3$ 时：90%p_k	$p_k \leq 0.2$ 时：≤ 0.03 $p_k > 0.2$ 时：$\leq 15\%p_k$	$\leq 1.1p_k$
水或其他液体介质			$p_k \leq 0.3$ 时：≤ 0.06 $p_k > 0.3$ 时：$\leq 20\%p_k$	$\leq 1.2p_k$

注：p_k 为整定压力。

三、一般选型原则

（1）微启式安全阀一般适用于液体介质，全启式安全阀一般适用于气体介质。

（2）蒸汽用安全阀一般选用带扳手不封闭全启式安全阀。

（3）如果安全阀有较大的背压，一般应选用背压平衡式安全阀。

（4）安全阀介质有保温要求，可以选用保温夹套型。

（5）对长期不动作的安全阀，一般应选用带扳手的安全阀，可以在适当的时候开启安全阀，避免阀门被卡死。

（6）安全阀整定压力的90%（即安全阀的密封压力）必须大于被保护设备的最高工作压力。

四、调整和安装

（1）安全阀在规定的整定压力范围内，可以通过旋转调整调节螺杆改变弹簧的压缩量以对开启压力进行调整。

（2）当要求的开启压力超过弹簧整定压力范围，需更换另一根由相同公司提供的整定压力范围合适的弹簧然后进行调整。

（3）调整开启压力时，当进口介质压力达到开启压力的90%以上时，不应旋转调整螺杆，以免阀瓣跟着旋转，损伤密封面。

（4）当排放压力或回座压力不符合要求时，可利用调节圈进行调整，调整后请将锁紧螺钉拧紧。

（5）安全阀调整完毕后，应进行铅封。

（6）安全阀必须垂直安装，并且最好直接安装在容器或管道的接头的顶部，而不另设进口管。当必须装设进口管时进口管的内径不小于安全阀的进口通径，管的长度要尽可能小，以减少管道阻力和安全阀排放反作用对容器接头的力矩。

（7）安全阀推荐单独使用一根排放管，排放管应尽可能加以弹性支撑。排放管的内径不应小于安全阀的出口通径，排放管的阻力应尽量小。在排放时，排放管道中的阻力压降应小于阀门开启压力值的10%，以避免造成过大背压影响阀门动作。

（8）安全阀排放时，通常要求进口管道中的压力降不超过阀门启闭压差（开启压力与回座压力之差）的50%，一般取不大于开启压力的2%~3%；进口管道阻力过大时，会导致阀门振荡（频繁启闭）和排量不足。

五、常见故障及解决办法

（1）阀门泄漏：即在设备正常压力下，阀瓣与阀座密封面间发生超过允许程度的渗漏。其原因及处理方法为：

① 脏物落到密封面上，解体后，把脏物冲去；

② 密封面损伤时，应根据损伤程度，采用研磨或车削后研磨的方法加以修复。

（2）开启压力值变化：安全阀调整好以后，其实际开启压力相对于整定值允许有一定的偏差。超出标准规定的允许范围则认为是不正常的。造成开启压力值变化的原因可能有：

① 由工作温度变化而引起的，这可以通过适当旋转调整螺杆加以调节；
② 由弹簧腐蚀所引起的，应调换弹簧；
③ 由零件(内部运动件)有卡阻现象所引起的，应检查后清除。

第八节 真 空 阀

真空阀是指工作压力低于标准大气压的阀门。在真空系统中，用来改变气流方向、调节气流量大小、切断或接通管路的真空系统元件。真空阀门关闭件是用橡胶密封圈或金属密封圈来密封的。LNG 接收站真空阀主要应用在 LNG 储罐上(图 1.62)，用于对储罐的负压保护。

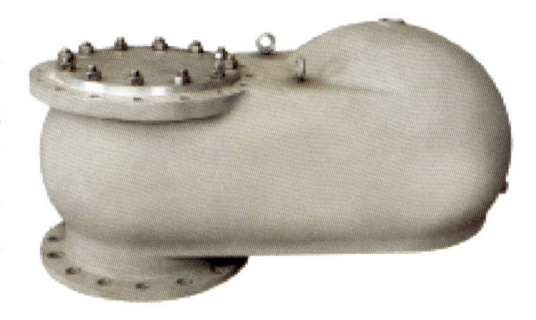

图 1.62 LNG 接收站真空阀实物图

一、常见连接形式

(一) 活套法兰连接

这是阀门中用得最多的连接形式。按结合面形状又可分为：
(1) 光滑式：用于压力不高的阀门，加工比较方便。
(2) 凹凸式：工作压力较高，可使用中硬垫圈。
(3) 榫槽式：可用塑性变形较大的垫圈，在腐蚀性介质中使用较广泛，密封效果较好。
(4) 梯形槽式：用椭圆形金属环作垫圈，使用于工作压力不小于 $64kg/cm^2$ 的阀门或高温阀门。
(5) 透镜式：垫圈是透镜形状，用金属制作。用于工作压力不小于 $100kg/cm^2$ 的高压阀门或高温阀门。
(6) "O" 形圈式：这是一种较新的法兰连接形式，它是随着各种橡胶"O"形圈的出现而发展起来的，它在密封效果上比一般平垫圈可靠。

(二) 螺纹连接

这是一种简便的连接方法，常用于小阀门，又分两种情况：
(1) 直接密封：内外螺纹直接起密封作用。为了确保连接处不漏，往往用铅油、线麻和聚四氟乙烯生料带填充；其中聚四氟乙烯生料带的使用日渐广泛；这种材料的耐腐蚀性能很好，密封效果极佳，使用和保存方便；拆卸时，可以完整地将其取下，因为它是一层无黏性的薄膜，比铅油、线麻优越得多。
(2) 间接密封：螺纹旋紧的力量，传递给两平面间的垫圈，让垫圈起密封作用。

二、工作原理

LNG 储罐上应用的真空阀是一种重力板式破真空泄放阀，工作温度范围 -196～149℃，管线尺寸16in，正常状态时，阀门重力板的重量和任何罐内的正压力同时保持阀门关闭。安全阀起跳时，储罐中的真空产生一个足以克服重力板重量的压力差，托盘被提升到开启位置。具体阀门构造及工作原理如图1.63至图1.65所示。

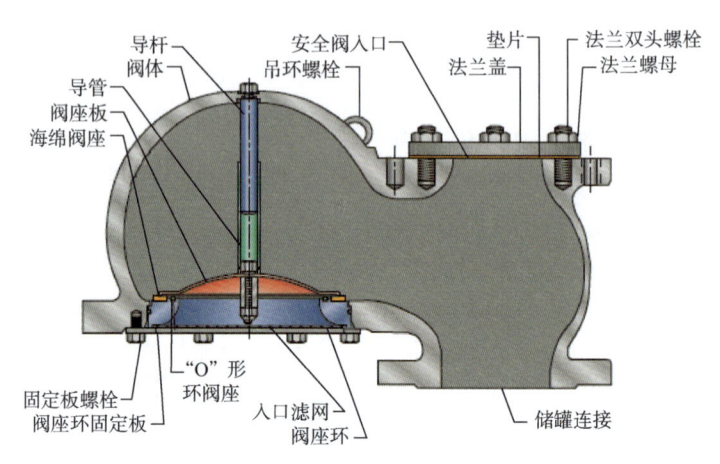

图1.63 重力板式破真空阀图解

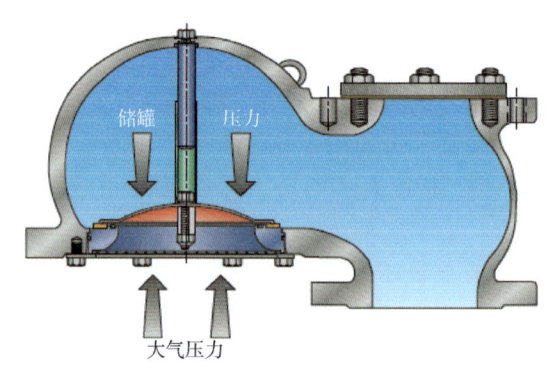

图1.64 阀门关闭
（重力板的重量和任何罐内的正压力同时保持阀门关闭）

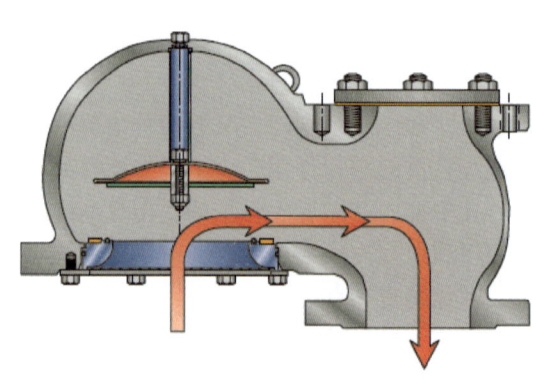

图1.65 阀门开启与流动
（储罐中的真空产生一个足以克服重力板重量的压力差，托盘被提升到开启位置）

第九节　阀门操作维修

操作人员应该能够熟悉和掌握阀门和传动装置的结构和性能，正确识别阀门方向、开度标志、指示信号；还应能够熟练且准确地调节和操作阀门，及时且果断地处理各种应急故障。阀门操作正确与否直接影响阀门的使用寿命。

一、手动阀门的操作

（1）手动阀门是通过手柄、手轮操作的，是设备管道上普遍使用的一种阀门。手柄、手轮旋转方向一般为顺时针方向为关闭，逆时针方向为开启。

（2）手轮、手柄是按正常人力设计的，直径（长度）小于320mm的，只允许一个人操作，并且不允许操作者借助杠杆和长扳手开启或关闭阀门。直径不小于320mm的手轮，允许两人共同操作，或者允许一人借助适当的杠杆（长一般不超过0.5m）操作阀门。

（3）隔膜阀、夹管阀、非金属阀门是严禁使用杠杆或长扳手操作的，也不允许过猛操作。

（4）闸阀和截止阀之类的阀门，关闭或开启到头（即下死点或上死点）要回转1/4~1/2圈，使螺纹更好地密合，有利于操作时检查，以免拧得过紧，损坏阀件。

（5）阀门的操作力大小要适当，关闭力不是越大越好，实践证明，过大过猛地操作阀门，容易损坏手柄、手轮，顶弯阀杆和擦伤密封面。

（6）大口径蝶阀、闸阀和截止阀，有的设有旁通阀，它的作用是平衡进出口压差的，减少开启力。开启时，应先打开旁通阀，待阀门两边压差减小后，再开启大阀门；关闭阀门时，首先关闭大阀门，然后再关闭旁通阀。

（7）开启蒸汽介质阀门时，必须先将管道预热，排除凝结水；开启时，要缓慢进行，以免产生水锤现象，损坏阀门和设备。

（8）阀门开启标志，球阀、蝶阀、旋塞阀阀杆顶面的沟槽与通道平行时，表明阀门在全开启位置；当阀杆向左或向右旋转90°时，沟槽与通道垂直，表明阀门在全关闭位置。有的球阀、蝶阀、旋塞阀以扳手与通道平行为开启，垂直为关闭。三通、四通阀门的操作应按开启、关闭、换向的标记进行。操作完毕后，应取下活动手柄。

（9）对有标尺的闸阀和节流阀，应检查调试好全开或全闭的指示位置。这样可以避免全开时顶撞死点。阀门全关时，可借助标尺和记号，发现关闭件脱落或顶住异物，以便排除故障。

（10）操作阀门时，不能把闸阀、截止阀等阀门用作节流阀，这样容易冲蚀密封面，使阀门过早损坏。

（11）新安装的管道、设备、阀门中，内部脏物、焊渣等杂物较多，常开阀门密封面上也容易黏有脏物，应采用微开方法，让高速介质冲走这些异物，再轻轻关闭，经过几次微开微闭便可冲刷干净。

（12）有的阀门关闭后，温度下降，阀件收缩，使密封面产生细小缝隙，出现泄漏，这样应在关闭后，在适当的时间再关一次阀门。

二、自动阀门的操作

自动阀门的操作不多，主要是操作人员在启用时调整和运行中的检查。

（一）安全阀

安全阀在安装前就经过了试压、定压，为了安全起见，有的安全阀需要现场校验。如电站上蒸汽安全阀，需要现场校验，人们称这种校验为"热校验"。在进行校验时，应有组织、有准备地进行，并应分工明确。热校验应用标准表，定压值不准的，应按规定调整。弹簧选用的压力段与使用压力相适应，重锤应左右调整至定压值，固定下来。

安全阀运行时间较长时，操作人员应注意检查安全阀，检查时，人应避开安全阀出口处，检查安全阀的铅封，用手扳起有扳手的安全阀，间隔一段时间开启一次，泄除脏物，校验安全阀的灵活性。

（二）疏水阀

疏水阀是容易被水污等杂物堵塞的阀门。启用时，首先打开冲洗阀，冲洗管道，有旁通管的，可打开旁通阀做短暂冲洗。没有冲洗管和旁通管的疏水阀，可拆下疏水阀，打开切断阀冲洗后，再关好切断阀，装上疏水阀，然后再打开切断阀，启用疏水阀。并联疏水阀，如果排放凝结水不影响的话，可采用轮流冲洗、轮流使用的方法：操作时，先关上疏水阀前后的切断阀，再打开另一疏水阀前后的切断阀；也可打开检查阀，检查疏水阀工作情况，如果蒸汽冲出较多，说明该阀工作不正常，如果只排水，说明工作正常。再打开将才关闭的疏水阀的检查阀，排出存下的凝结水，如果凝结水不断地流出，表明检查管前后的阀门泄漏，需找出是哪一个阀门泄漏。不回收凝结水的疏水阀，打开阀前的切断阀便可使疏水阀工作，工作正常与否可从疏水阀出口处的检查得到。

（三）减压阀

减压阀启用前，应打开旁通阀或冲洗阀，清扫管道脏物，管道冲洗干净后，关闭旁通阀和冲洗阀，然后启用减压阀。有的蒸汽减压阀前有疏水阀，需要先开启，再微开减压阀后的切断阀，最后把减压阀前的切断阀打开，观看减压阀前后的压力表，调整减压阀调节螺钉，使阀后压力达到预定值，随即慢慢地开启减压阀后的切断阀，校正阀后压力直到满意为止。固定好调节螺钉，盖好防护帽。

如果减压阀出现故障或要修理时，应先慢慢地打开旁通阀，同时关闭阀前切断阀，手动大致调节旁通阀，使减压阀后压力基本上稳定在预定值上下，再关闭减压阀后的切断阀，更换或修理减压阀。待减压阀更换或修理好后，再恢复正常。

（四）止回阀

（1）防止水锤的产生，水锤就是止回阀关闭瞬间管道内的流体对阀门的冲击力。为了避免止回阀关闭瞬间形成的过高冲击力，阀门必须关闭迅速，从而防止形成极大的倒流速度，该倒流速度在阀门突然关闭时就是形成冲击压力的原因。因此，阀门的关闭速度应与顺流介质的衰减速度正确匹配。

（2）防止阀门关闭件的快速振动，假使顺流介质的速度变化范围很大，则最小的流速就不足以迫使关闭件稳定地停止。在这种情况下，关闭件的运动可在其动作行程的一定范围内用阻尼器来加以抑制。关闭件的快速振动，会使阀门活动件若磨损过快，导致阀门过早失灵。

（3）止回阀应尽可能远离脉动源。如果介质为脉动流，关闭件的快速振荡也是由极度的介质扰动引起的；如存在这种情况，止回阀应该安置在介质扰动最小的地方。

三、阀门操作注意事项

阀门操作的过程，同时也是检查和处理阀门的过程。需要注意的事项如下：

（1）高温阀门，当温度升高到200℃以上时，螺栓受热伸长，容易使阀门外密封部位密封能力下降，这时需要对螺栓进行"热紧"，在热紧时，不宜在阀门全关位置进行。以免阀杆顶死，造成以后开启困难。

（2）气温在0℃以下的季节，对停汽和停水的阀门，要注意排除凝结水和积水，以免冻裂阀门。对不能排除积水的阀门和间断工作的阀门应注意保温工作。

（3）填料压盖不宜压得过紧，应以阀杆操作灵活为准。那种认为压盖压的越紧越好的想法是错误的，压得过紧会加快阀杆的磨损，增加操作扭力。

（4）在操作中通过听、闻、看、摸所发现的异常现象，操作人员要认真分析原因，属于可解决的问题，应及时消除；需要修理工解决的，也不要勉强凑合，以免延误修理时机。

（5）操作人员应有专门的日志或记录本，注意记载各类阀门运行情况，特别是一些重要的阀门、高温高压阀门和特殊阀门，包括阀门的传动装置在内，记明阀门发生的故障及其原因、处理方法、更换的零件等，这些资料无疑对操作人员本身、修理人员及制造厂来说，都是很重要的。建立专门的日志，责任明确，有利于加强管理。

四、阀门运转中的维护

阀门运转中维护的目的，是要保证使阀门处于常年整洁、润滑良好、阀件齐全、正常运转的状态。

（一）阀门的清扫

阀门的表面、阀杆和阀杆螺母的梯形螺纹、阀杆螺母与支架滑动部位，以及齿轮、蜗轮、蜗杆等部件，容易沾积许多灰尘、油污及介质残渣等脏物，对阀门会产生磨损和腐蚀。因此经常保持阀门外部和活动部位的清洁，保护阀门油漆的完整，显然是十分重要的。阀门上的灰尘适用于用毛刷拂扫和压缩空气吹扫；梯形螺纹和齿间的脏物适用抹布擦洗；阀门上的油污和介质残渣适用蒸汽吹扫，甚至用铜丝刷刷洗，直至加工面、配合面显出金属光泽，油漆面显出油漆本色为止。疏水阀应有专人负责，每班至少检查一次，定期打开冲洗阀和疏水阀底的堵头进行冲洗，或定期拆卸冲洗，以免脏物堵塞阀门。

（二）阀门的润滑

阀门梯形螺纹、阀杆螺母与支架滑动部位、轴承部位、齿轮和蜗轮、蜗杆的啮合部位及其他配合活动部位，都需要良好的润滑条件，减少相互间的摩擦，避免相互磨损。有的部位专门设有油杯或油嘴，若在运行中损坏或丢失，应修复配齐，油路要疏通。润滑部位应按具体情况定期加油。

（1）经常开启的、温度高的阀门适合间隔一周至一个月加油一次。

（2）不经常开启、温度不高的阀门加油周期可长一些。润滑剂有机油、黄油、二硫化钼和石墨等。

（3）高温阀门不适用机油、黄油，它们会因高温熔化而流失，而适于注入二硫化钼和抹擦石墨粉剂。

（4）对裸露在外的需要润滑的部位，如梯形螺纹、齿轮等部位，若采用黄油等油脂，容易沾染灰尘，而采用二硫化钼和石墨粉润滑，则不容易沾染灰尘，润滑效果比黄油好。

（5）石墨粉不容易直接涂抹，可用少许机油或水调合成膏状使用。

（6）注油密封的旋塞阀应按照规定时间注油，否则容易磨损和泄漏。

(三) 阀门的维护

运行中的阀门，各种阀件应齐全、完好。法兰和支架上的螺栓不可缺少，螺纹应完好无损，不允许有松动现象。手轮上的紧固螺母，如发现松动应及时拧紧，以免磨损连接处或丢失手轮和铭牌。不允许用活扳手代替手轮。填料压盖不允许歪斜或无预紧间隙。对容易受到雨雪、灰尘、风沙等污物沾染的环境中的阀门，其阀杆要安装保护罩，阀门上的标尺应保持完整、准确、清晰；阀门的铅封、盖帽、气动附件等应齐全完好，保温夹套应无凹陷、裂纹。

五、阀门常见故障及其消除方法

(一) 预紧力过小

1. 填料太少

填装时填料过少，或因填料逐渐磨损、老化和装配不当而减少了预紧力。按规定填装足够的填料；按时更换过期填料；正确装配填料，防止上紧下松，多圈缠绕等缺陷。

消除方法：

（1）关闭阀门或启用上密封后，修理好零件，添加填料，调整预紧力和预紧间隙。

（2）若阀门不能关闭，上密封失效情况下，可采用机械堵漏法里扩隙法和强压胶堵法进行堵漏。

（3）检查压套搁浅的原因。对症下药，若因压套毛刺或直径过大所引起的故障，应用锉刀修整。

2. 无预紧间隙

填料压紧后，压套压入填料函深度为其高度的 1/4~1/3 为宜，并且压套螺母和压盖螺栓的螺纹的应有相应预紧高度。

3. 压套搁浅

压套因歪斜，或直径过大压在填料函上面装填料前，将压套放入填函内检查一下它们配合的间隙是否符合要求，装配时应正确，防止压套偏斜，防止填料露在外面，检查压套端面是否压到填料函内。

4. 螺纹抗进

由于乱扣、锈蚀、杂质浸入，使螺纹拧紧时受阻，疑是压紧了填料，实未压紧，经常检查和清扫螺栓、螺母，拧紧螺栓螺母时，应涂敷少许的石墨粉或松锈剂。

（二）紧固件失灵

1. 制造质量差

如压盖、压套螺母、螺栓、耳子等件产生断裂现象，应提高制造质量，加强使用前的检查验收工作。

消除方法：

（1）关闭阀门或启用上密封后，确认填料不会因内压往外移动的情况下，按正常方法修复紧固件；

（2）若阀门不能关闭，上密封失效的情况下，可采用改换密封法和带压修复法等方法解决；

（3）一般紧固件松动和损坏，可直接修理和拧紧紧固件即可。

2. 振动松弛

由于设备和管道的振动，使其紧固件松弛，应做好设备和管道的防振工作，加强巡回检查和日常保养工作。

3. 腐蚀损坏

由于介质和环境对紧固件的锈蚀而使基损坏，应做好防蚀工作。涂好防锈油脂，搞好阀门的地井保养工作。

4. 操作不当

用力不均匀对称。用力过大、过猛使紧固件损坏，紧固零件时应对称均匀，紧固或松动前应仔细检查，涂以一定松锈剂或少许石墨。

5. 维修不力

没有按时更换紧固件，按时、按技术要求进行维修，对不符合技术要求的紧固件应及时更换。

（三）阀杆密封面损坏

1. 阀杆制造缺陷

硬度过低，有裂纹、剥落现象，阀杆不圆、弯曲时，提高阀杆制造质量，加强使用前的验收工作，包括填料的密封性试验。

消除方法：

（1）轻微损坏的阀杆密封面可用抛光方法消除；

（2）阀杆密封面损坏影响填料泄漏时，需关闭阀门或启用上密封后研磨或局部镀层解决；

（3）阀杆密封面损坏后难以修复时，可按冷冻法更换阀杆，或用带压更换阀门等方法解决。

2. 阀杆腐蚀

阀杆密封面出现凹坑、脱落等现象。加强阀杆防蚀措施，采用新的耐蚀材料，填料添加防蚀剂，阀门未使用时不添加填料为宜。

3. 安装不正，使阀杆过早损坏

阀杆安装应与阀杆螺母、压盖、填料函同心。

4. 阀杆更换不及时

阀杆应结合装置和管道检修，对其按周期进行修理或更换。

（四）填料失效

1. 组装不对

不能正确搭配填料，安装不正，搭头不合，上紧下松，甚至少装料垫，按照技术要求组装填料。

消除方法：

（1）事先预制填料，一圈一圈地错开塔头并分别压归。要防止多层缠绕、一次压紧等现象。

（2）堵漏。

（3）更换填料或者更换阀门。

2. 系统操作不稳

温度和压力波动大而造成填料泄漏，平稳操作，精心调试，防止系统温度和压力的波动。

3. 填料超期服役

使填料磨损、老化、波纹管破损而失效，严格按周期的技术要求更换填料。

4. 填料制造质量差

如填料松散、毛头、干涸、断头、杂质多等缺陷。使用时要认真检查填料规格、型号、厂家、出厂时间；检查填料质地好坏，不符技术要求的填料不能凑合使用。

第十节　LNG接收站专用低温阀门使用注意事项

LNG接收站对于阀门要求主要有两大特点：一是对泄漏量要求十分严格；二是在-162℃的低温运行，阀体长期承受温变应力和管道引起的附加应力，强度要求高，LNG气化时，体积增大600倍以上。

针对这些特点，阀门设计、制造时，充分考虑到材质的耐低温性能及阀座密封面密封性，采用长径阀杆并增加滴水盘来保证填料函密封部位的温度在0℃以上，以保证填料的密封性能，球阀中腔泄压孔或泄压通道结构防止阀腔超压，造成填料或密封垫泄漏，采用防静电设计，将产生的静电荷及时导出；密封副采用金属对软密封面型式。在考虑阀门强度的同时，也考虑阀门的刚度，使阀门能经受管道温度、压力变化而引起的附加应力，延长了阀门的使用寿命。

一、安装注意事项

（1）阀门密封取决于密封面的条件。为了防止固体杂质对密封面造成损害，阀端保护盖不应被移除(直到阀门实际安装时)。在安装之前,应检查阀门内部,确保无异物,同时检查管道内部的异物。

(2) 安装前,必须检查阀门的正确定位,以确保通过阀门开度与阀门上箭头指示方向一致。

(3) 安装后保持阀门的清洁是非常重要的,因为杂质可能存在于阀瓣和阀座之间,并对阀门性能产生不利影响。

(4) 注意阀门安装的方向性,尤其是蝶方箭头方向是承受力的方向,而非流体方向;球阀的泄压方向与设计图纸一致,而不是一律向下游泄放。

二、使用注意事项

(1) 低温球阀可配置多种操作机构,如手轮、减速机、电动执行机构或气动执行机构。

(2) 一旦达到完全关闭的位置,千万不要过度转动手轮。

(3) 一旦达到完全打开的位置,反方向旋转一些,以避免阀杆和后座之间的接触。

三、维护注意事项

(1) 阀门应既防尘又防振,以防止外部或内部的损坏。

(2) 发生泄漏时,不要过度紧固螺栓,如果泄漏继续,则应查明具体原因,更换垫片或其他部件。

(3) 阀门在任何加压系统工作时应采取极端护理。

(4) 运行中的阀门应该至少每年维护两次。在运行过程中,维护应该更频繁,在任何零件更换后都应该按期维护。

(5) 对于低温阀门来说,非常重要的一点是,不要在阀杆下部和阀门内部或包装区域任何会接触低温液体的部分进行润滑,这是阀门开启或关闭时与填料接触的部分,因为油脂可能会冻结并变得非常坚硬,从而损坏阀门或使其不能工作。

第二部分　电　气

第一章　主要电气设备设施

第一节　接收站主要电气设备

大连 LNG 接收站 66kV 变电所为双回路供电，两路电源分别引自北石洞 220kV 变电所两段 66kV 母线。洞天左线全线为电缆线路，洞天右线为电缆-架空线混合线路，电缆型号为 YJLW02+03-50/66kV-1×300mm^2，架空线型号为 LGJ-150/25。

接收站内设一座 66kV 总变电所，所内装有两台 20MV·A 变压器，单台变压器容量可供全厂负荷运行。下设四座 6kV 分变电所内 6kV 与 380V 母线均采用单母线分段接线方式。

站内主要消防用电设备包括消防电泵、消防测试泵、消防保压泵，总功率 2000kW。

站内设应急柴油发电机组一台，额定功率 2000kV·A，在全厂失电条件下为码头保冷循环用 LNG 低压泵(一台)、空气压缩机(两台)、消防泵、UPS，应急照明等设备供电。

一、主要变电、配电设备

变电所主要设备见表 2.1。

表 2.1　变电所主要设备

序号	设备名称	安装位置	电压等级	额定电流/额定容量
1	主变压器(油浸)	66kV 变电所	66kV	20000kV·A(额定容量)
2	GIS	66kV 变电所	66kV	2000A(额定电流)
3	配电变压器(干式)	工艺变电所、海水泵房变电所、码头变电所、主控楼变电所	6kV	315~2000kV·A(额定容量)
4	消弧线圈	66kV 变电所	38kV	1900kV·A(额定容量)
5	中压开关柜	66kV 变电所、工艺变电所	6kV	800~2500A(额定电流)
6	电容器组	66kV 变电所	6kV	3000kVar(额定容量)

主变压器如图 2.1 所示，生产单位为江苏华鹏变压器有限公司，型号为 SZ11-20000/66。一次额定电压 66kV，二次额定电压 6kV，容量 20000kV·A。变压器安装在 66kV 变电所一层变压器室内，接线方式为 YND11，冷却方式为自冷。

GIS(Gas Insulated Substation)全封闭式组合电器(图 2.2)为现代重工(中国)电气有限公司生产，型号为 126SP-1，额定电压 126kV，共 7 个间隔。其中进线间隔两个，出线间隔两个，电压互感器间隔两个，母联间隔一个。20℃时断路器气室额定压力为 0.6MPa，其他气室压力 0.4MPa。GIS 可实现就地、远方两种控制方式方式，可实现"五防"闭锁功能。

图 2.1　主变压器

图 2.2　GIS

配电变压器(图 2.3)为天津市特变电工变压器有限公司生产的干式变压器，型号为 SCB10-(2000/800/630/315)/6。变压器设温度检测装置，可对三相绕组温度进行检测。变压器底部设强制通风风机，风机可实现自动、手动两种启动方式。

消弧线圈(图 2.4)为河南豫开电气有限公司生产，其主要作用是当电网发生单相接地故障后，消弧线圈提供电感电流，对故障点流过电容电流进行补偿，使故障点电流降至规定值

图 2.3　配电变压器

以下，有利于防止弧光过零后重燃，达到灭弧的目的，降低高幅值过电压出现的概率，防止事故进一步扩大。消弧线圈为自冷式，变压器油为克拉玛依 45 号。

66kV 变电所电容器(图 2.5)生产单位为锦州电力电容器有限责任公司，设集中补偿电容器柜两台，每组电容器总容量 3000kVar(1200kVar+1200kVar+600kVar)。电容器可实现手动、自动两种控制方式。

图 2.4　消弧线圈

图 2.5　电容器组

中压开关柜为中置式开关柜，额定电压 6kV，主要作用为分合高压回路。开关柜配微型计算机保护装置，可实现线路与用电设备保护、监测功能。微型计算机保护装置由变电所直流屏供电，电源电压为直流 220V。

二、主要工艺用电设备

（一）电动机

表 2.2 列出了大连 LNG 接收站主要电动机的相关信息。

表 2.2　主要设备电动机

序号	设备名称	安装位置	电压等级(kV)	额定功率(kW)
1	BOG 增压机电动机	BOG 增压机区	6	2600
2	高压泵电动机	高压泵区	6	2096
3	海水泵电动机	海水泵房	6	1150
4	BOG 压缩机电动机	BOG 厂房	6	550
5	SCV 风机	SCV 区	6	450
7	低压泵电动机	储罐区	6	310
8	空压机电动机	空压机间	0.38	90
9	BOG 冷却水泵电动机	BOG 厂房	0.38	11
10	BOG 润滑油泵电动机	BOG 厂房	0.38	1.5
11	BOG 冷却风扇电动机	BOG 厂房	0.38	3
11	SCV 冷却水泵电动机	SCV 区	0.38	5.5
12	SCV 冷却风扇电动机	SCV 区	0.38	4
13	卸船臂电动机	码头	0.38	7.5
14	登船梯电动机	码头	0.38	18.5
15	反冲洗水泵电动机	海水泵房	0.38	45
16	旋转滤网电动机	海水泵房	0.38	3/4.5
17	垂直耙斗机电动机	海水泵房	0.38	1.5
18	海水增压泵电动机(二期)	海水泵房	0.38	0.37
19	海水增压泵电动机	Naclo 间	0.38	4
20	NACLO 投加泵电动机	Naclo 间	0.38	7.5
21	自清洗海水过滤器电动机	Naclo 间	0.38	0.37
22	稀释空气风机电动机	Naclo 间	0.38	0.75
23	油站油泵电动机	BOG 增压机区	0.38	7.5
24	冷却水泵电动机	BOG 增压机区	0.38	22
25	盘车电动机	BOG 增压机区	0.38	2.2
26	一级、二级、三级空冷电动机	BOG 增压机区	0.38	3
27	水站空冷电动机	BOG 增压机区	0.38	4
28	生产水泵电动机	生产生活水泵房	0.38	15
29	生活水泵电动机	生产生活水泵房	0.38	7.5

BOG 压缩机、海水泵的电动机均为 ABB 公司生产的 6kV 三相异步电动机,接线方式为 Y 接,冷却方式为自冷却,电动机三相绕组及两端轴承均设置测温元件,温度值可远传至 DCS 系统(图 2.6)。

(a)海水泵电动机　　(b)BOG压缩机电动机

图 2.6　三相异步电动机

(二)电加热器

表 2.3 列出了大连 LNG 接收站主要电加热器的相关信息。

表 2.3　主要电加热器

序号	设备名称	安装位置	电压等级(kV)	额定功率(kW)
1	燃料气电加热器	工艺区	0.38	375
2	火炬分液罐电加热器	火炬分液罐	0.38	30
3	SCV 水浴电加热器	SCV	0.38	10
4	码头登船梯电加热器	码头	0.38	6
5	液氮汽化器电加热器	液氮罐	0.38	15
6	BOG 润滑油电加热器	BOG 区	0.22	1.4
7	BOG 冷却水电加热器	BOG 区	0.38	50
8	增压机水箱电加热器	增压机区	0.22	4

电加热器(图 2.7)主要作用是为介质加热升温,保证介质温度的正常。SCV 水浴、燃料气、液氮气化系统、润滑油箱等均设置电加热器,电加热器可根据加热介质的温度实现自动启停。

(三)电动执行机构

表 2.4 列出了大连 LNG 接收站主要电动执行机构的参数。

大连 LNG 接收站电动执行机构具备阀门开度就地百分比显示功能,可使用设定器进行阀门开度与力矩设置,实现手动/电动(就地/远方)操作方式。

(a) 燃料气电加热器　　(b) 液氮电加热器

图 2.7　电加热器

表 2.4　主要电动执行机构

序号	设备名称	安装位置	电压等级(kV)	额定功率(kW)
1	电动执行机构	海水泵房	0.38	1.06~1.19
2	电动执行机构	计量橇	0.38	5
3	电动执行机构	排海口	0.38	2.2

(四) 电伴热

表 2.5 列出了大连 LNG 接收站安装电伴热的主要管线、设备。伴热带功率为 9~49W/m，伴热带的热量输出可随周围环境变化而变化。

表 2.5　电伴热

序号	设备名称	安装位置	电压等级(kV)	额定功率(W/m)
1	电伴热带	全厂生产水线	0.22	9~49
2	电伴热带	SCV 冷却水线	0.22	
3	电伴热带	洗眼器	0.22	

(五) 变频器

表 2.6 列出了大连 LNG 接收站变频器的相关参数，图 2.8 为配电柜实物图。

表 2.6　主要变频器

序号	设备名称	安装位置	电压等级(kV)	额定功率(kW)
1	生产水泵变频器	生产水泵配电柜	0.38	15
2	生活水泵变频器	生活水泵配电柜	0.38	30
3	NACLO 投加泵变频器	次氯酸钠配电间	0.38	4
4	海水增压泵电机变频器	次氯酸钠配电间	0.38	7.5

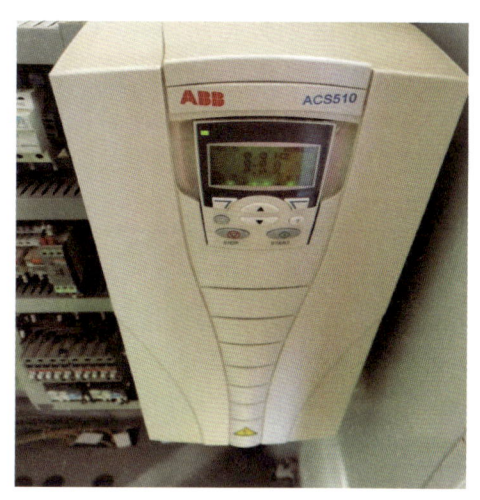

图 2.8　变频器柜及变频器

（六）消防设备

表 2.7 列出了大连 LNG 接收站主要消防水泵的相关参数，图 2.9 为消防电动泵电动机实物图。

表 2.7　消防电气设备

序号	设备名称	安装位置	电压等级(kV)	额定功率(kW)
1	消防电泵(码头区)	海水泵房	6	1000
2	消防电泵(工艺区)	海水泵房	6	630
3	消防试水泵	生产生活水泵房	6	280
4	消防保压泵(码头)	生产生活水泵房	0.38	30
5	消防保压泵(工艺区)	生产生活水泵房	0.38	15

图 2.9　消防电泵电机

(七) 防爆区划分与防爆电气设备

大连 LNG 接收站将站内储罐区、码头区、汽化器区、BOG 压缩机、再冷凝器、高压泵、计量区等区域定为 2 区；槽车区装车臂附近区域为 1 区，其余区域为 2 区。

接收站内防爆电气设备防爆等级均为 ⅡB T4 以上等级。

第二节 常用电动机

电动机是把电能转换成机械能，并输出机械转矩的动力设备。现代各种机械广泛应用电动机来驱动。一般电动机可分为直流电动机和交流电动机两大类。交流电动机按使用电源相数可分为单相电动机和三相电动机两种，而三相电动机又分同步式和异步式两种，异步电动机按转子结构不同又分成笼式和绕线式两种。

一、同步电动机

同步电动机是由直流供电的励磁磁场与电枢的旋转磁场相互作用而产生转矩，以同步转速旋转的交流电动机。转子转向与定子旋转磁场的转向相同，其转子转速 n 与磁极对数 p、电源频率 f 之间满足 $n=60f/p$。转速 n 决定于电源频率 f，故电源频率一定时，转速不变，且与负载无关。具有运行稳定性高和过载能力大等特点。

由于同步电动机可以通过调节励磁电流使它在超前功率因数下运行，有利于改善电网的功率因数，因此，大型设备如增压压缩机常用同步电动机驱动。同步电动机工作时（图 2.10），定子的三相绕组中通入三相对称电流，转子的励磁绕组通入直流电流。在定子三相对称绕组中通入三相交变电流时，将在气隙中产生旋转磁场。在转子励磁绕组中通入直流电流时，将产生极性恒定的静止磁场。若转子磁场的磁极对数与定子磁场的磁极对数相等，转子磁场因受定子磁场磁拉力作用而随定子旋转磁场同步旋转，即转子以等同于旋转磁场的速度、方向旋转。

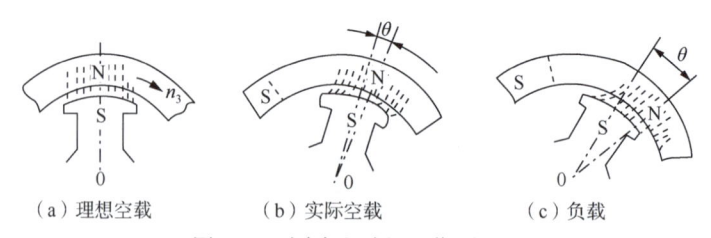

(a) 理想空载　　(b) 实际空载　　(c) 负载

图 2.10　同步电动机工作原理图

转子的励磁绕组接入直流电源后，就有直流电流流过，并产生大小和极性都不变的恒定磁场，极对数和电枢旋转磁场一样。根据同性磁极互相排斥、异性磁极互相吸引的原理，当转子磁极的 S 极与电枢旋转磁场的 N 极对齐（或转子的 N 极与旋转磁场的 S 极对齐）时，转子磁极将被电枢旋转磁场吸引而产生电磁吸引力，并进而产生电磁转矩，拖动转子跟着旋转磁场转动。因而转子的转速大小及方向和电枢旋转磁场的转速大小及方向相同，两者相对于定子"同步"旋转，故称为同步电动机。如果同步电动机轴上带有机械负载，则和异步电动机一样，电枢绕组从电网吸收电功率，通过气隙磁场传给转子，变为机械功率，带动生产机械做功。

二、三相异步电动机

三相异步电动机的结构与单相异步电动机相似,其定子铁心槽中嵌装三相绕组(有单层链式、单层同心式和单层交叉式三种结构)。当三相异步电机接入三相交流电源时,三相定子绕组流过三相对称电流产生的三相磁动势(定子旋转磁动势)并产生旋转磁场。该旋转磁场与转子导体有相对切割运动,根据电磁感应原理,转子导体产生感应电动势并产生感应电流。根据电磁力定律,载流的转子导体在磁场中受到电磁力作用,形成电磁转矩,驱动转子旋转,当电动机轴上带机械负载时,便向外输出机械能。

三相异步电动机利用将电能转化成机械能的感应原理。导线被置于电磁场内,受力的影响会让它穿过磁场。在交流感应电动机中,磁场被置于定子内,受电磁力影响的导体位于转子内。定子通常由 3 个成 120°电角度的相位绕组组成。通入三相交流电时,它们会在转子的导线内产生电流。定子产生的磁场的相互作用和转子内的载流导线使得转子被定子磁场"拖"转。

电动机在额定工作电压、额定电源频率、额定电容下、空载运行(轴上输出功率为零)情况下,流入电动机的电流称为空载电流。电动机在额定工作电压、额定电源频率、额定电容下、空载运行(轴上输出功率为零)情况下,流入电动机的功率称为空载功率。

转动原理:设启动时旋转磁场方向如图 2.11 所示为顺时针方向,磁场转速 n_1,转子导体静止,与旋转磁场之间存在着相对运动,根据右手定则,转子绕组内电动势和电流方向如图:上出下进,根据左手定则,载流转子导体受力,形成电磁转矩 T,方向如图 2.11 所示,驱动转子沿顺时针方向旋转,转子转速 n 总是小于旋转磁场的转速 n_1,所以称为异步电动机。

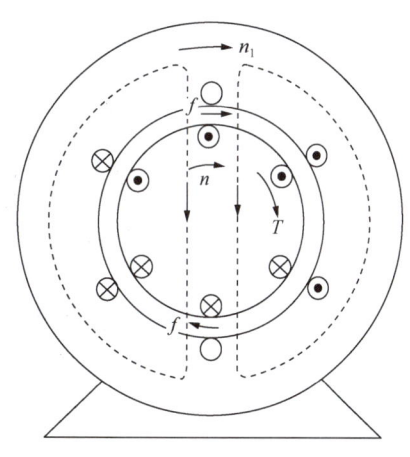

图 2.11 三相异步电动机原理图

三相异步电动机有不同的分类方法。按转子绕组结构分类,有笼型异步电动机和绕线转子异步电动机两类。笼型结构简单、制造方便、成本低、运行可靠;绕线转子可通过外串电阻来改善启动性能并进行调速。按机壳的防护形式分类,有防护式、封闭式和开启式;还可按电动机容量的大小、冷却方式等分类。

不论三相异步电动机的分类方法如何,各类三相异步电动机的基本结构是相同的。它们都由定子和转子这两个基本部分组成,在定子和转子之间有一定的气隙。图 2.12、图 2.13 分别是一台封闭式笼型转子的三相异步电动机的结构图和零部件图。

三、伺服电动机

伺服电动机内部的转子是永磁铁,驱动器控制的 U/V/W 三相电形成电磁场,转子在此磁场的作用下转动,同时电动机自带的编码器反馈信号给驱动器,驱动器根据反馈值与目标值进行比较,调整转子转动的角度。伺服电动机的精度决定于编码器的精度(线数)。伺服电动机可分为直流伺服电动机和交流伺服电动机。

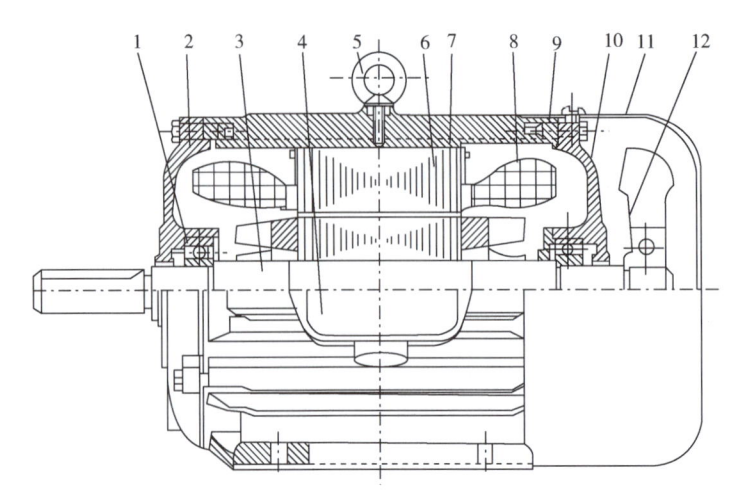

图 2.12　闭式笼型转子的三相异步电动机的结构图

1—轴承；2—前端盖；3—转轴；4—接线盒；5—吊攀；6—定子铁心；
7—转子；8—定子绕组；9—机座；10—后端盖；11—风罩；12—风扇

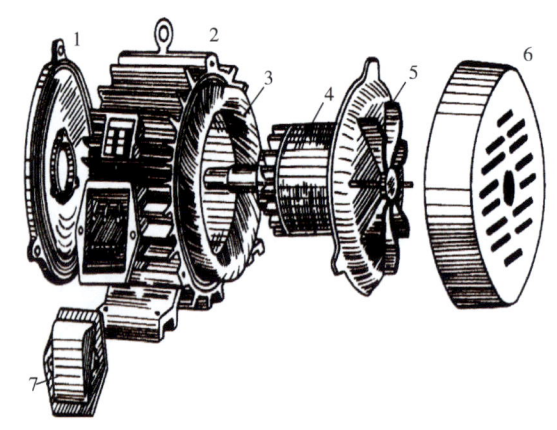

图 2.13　封闭式笼型异步电动机零部件图

1—前端盖；2—基座；3—定子绕组；4—转子导条；5—风扇；6—风罩；7—接线盒盖

直流伺服电动机运动特性：机械特性，指在控制电压保持不变的情况下，直流伺服电动机的转速 n 随转矩变化的关系；调节特性，指指负载转矩恒定时，电动机转速与电枢电压的关系。

交流伺服电动机一般为两相交流电动机，由定子和转子两部分组成。转子有笼形和杯形两种。定子为两相绕组，并在空间相差 90°电角度，一个为励磁绕组，另一个为控制绕组（图 2.14）。

交流伺服电机的控制方式有三种：幅值控制、相位控制和幅值相位控制。幅值控制是控制电压和励磁电压保持相位差 90°，只改变控制电压幅值，这种控制方法称为幅值控制；相位控制是控制电压和励磁电压幅值均为额定值，通过改变控制电压和励磁电压相位差，实现对伺服电

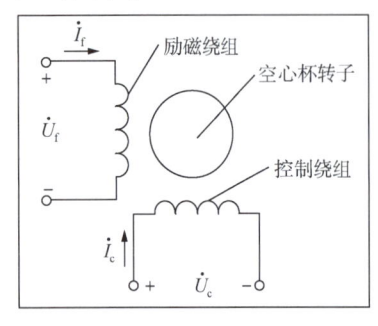

图 2.14　伺服电机结构示意图

动机的控制,这种控制方法称为相位控制;幅值—相位控制是通过改变控制电压的幅值及控制电压与励磁电压的相位差控制伺服电动机的转速。

第三节 变 压 器

变压器是一种能改变交流电压而保持交流电频率不变的静止的电器设备,是电力系统送变电过程中重要的电器设备。送电时,通过变压器把发电机的端电压升高。对于输送一定功率的电能,电压越高,电流就越小,输送导线上的电能损耗越小。由于电流小,则可以选用截面积小的输电导线,能节约大量的金属材料。用电时,又通过变压器将输电导线的高电压降低,以保证人身安全和减少用电器绝缘材料的消耗。

一、结构及原理

变压器按功能可分为升压和降压变压器;按相数可分为单相和三相变压器;按调压方式可分为有载调压和无载调压;按绕组冷却方式可分为油浸式、干式和充气式等。虽然变压器种类繁多,但变压器的基本结构大致相同。最简单的单相变压器由一个闭合的软磁铁心和两个套在铁心上又相互绝缘的绕组所构成(图2.15)。

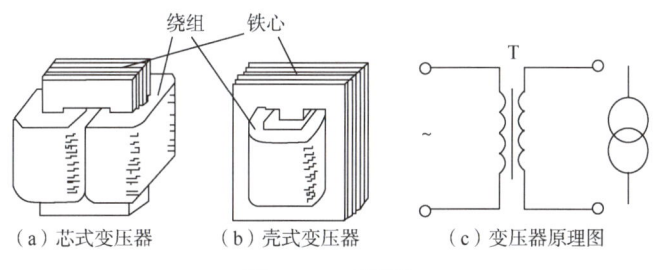

(a)芯式变压器　(b)壳式变压器　(c)变压器原理图

图 2.15 变压器

绕组又称线圈,是变压器的电路部分。与交流电源相接的绕组称为一次绕组,简称一次;与负载相接的绕组称为二次绕组,简称二次(图2.16)。铁心是变压器的磁路部分,用厚度为0.35~0.5mm的硅钢片叠加,为降低变压器的涡流损耗铁芯叠片间互相绝缘。根据变压器铁芯构造及绕组配置情况,变压器有芯式和壳式两种。图2.16(a)是单相芯式变压器,采用口形铁心。一次、二次绕组分别套在铁心上。图2.16(b)是单相壳式变压器,常用的有山字(E1)形、F形、日字形等铁心(图2.17)。

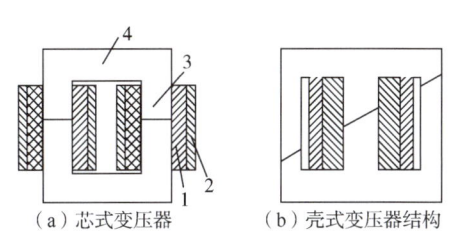

(a)芯式变压器　(b)壳式变压器结构

图 2.16 芯式变压器和壳式变压器结构
1—一次;2—二次;3—三次;4—磁轭

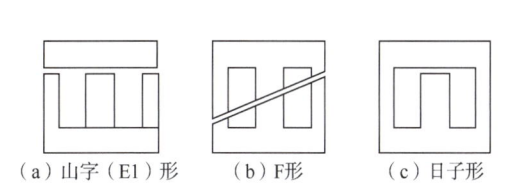

(a)山字(E1)形　(b)F形　(c)日子形

图 2.17 单相壳式变压器铁芯形式

当变压器一次接入交流电源以后,在一次绕组中就有交流电流流过,于是在铁心中产生交变磁通,称为主磁通,主磁通集中在铁心内。极少一部分在绕组外闭合,称为漏磁通,它一般很小,可忽略不计。所以可以认为一次、二次绕组同时受主磁通作用。根据电磁感应定律,一次、二次绕组都将产生感应电动势。如果二次接有负载构成闭合回路,就有感应电流产生。变压器通过一次、二次绕组的磁耦合把电源的能量传送给负载。

以单相变压器为例,规定:凡与一次有关的各量,在其符号右下角标以"1",而与二次有关的各量,在其符号右下角标以"2"。如一次、二次的电压、电流、匝数及电动势分别用 U_1、U_2、I_1、I_2、N_1、N_2、E_1、E_2 表示。

变压器变压原理则设一次、二次的匝数分别为 N_1 和 N_2,忽略漏磁通和一次、二次直流电阻的影响。由于一次、二次绕组同时受主磁通的作用,在两个绕组中产生的感应电动势 e_1 和 e_2 的频率与电源的频率相同。若主磁通随时间的变化率为 $\Delta \Phi/\Delta t$,则由电磁感应定律可得一次、二次绕组的感应电动势为:

$$e_1 = \left| N_1 \frac{\Delta \Phi}{\Delta t} \right| \tag{2.1}$$

$$e_2 = \left| N_2 \frac{\Delta \Phi}{\Delta t} \right| \tag{2.2}$$

变压器一次、二次的端电压与感应电动势在数值上是近似相等的,所以在考虑式(2.1)、式(2.2),且不考虑相位关系,只考虑它们的大小,则可以得到一次、二次电压有效值之间有如下关系:

$$\frac{U_1}{U_2} = \frac{N_1}{N_2} = n \tag{2.3}$$

式中 n——匝数比。

式(2.1)至式(2.3)表明变压器一次、二次绕组的电压比等于它们的匝数比。当 $n>1$ 时,变压器是降压变压器;当 $n<1$ 时,变压器是升压变压器。

变压器变换电流原理则是根据能量守恒定律,在忽略损耗时,变压器输出的功率 P_2 应与变压器从电源获得的功率 P_1 相等,即:

$$U_1 I_1 = U_2 I_2 \tag{2.4}$$

由此可得:

$$\frac{I_1}{I_2} = \frac{U_2}{U_1} = \frac{N_2}{N_1} = \frac{1}{n} \tag{2.5}$$

此公式表明一次、二次绕组的电流大小与一次、二次侧电压或匝数成反比,或者为变压器电压比的倒数。

变压器一次的额定电压,是指变压器所用绝缘材料的绝缘强度所规定的电压值,二次额定电压是变压器空载时,一次加上额定电压后,二次两端的电压值。两个额定电压分别用 U_{1N}、U_{2N} 表示。单相变压器 U_{1N}、U_{2N} 是指一次、二次交流电压的有效值;三相变压器

U_{1N}、U_{2N} 是指一次、二次线电压的有效值。

额定电流指变压器在允许温升的条件下，所规定的一次、二次绕组中允许流过的最大电流，变压器飞二次电流分别用 I_{1N}、I_{2N} 表示。单相变压器中 I_{1N}、I_{2N} 是指电流的有效值，三相变压器中 I_{1N}、I_{2N} 是指线电流的有效值。

额定容量表示变压器工作时所允许传递的最大功率。单相变压器的额定容量是二次额定电压和额定电流之积；三相变压器的额定容量也是二次额定电压和额定电流之积(应为三相之和)。额定容量用字母 S 表示，单位是伏安(kV·A)。

二、常用变压器

电力变压器按功能分，有升压变压器和降压变压器两大类。工厂变电所都采用降压变压器，也称配电变压器。电力变压器按相数分，有单相和三相两大类。电力变压器按调压方式分，有无载调压(又称无励磁调压)和有载调压两大类。电力变压器按绕组结构分，有单绕组自耦变压器、双绕组变压器、三绕组变压器。电力变压器按绕组导体材质分，有铜绕组变压器和铝绕组变压器两大类。电力变压器按绕组绝缘及冷却方式分，有油浸式、干式和充气式(SF6)等。其中油浸式变压器，又有油浸自冷式、油浸风冷式、油浸水冷式和强迫油循环冷却式等。按用途分可分为电力变压器、试验变压器、仪用变压器、特殊用途变压器。

(一) 干式变压器

干式变压器靠空气对流进行冷却，一般用于局部照明、电子线路、机械设备等，变比为 6000V/400V 和 10000V/400V，用于带额定电压 380V 的负载。简单来说，干式变压器就是指铁芯和绕组不浸渍在绝缘油中的变压器。

干式变压器结构的不同可分为固体绝缘包封绕组、不包封绕组两种变压器。干式变压器的结构特点：铁芯采用优质冷轧晶粒取向硅钢片，铁芯硅钢片采用 45°全斜接缝，使磁通沿着硅钢片接缝方向通过。绕组有以下几种：

(1) 缠绕式；
(2) 环氧树脂加石英砂填充浇注；
(3) 玻璃纤维增强环氧树脂浇注(即薄绝缘结构)；
(4) 多股玻璃丝浸渍环氧树脂缠绕式。

干式变压器选型技术参数参考值：

(1) 使用频率：50/60Hz；
(2) 空载电流：小于 4%；
(3) 耐压强度：2000V/min 无击穿；测试仪器：YZ1802 耐压试验仪(20mA)；
(4) 绝缘等级：F 级(特殊等级可定制)；
(5) 绝缘电阻：不小于 2M 欧姆测试仪器(ZC25B-4 型兆欧表小于 1000V)；
(6) 连接方式：Y/y、△/Yo、Yo/△，自耦式(可选)；
(7) 线圈允许温升：100K；
(8) 散热方式：自然风冷或温控自动散热；
(9) 噪音系数：不大于 30dB；

(10) 工作环境：0~40℃；

(11) 相对湿度：小于80%；

(12) 海拔高度：不超过2500m。

免遭受雨水、湿气、高温、高热或直接日照。其散热通风孔与周边物体应有不小于40cm的距离。防止工作在腐蚀性液体、气体、尘埃、导电纤维或金属细屑较多的场所，防止工作在振动或电磁干扰场所。

（二）油浸式变压器

油浸式变压器采用全充油的密封型，通过油对设备进行冷却。波纹油箱壳体以自身弹性适应油的膨胀是永久性密封的油箱。油浸式电力变压器在运行中，绕组和铁芯的热量先传给油，然后通过油传给冷却介质。油浸式电力变压器的冷却方式，按容量的大小，可分为：

(1) 自然油循环自然冷却(油浸自冷式)；

(2) 自然油循环风冷(油浸风冷式)；

(3) 强迫油循环水冷却；

(4) 强迫油循环风冷却。

油浸式变压器特点如下：

(1) 油浸式变压器低压绕组除小容量采用铜导线以外，一般都采用铜箔绕抽的圆筒式结构；高压绕组采用多层圆筒式结构，使之绕组的安匝分布平衡，漏磁小，机械强度高，抗短路能力强。

(2) 铁心和绕组各自采用了紧固措施，器身高、低压引线等紧固部分都带自锁防松螺母，采用了不吊心结构，能承受运输的颠震。

(3) 线圈和铁心采用真空干燥，变压器油采用真空滤油和注油的工艺，使变压器内部的潮气降至最低。

(4) 油箱采用波纹片，它具有呼吸功能来补偿因温度变化而引起的油体积变化，所以该产品没有储油柜，显然降低了变压器的高度。

(5) 由于波纹片取代了储油柜，使变压器油与外界隔离，这样就有效地防止了氧气、水份的进入导致绝缘性能的下降。

以上五点性能，保证了油浸式变压器在正常运行周期内不需要换油，大大降低了变压器的维护成本，同时延长了变压器的使用寿命。

图2.18为大连LNG接收站主变压器，表2.8列出了图2.18中各编号的名称。

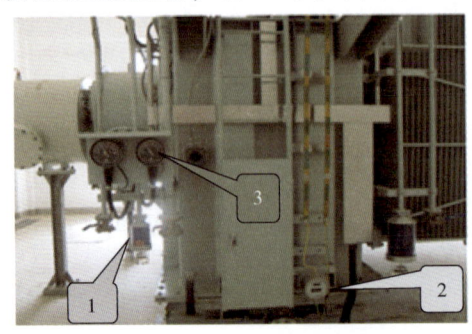

图2.18 主变压器组图

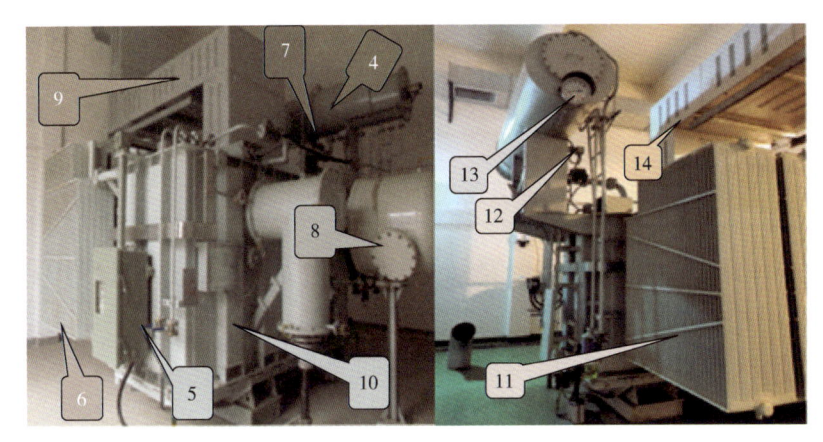

图 2.18　主变压器组图(续)

表 2.8　主变压器部件名称

序号	部件名称	序号	部件名称
1	吸潮剂	8	主一次母排
2	电流监测仪	9	主二次母线
3	温度表	10	油箱
4	油枕	11	散热器
5	分接开关	12	瓦斯继电器
6	散热器	13	液位计
7	瓦斯继电器	14	二次引出线

第四节　电气元件

电气元件是用于接通和断开电路或调节、控制和保护电路及电气设备的电器工具。电气元件的用途广泛，功能多样，结构各异，种类繁多。按工作电压等级可分为高压电器（用于交流 1200V、直流电压 1500V 及以上电路）和低压电器（用于交流 1200V、直流电压 1500V 及以下电路）；按动作原理可分为手动控制器和自动控制器。

一、低压断路器

低压断路器（图 2.19）又称自动空气断路器，是低压配电网络和电力拖动系统中非常重要的一种电器，它集控制和多种保护功能于一身。其主要作用是：能接通和分断电路；能对电路或电气设备发生的短路、严重过载及欠电压等进行保护；也能用于不频繁地接通与切断线路。

图 2.19　低压断路器

低压断路器的优点有操作安全、安装使用方便、工作可靠、动作值可调、分断能力较高、兼顾多种保护、动作后不需要更换元件等。

低压断路器按结构型式可分为塑壳式、框架式、限流式、直流快速式、灭磁式和漏电保护式共六类。

电力拖动与自动控制线路中常用塑壳式断路器，其分类方法如下：

（1）按极数：单极、两极和三极；

（2）按保护形式：电磁脱扣器式、热脱扣器式、复合脱扣器式（常用）和无脱扣器式。

低压断路器选用原则：

（1）自动空气开关的额定工作电压不小于线路额定电压。

（2）自动空气开关的额定电流不小于线路负载电流。

（3）热脱扣器的整定电流等于所控制负载的额定电流。

（4）电磁脱扣器的瞬时脱扣整定电流大于负载电路正常工作时的峰值电流。

二、负荷开关

（一）开启式负荷开关

开启式负荷开关简称闸刀开关，主要适用于照明、电热设备及小容量电动机控制线路中，供手动不频繁地接通和分断电路，并起短路保护作用。

开启式负荷开关使用注意事项：

（1）必须垂直安装在控制屏或开关板上，且合闸状态时手柄应朝上。

（2）控制照明和电热负载时，要接熔断器做短路和过载保护。并且电源进线端接在静触头一边的进线端，负载接在动触头一边的出线端。

（3）更换熔体时，必须在闸刀断开的情况下按原规格更换。

（4）分闸和合闸时动作要迅速，使电弧尽快熄灭。

（二）封闭式负荷开关

封闭式负荷开关俗称铁壳开关，其灭弧性能、操作性能、通断性能和安全防护性能都优于开启式负荷开关。可用于手动不频繁地接通和断开带负载的电路，并作为线路末端的短路保护，也可用于控制15kW以下的交流电动机不频繁的直接启动和停止。

封闭式负荷开关使用注意事项：

（1）封闭式负荷开关必须垂直安装，安装高度一般离地不小于1.3~1.5m；

（2）外壳的接地螺钉必须可靠接地；

（3）电源进线接在静夹座一边的接线端子上，负载引线接在熔断器一边的接线端子上，且进出线必须穿过开关的进出线孔；

（4）操作时，要站在开关的手柄侧，以防铁壳飞出伤人。

（三）组合开关

组合开关又称转换开关，它具有体积小、触头对数多的特点，常用于手动不频繁地接通和断开电路、换接电源和负载，以及控制5kW以下小容量异步电动机的启动、停止和正反转。

三、熔断器

熔断器(图 2.20)是一种应用广泛的最简单有效的保护电器,在低压电路和电动机控制电路中起短路保护,使用时串联在被保护电路中。正常情况下,熔断器的熔体相当于一段导线;电路发生短路故障时,熔体能迅速熔断分断电路,起到保护线路和电气设备的作用。

熔断器主要由熔体、安装熔体的熔管和熔座三部分组成。熔体是熔断器的核心,常制成丝状、片状或栅状,制作熔体的材料一般有铅锡合金、锌、铜、银等。熔管是熔体的保护外壳,用耐热绝缘材料制成,在熔体熔断时兼有灭弧作用。熔座是熔断器的底座,作用是固定熔管和外接引线。

图 2.20 熔断器

熔断器的选择原则:

(1)主要依据负载的保护特性和短路电流的大小来选择熔断器的类型。

(2)对于容量小的电动机和照明支线,常采用熔断器作为过载及短路保护,因而希望熔体的熔化系数适当小些。

(3)对于较大容量的电动机和照明干线,则应着重考虑短路保护和分断能力。通常选用具有较高分断能力的 RT 系列和 RL1 系列的熔断器。

(4)当短路电流很大时,宜采用具有限流作用的 RT0 和 RT12 系列的熔断器。

熔体的额定电流选择方法:

(1)保护无启动过程的平稳负载如照明线路、电阻、电炉等时,熔体额定电流略大于或等于负荷电路中的额定电流;

(2)保护单台长期工作的电机熔体电流可按最大启动电流选取,公式为:

$$I_{RN} \geq (1.5 \sim 2.5) I_N \tag{2.6}$$

式中 I_{RN}——熔体额定电流;

I_N——电动机额定电流(如果电动机频繁启动,式中系数可适当加大至 3~3.5,具体应根据实际情况而定)。

(3)保护多台长期工作的电动机(供电干线):

$$I_{RN} \geq (1.5 \sim 2.5) I_{N\,max} + \sum I_N \tag{2.7}$$

式中 $I_{N\,max}$——容量最大单台电机的额定电流;

$\sum I_N$——其余电动机额定电流之和。

熔断器使用注意事项:

(1)用于安装使用的熔断器应完整无损;

(2)熔断器安装时应保证熔体与夹头、夹头与夹座接触良好;

(3)熔断器内要安装合格的熔体;

(4) 更换熔体或熔管时，必须切断电源；

(5) 对 RM10 系列熔断器，在切断过三次相当于分断能力的电流后，必须更换熔断管；

(6) 熔体熔断后，应分析原因排除故障后，再更换新的熔体；

(7) 熔断器兼作隔离器件使用时，应安装在控制开关的电源进线端。

四、主令电器

主令电器用于接通或断开控制电路，以发出指令或作程序控制的开关电器。主令电器包含有按钮、行程开关、万能转换开关及主令控制器。

按钮是一种手动控制器件，通常用来接通或断开小电流控制的电路。它不直接控制主电路的通断，而是在控制电路中发出"指令"去控制接触器、继电器的吸合与断开，再由接触器、继电器控制主电路。按钮的触头允许通过的电流较小，一般不超过 5A。根据按钮不受外力作用时触头的分合状态，主令电器可分为常开按钮、常闭按钮、复合按钮。另外，根据按钮在电路中的作用又可分为急停按钮、启动按钮、停止按钮、组合按钮、点动按钮和复位按钮等。

行程开关又称限位开关，是一种利用生产机械某些运动部件的碰撞来发出控制指令的主令电器。主要用于控制生产机械的运动方向、速度、行程大小或位置，属于自动控制电器。行程开关的作用原理与按钮相同，区别在于它是利用生产机械运动部件的碰压，而不是手指按压使其触头动作，从而将机械信号转变为电信号，使运动机械按一定的位置或行程实现自动停止、反向运动、变速运动或自动往返运动。常用的结构有按钮式（直动式）和旋转式（滚轮式）。主要由操作机构、触头系统和外壳组成。

接近开关，又称无触点行程开关，是一种与运动部件无机械接触而能操作的行程开关。当运动的物体靠近开关到一定位置时，开关即发出信号，从而达到行程控制、计数与自动控制的作用。根据工作原理不同可分为电感式接近开关、电容式接近开关、霍尔接近开关、光电式接近开关等。

五、万能转换开关

万能转换开关（图 2.21）是一种具有多个操作位置，能够换接多个电路的一种手动电器。它由多组相同的触头组件叠装而成，可用于控制线路的转换及电气仪表测量的转换，也可用于控制小容量异步电动机的启动、换向及变速。

六、接触器

接触器（图 2.22）是一种自动的电磁式开关，适用于远距离频繁地接通或断开交直流主电路及大容量控制电路。其主要控制对象是电动机与照明回路，也可控制其他负载。接触器按照主触头通过的电流的种类，可以分为交流接触器和直流接触器两种。

七、继电器

利用电流所产生的热效应而反时限动作的保护电器叫作热继电器（图 2.23）。它主要用作电动机的过载保护、断相保护、电流不平衡运行及其他电气设备发热状态的控制。热继电器按相数分有两相结构、三相结构、三相带断相保护装置等三种类型;按复位方式分有自动复位式和手动复位式。

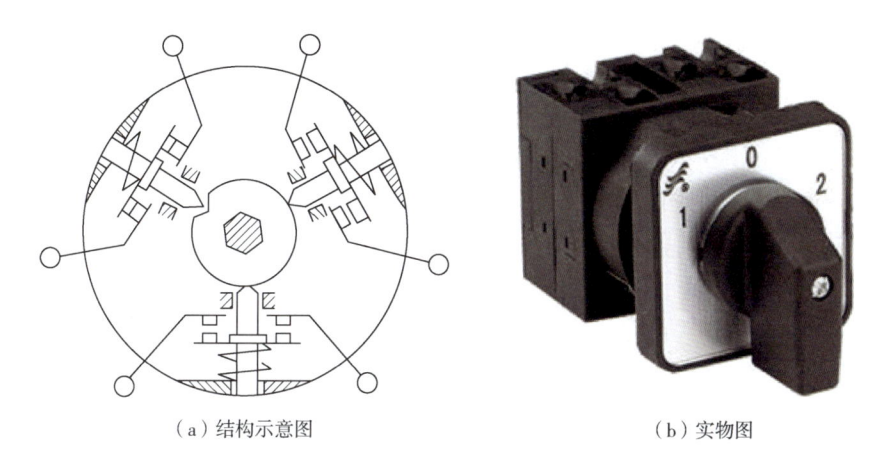

(a) 结构示意图　　　　(b) 实物图

图 2.21　万能转向开关

图 2.22　接触器 　　　　图 2.23　继电器

反映输入量为电流,当通过线圈的电流达到预定值时动作的继电器称为电流继电器。使用时,电流继电器的线圈串联在被测电路中,根据电流的变化而动作。为了降低串入电流继电器线圈后对原电路工作状态的影响,电流继电器线圈的匝数少、导线粗、阻抗小。电流继电器分为过电流继电器和欠电流继电器两种。

第二章　常用电工仪表及控制系统

测量各种电量的仪器仪表，统称为电工测量仪表。电工仪表依据测量方法、仪表结构、仪表用途来分有很多种。电工仪表用来测量电路中的电流、电压、电功率、电功、功率因数、电量的频率、电阻、绝缘状况等基本物理量。

磁电式仪表用符号⌒表示，其工作原理为：可动线圈通电时，线圈和永久磁铁的磁场相互作用产生电磁力，从而形成转动力矩，使指针偏转。

电磁式仪表用符号表示，分为吸引型和排斥型两种。吸引型电磁式仪表工作原理是线圈通电后，铁片被磁化，无论在哪种情况下都能使指针沿顺时针方向转动；排斥型电磁式仪表工作原理是线圈通电后，动定铁片被磁化，动定铁片的同极相对，互相排斥，使动铁片转动。

电动式仪表用符号表示，其工作原理是固定线圈产生磁场，可动线圈有电流通过时受到安培力作用，使指针沿顺时针方向转动。

第一节　万　用　表

万用表是一种便携式仪表。由于其能够测量交流、直流电压或电流及电路中的电阻等被称为万用表。根据万用表内部结构、工作原理的不同，可以把万用表分为机械指针式万用表和电子数显式万用表两类。万用表由表头、测量线路、转换开关、面板及表壳组成。

万用表使用方法：

（1）确认万用表各部分的功能正常。

（2）明确被测量的物理量。

（3）根据被测物理量选择合适档位。

（4）接入被测对象。测量电压时，直接将红表笔、黑表笔并接在被测元件的高、低电位两端或电路中的高、低电位点上；测量电流时，须断开被测电路，将红表笔、黑表笔接入电路的电流流出、流入端，使电流经红表笔流入表内，从黑表笔流出；测量电阻器阻值时，电阻器须脱离电路，然后将表笔两端接在电阻器两端测量即可。

（5）读取测量值并分析合理性。

万用表使用注意事项：

（1）电阻测量时要进行阻值调零，如果不能调零，表示万用表内电池即将耗尽，应立即更换；

（2）检查万用表内的电池使用情况；

（3）万用表使用后应将转换开关旋至交流电压档或将其打在"OFF"的位置上，以免下次使用时将表针打坏或将表烧坏。

第二节 钳形表

钳形表是集电流互感器与电流表于一身，无需断开电路就可直接测电路交流电流的携带式仪表。钳型表的工作原理和变压器一样，初级线圈就是穿过钳型铁芯的导线，相当于一匝的变压器的一次线圈，这是一个升压变压器。二次线圈和测量用的电流表构成二次回路。当导线有交流电流通过时，一匝线圈产生交变磁场，并在二次回路中产生感应电流，电流的大小和一次电流的比例，等于一次和二次线圈的匝数的反比。从而使二次线圈相连接的电流表指示出测被测线路的电流。为了使用方便，表内还有不同量程的转换开关供测量不同等级电流及测量电压的功能。

钳形表使用方法：

（1）确认钳形表类型，是交流还是交直流两用；

（2）被测电路电压不能超过钳形表上所标明的数值；

（3）根据被测量物理量及其大小范围选择测量档位；

（4）用手握住手柄，按动手钳将钳口张开；

（5）将被测导线放入钳口，松开手钳将钳口闭合；

（6）读取测量值。

钳形表使用注意事项：

（1）每次只能测量一相导线的电流，被测导线应置于钳形窗口中央，不可将多相导线同时夹入测量；

（2）测量前先估计被测电流的大小，再决定使用量程；若无法估计，可先使用最大量程再适当调小；

（3）测量时钳口需紧闭；

（4）当被测电流太小时，可把导线多绕钳口几圈进行测量；电流值的读出方式即电流值=读数/圈数。

第三节 兆欧表

兆欧表俗称摇表，大多采用手摇发电机供电，以兆欧（MΩ）为单位。主要用来检查电气设备、家用电器或电气线路对地及相间的绝缘电阻，以保证设备、电器和线路工作在正常状态，避免发生触电伤亡及设备损坏等事故。兆欧表是通过用一个电压激励被测装置或网络，然后测量激励所产生的电流，利用欧姆定律测量出电阻。

兆欧表使用方法：

（1）测量前兆欧表应做一次开路和短路的试验以确认表正常。

（2）确认被测电器及回路电源已切断。

（3）测量时正确接线。L 接线柱在测量时与被测物和大地绝缘的导体部分相接；E 接线柱与被测物外壳或其他部分相接；G 接线柱接屏蔽层或外壳。

（4）摇动兆欧表读取示数并分析。

（5）测试完毕，将被测物放电。

兆欧表使用注意事项：

（1）兆欧表接线柱引出的测量软线绝缘性能应良好，并与导线和地之间应保持适当距离，以免影响测量精度；

（2）摇动兆欧表时，不能用手接触兆欧表的接线柱和被测回路，以防触电；

（3）摇动兆欧表后，各接线柱之间不能短接，以免损坏；

（4）禁止在雷电时或高压设备附近测绝缘电阻，只能在设备不带电、也没有感应电的情况下测量；

（5）摇测过程中，被测设备上不能有人工作；

（6）测量结束时，对于大电容设备要进行放电；

（7）要定期校验其准确度。

第四节　电　能　表

电能表是用来测量电能的仪表，又称电度表、火表、千瓦小时表。根据结构、用途、接入电源性质、安装方式、用电设备不同，电能表有多种不同分类，且都以不同的型号表示。

电能表型号是用字母和数字的排列来表示的，内容包括类别代号+组别代号+设计序号+派生号。

类别代号：D 代表电能表。

组别代号：

（1）表示相线：D 代表单相；T 代表三相四线有功；S 代表三相三线有功；X 代表三相无功。

（2）表示用途：B 代表标准；D 代表多功能；M 代表脉冲；S 代表全电子式；Z 代表最大需量；Y 代表预付费；F 代表复费率。

（3）设计序号用阿拉伯数字表示。

（4）派生号表示适用环境：T 代表湿热、干燥两用；TH 代表湿热带用；TA 代表干热带用；G 代表高原用；H 代表船用；F 代表化工防腐用。

电能表使用注意事项：

（1）在低电压和小电流的情况下，电能表可直接接入电路进行测量；

（2）在高电压或大电流的情况下，电能表不能直接接入线路，需配合电压互感器或电流互感器使用。

第五节　电气控制系统

电气控制系统是指由若干电气原件和电气设备按照一定要求连接组成，用于实现对某个或某些对象的控制，且保证被控设备安全、可靠地运行，其主要功能有自动控制、保护、监视和测量。

一、电气控制系统主要功能

(一) 自动控制功能

高压和大电流开关设备的体积很大,一般都采用操作系统来控制分闸、合闸,特别是设备出了故障时,需要开关自动切断电路,要有一套自动控制的电气操作设备,对供电设备进行自动控制。

(二) 保护功能

电气设备与线路在运行过程中会发生故障,电流(或电压)会超过设备与线路允许工作的范围与限度,这就需要一套检测这些故障信号并对设备和线路进行自动调整(断开、切换等)的保护设备。

(三) 监视功能

一台设备是否带电或断电,从外表上看无法分辨,这就需要设置各种视听信号,如灯光和音响等,对设备进行电气监视。

(四) 测量功能

灯光和音响信号只能定性地表明设备的工作状态(有电或断电),如果想定量地知道电气设备的工作情况,还需要有各种仪表测量设备来测量线路的各种参数,如电压、电流、频率和功率的大小等。

二、电气控制系统主要组成

(一) 电源供电回路

供电回路的供电电源有 380V AC 和 220V AC 等多种。

(二) 保护回路

保护回路的工作电源有单相 220V、36V 或直流 220V、24V 等多种,对电气设备和线路进行短路、过载和失压等各种保护,由熔断器、热继电器、失压线圈、整流组件和稳压组件等保护组件组成。

(三) 信号回路

及时反映或显示设备和线路正常与非正常工作状态信息的回路,如不同颜色的信号灯、不同声响的音响设备等。

(四) 自动与手动回路

电气设备为了提高工作效率,一般都设有自动环节,但在安装、调试及紧急事故的处理中,控制线路中还需要设置手动环节,通过组合开关或转换开关等实现自动与手动方式的转换。

(五) 制动停车回路

切断电路的供电电源,并采取某些制动措施,使电动机迅速停车的控制环节,如能耗制动、电源反接制动,倒拉反接制动和再生发电制动等。

（六）自锁及闭锁回路

启动按钮松开后，线路保持通电，电气设备能继续工作的电气环节称为自锁环节，如接触器的动合触点串联在线圈电路中。两台或两台以上的电气装置和组件，为了保证设备运行的安全与可靠，只能一台通电启动、另一台不能通电启动的保护环节，称为闭锁环节。

第三章 变电所主要操作

第一节 不间断电源(UPS)

不间断电源(Uninterruptible Power Supply, UPS),是一种含有储能装置的不间断电源。主要用于给部分对电源稳定性要求较高的设备,提供不间断的电源。

一、PXP 型 UPS

图 2.24 为 PXP 型 UPS 的实物图。

(一) 操作步骤

1. UPS 由市电切换至旁路供电方式操作

(1) 先在操作面板找到回车进入系统。

(2) 找到"system control"选项点击回车键。

(3) 找到"bypass control"选项点击回车键,然后调整至"YES"选项点击回车键。

(4) 检查面板确认 SBS 灯亮,绿色逆变器灯熄灭。

(5) 将 Q601 开关由 AUTO 位转换至 TEST 位。

(6) 同时按下面板上"ON""OFF"进行关机。

(7) 将 Q601 开关由 TEST 位转换至 BYPASS 位。

(8) 断开 Q001 主市电输入开关。

(9) 断开 QF3 电池开关(主控楼 30kV·A,UPS 电池开关为 QF2)。

图 2.24 PXP 型 UPS

2. UPS 由旁路切换至市电供电方式操作

(1) 将 Q601 开关由 BYPASS 位转换至 TEST 位。

(2) 闭合 Q001 市电输入主电源开关,等待自检至显示屏出现"Standby"。

(3) 按下"ON"键开机,等待显示屏出现"Operation"。

(4) 闭合 QF3 电池开关(主控楼电池开关为 QF2)。

(5) 找到"system control"选项点击回车键。

(6) 找到"bypass control"选项点击回车键,找到"YES"点击回车键。

(7) 将 Q601 开关由 TEST 位转换至 AUTO 位。

(8) 按 ESC 键返回至"bypass control"界面点击回车键,找到"YES"点击回车键。

(9) 按三次 ESC 键使其显示回到主界面。

(二) 面板显示

面板显示灯含义见表 2.9。

表 2.9　PXP 型 UPS 面板显示灯

Normal operation	正常供电方式
Battery operation	电池运行方式
Bypass operation	旁路运行方式
Common alarm	普通报警

报警信息说明见表 2.10。

表 2.10　PXP 型 UPS 报警信息

报警指示灯	报警信息说明
Mains out of tolerance	电源电压容量，相失踪，相位旋转或频率
Bypass out of tolerance	旁路输出容量，相失踪，相位旋转或频率
Output overloaded	UPS 输出超负荷(>105%)或变频器限流被激活
Inverter asynchronous	变频器不同步于旁路
Battery discharge	蓄电池放电
Battery not connect	蓄电池未连接
Battery earth fault	蓄电池接地故障
Rectifier fault	电源输入保险丝，电源输入接触器 k101 或充电器故障
Inverter fault	PFC，IGBT，继电器或保险故障
SBS fault	至 SBS 的通信故障或 DC 被检测在<requested bypass>
Fan failure	UPS 系统中的风扇故障
Over temperature	超温

二、PEW 型 UPS

(一) 操作步骤

1. UPS 由市电切换至旁路供电方式操作

(1) 在控制面板按下"#"键，找到"BYPASS operation"选项。

(2) 按下"1(时钟键)"键，确认面板 EN 灯亮。

(3) 将 Q050 开关由 AUTO 位转换至 TEST 位。

(4) 同时按下面板上的"ON""OFF"进行关机操作。

(5) 将 Q050 开关由 TEST 位转换至 BYPASS 位。

(6) 断开主市电输入开关 Q001。

(7) 断开蓄电池开关 QF3。

(8) 将零线对地短接。由负载端子排"L0"连接至接地线(在未接负载的端子上短接)。短接完毕后将其对应的开关闭合。

2. UPS 由旁路供电方式切换至市电供电方式操作

(1) 将 Q050 开关由 BYPASS 位转换至 TEST 位。

（2）闭合 Q001 主市电输入开关，等待至面板显示"standby"。
（3）按下开机键"ON"等待屏幕出现"charge only"。
（4）等待屏幕显示"normal operation Load Power"。
（5）合上蓄电池回路开关 QF3。
（6）按复位键"C"两次以上消除报警，然后按"↵"键。
（7）在控制面板按下"#"键。
（8）找到"BYPASS operation"选项，按下"1"键（时钟键），确认面板 EN 灯亮。
（9）将 Q050 开关由 TEST 位转换至 AUTO 位。
（10）按"#"键找到"BYPASS operation"选项在面板按"＊(0)"键完成切换。

（二）面板显示

面板指示灯含义见表 2.11。

表 2.11　PEW 型 UPS 面板显示灯

SYSTEMON　S1	开机按钮（需要开机时按 S1）
OFF　S2	关机按钮（需要关机时同时按下 S1 和 S2）
LAMPTEST　S3	指示灯检测按钮（按下 S3 按钮检测面板上的指示灯有无损坏）
MAINS　VOLTAGE（数字 7）	市电电压
MAINS　CURRENT（数字 4）	市电电流
DC/BATTERY VOLTAGE（数字 8）	电池电压
BATTERY　CURRENT（数字 5）	电池电流
INVERTER　CURRENT（数字 2）	逆变器电流
OUTPUT　CURRENT（数字 6）	输出电流
OUTPUT　FREQUENCY（数字 3）	输出频率
OUTPUT　VOLTAGE（数字 9）	输出电压
MAINS VOLTAGE（数字 7）+上箭头键	旁路电压
OUTPUT CURRENT（数字 6）+上箭头键	输出峰值电流
BATTERY　CURRENT+上箭头键	直流总电流
DC/BATTERY VOLTAGE（数字 8）+ BATTERY CURRENT（数字 5）	电池温度
先按"C"，再按"↵"	对盘面报警信息进行复位

报警信息说明见表 2.12。

表 2.12　PXP 型 UPS 报警信息

RECT. MAINS FAULT	整流器电源故障
RECT. FAILURE	整流器失效
DC OUT OF TOLERANCE	直流输出超限
BATT. OPERATION	电池运行
BATT. DISCHARGED	电池电压低于下限

续表

BATT. DISCONNECTED	电池断开
EARTH FAULT DC	直流接地故障
INVERTER FAULT	逆变器故障
OVERLOAD INV/BYPASS	负载过载逆变器转旁路运行
INV. FUSE BLOWN	逆变器保险熔断
ASYNCHRONOUS	同步错误(逆变器未与旁路市电同步)
BYP. MAINS FAULT	旁路市电电压或频率超限
MANUAL BYPASS ON	手动旁路接通
EN INHIBITED	禁止静态开关 EN 开通(旁路市电电压或频率超限或 EN 温升过高)
EA INHIBITED	禁止静态开关 EA 开通(逆变器电压超限或 EA 温升过高)
OVERTEMPERATURE	温度过热
FAN FAILUER	风扇故障
POWER SUPPLY FAULT	电源板故障

三、ITY2-TW110LBT 型 UPS

ITY2-TW110LBT 型 UPS 实物如图 2.25 所示。

图 2.25 ITY2-TW10LBT 型 UPS(位于工艺变电所)

(一)操作步骤

(1)开机操作见表 2.13。

表 2.13　ITY2-TW110LBT 型 UPS 开机步骤

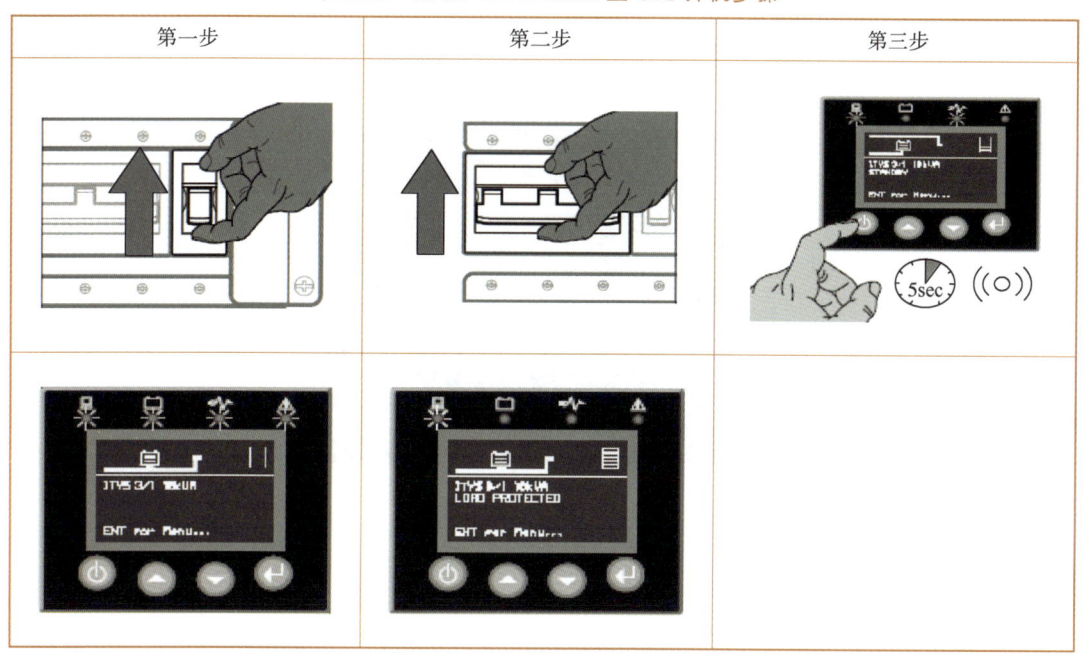

第一步	第二步	第三步

（2）停机操作见表 2.14。

表 2.14　ITY2-TW110LBT 型 UPS 停机步骤

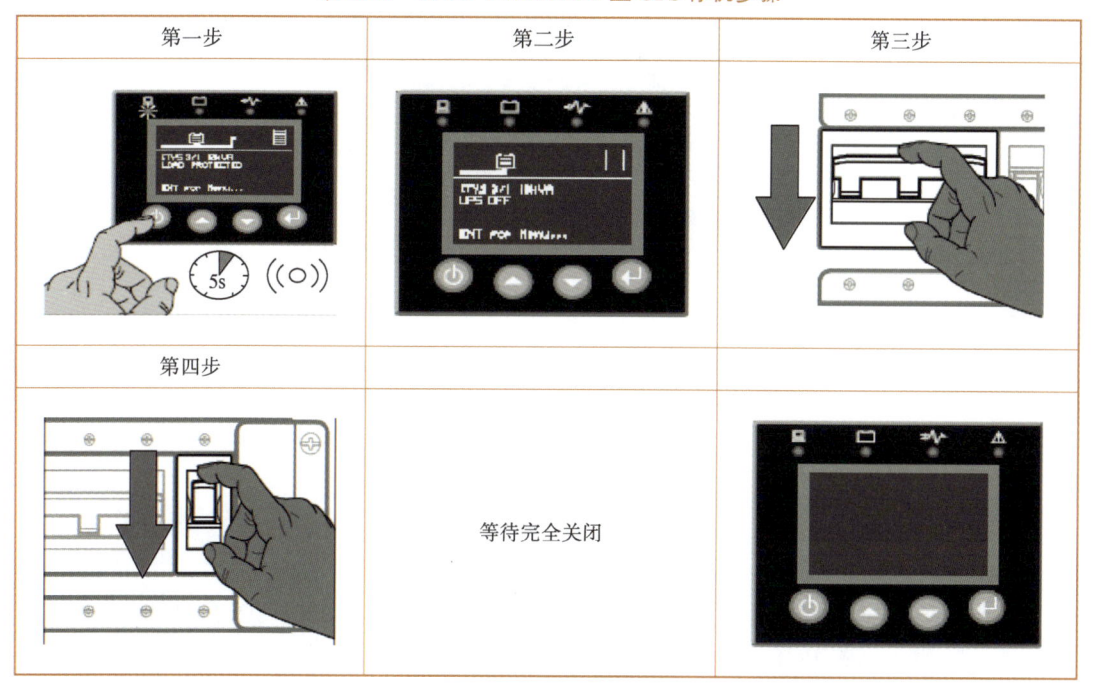

第一步	第二步	第三步
第四步		
	等待完全关闭	

（二）面板显示

（1）面板指示灯含义如图 2.26、图 2.27 所示。

· 117 ·

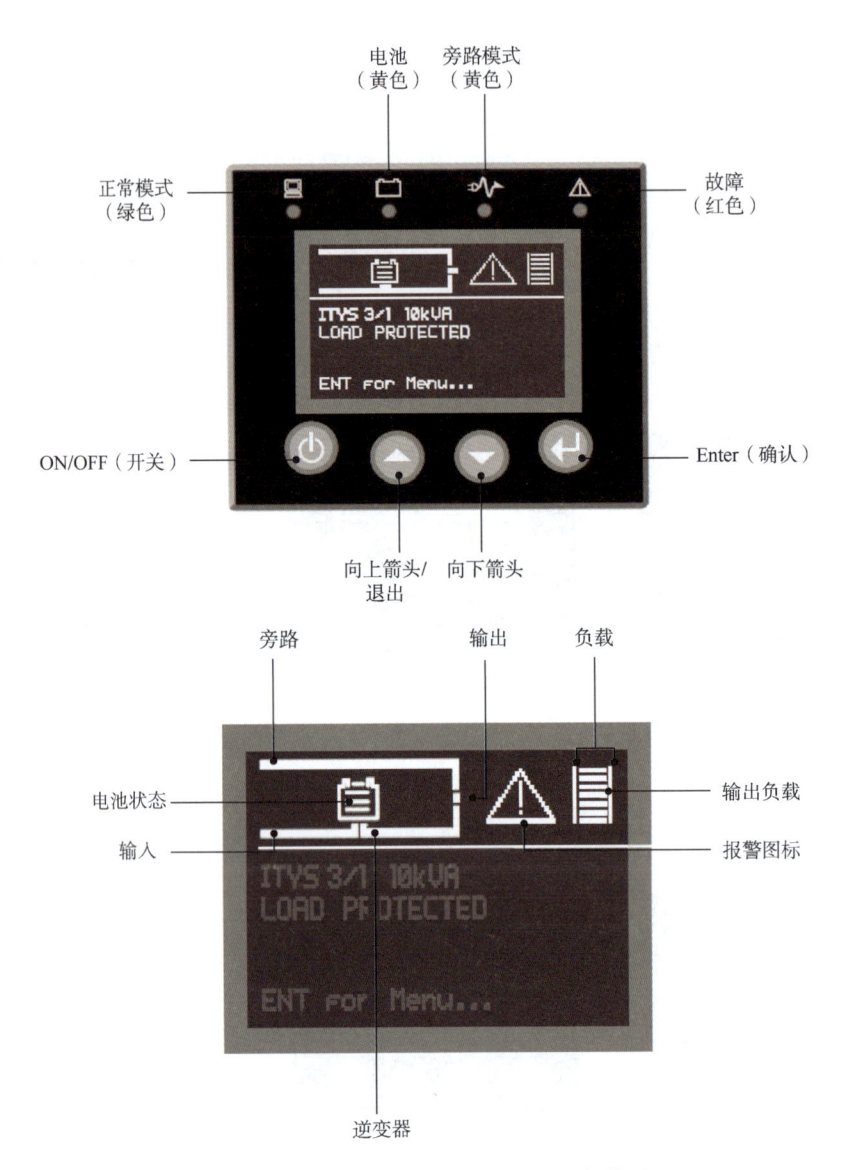

图 2.26　ITY2-TW110LBT 型 UPS 面板指示

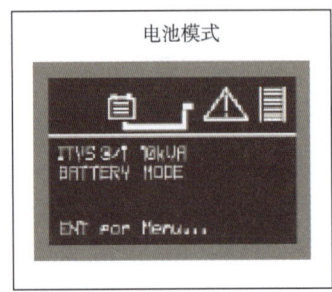

图 2.27　ITY2-TW110LBT 型 UPS 运行状态示意图

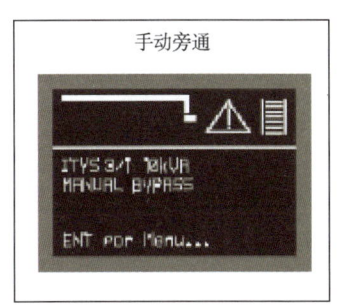

图 2.27　ITY2-TW110LBT 型 UPS 运行状态示意图(续)

(2) 常见报警及处理见表 2.15。

表 2.15　ITY2-TW110LBT 型 UPS 报警故障表

报警代码		问题	可能的原因	解决方案
警告	11	电池断开连接	电池组未正确连接	执行电池测试进行确认 检查蓄电池组是否连接到 UPS 检查电池断路器是否开启
警告	12	电池电量低	电池电压过低	当每秒发出一次警报时，就表示电池电量几乎耗尽
警告	14	过充电	电池过充电	UPS 将关闭充电器，直至电池电压恢复正常
警告	15	充电器故障	充电失败	咨询经销商
故障	21	总线过电压	UPS 内部故障	咨询经销商
故障	22	总线欠电压	UPS 内部故障	咨询经销商
故障	23	总线不平衡	UPS 内部故障	咨询经销商
故障	24	总线短路	UPS 内部故障	咨询经销商
故障	25	总线软启动失败	UPS 内部故障	咨询经销商
故障	31	输出短路	输出短路	去掉所有负载。关闭 UPS； 检查 UPS 输出和负载是否短路； 确保已清除短路情况，然后再重新开启
故障	32	逆变器过电压	UPS 内部故障	咨询经销商
故障	33	逆变器欠电压	UPS 内部故障	咨询经销商
故障	34	逆变器软启动失败	UPS 内部故障	咨询经销商
警告	41	输出过载	过载	检查负载并去掉一些非关键负载； 检查某些负载是否存在故障
故障	42	逆变器过载故障	过载	检查负载并去掉一些非关键负载； 检查某些负载是否存在故障
故障	43	旁路过载故障	过载	检查负载并去掉一些非关键负载； 检查某些负载是否存在故障

续表

报警代码		问题	可能的原因	解决方案
警告	71	EPO 激活	EPO 连接器打开	检查 EPO 连接器状态
警告	72	维修旁路开启	维修旁路开关已打开	检查维修旁路开关状态
故障	81	散热片温度过高故障	UPS 内部温度过高	确保 UPS 未过载；未阻挡通风口、环境温度未过高。等待 10min 让 UPS 冷却下来，然后再次开启。如果失败，请联系经销商或服务中心
警告	84	风扇故障	风扇异常	检查风扇是否正常运转

四、MasteryS IP 型 UPS

(一) 操作步骤

1. 开机操作

(1) 将开关 Q1 和(或)外部电池开关设于位置 1(闭合电池电路)。

(2) 对 UPS 加电压。

(3) 将开关 Q2 设于位置 1(开启输入电源)。

(4) 等待显示屏开启。

(5) 进入主菜单→命令→UPS 程序。

(6) 将断开开关 Q6 设于位置 1(连续输出)。

(7) 负荷现在已由 UPS 供电并受到其保护。

2. 停机操作

(1) 关机将中断负荷的供电并停止 UPS 和电池充电器。

(2) 进入主菜单→命令→UPS 程序菜单。

(3) 选择自动停止程序然后按"ENTER"等待约 2min 让 UPS 关机(连接到 LAN 的任何服务器的受控关机程序，可通过正确的关机软件进行管理)。

(4) 将断开开关 Q6 设于位置 0(关闭逆变器输出)。

(5) 将开关 Q1 和(或)电池开关设于位置 0(打开电池电路)。

(6) 将开关 Q2 设于位置 0(关闭输入电源)。

3. 旁路运行

(1) 切换到维护旁路使得 UPS 输入和输出之间直接连接，将 UPS 设备隔离出去。此操作在进行标准设备维护时执行，从而无需中断负荷的电源供应，或在出现严重故障而等待设备修复时执行。

(2) 进入主菜单→命令→UPS 程序菜单。

(3) 选择"On Maint. Bypass"(使用维护旁路运行)程序然后按"ENTER"。

执行显示屏上指示的操作。

4. 紧急关机

如果需要快速中断 UPS 供电(紧急关机)，可将断开开关 Q6 设于位置零(0)，或在适用的情况下激活连接至 ADC PCB 的紧急按钮(开关)来执行此操作,表 2.16 给出了 MasteryS IP 型 UPS 开关位置示意图。

表 2.16　MasteryS IP 型 UPS 开关位置示意图

开关	开关位置	描述	功能
Q1	①	闭合(正常运行位置)	若闭合此开关,它会在电力网发生故障时将 UPS 电池连接到直流/直流换流器来为逆变器供电
	②	断开	
Q2	①	开启(正常运行条件)	此开关为 UPS 提供主电源。在具有独立市电的配置中,此开关仅中断整流器电源
	②	关闭(电池将会放电)	
Q6	0	关闭(此位置在可运行的条件下,通过断开负荷的电压将 UPS 输出完全隔离。)	用于系统紧急关机(内部 ESD)
	1	UPS(正常运行条件)	连续为负荷供电
	2	手动旁路(负荷直接连接至电源)	用于:例常或特殊维护运行(手动旁路);当 UPS 无法从旁路电源为应用供电并等待技术人员干预时

(二) 面板显示

面板显示的按钮含义、显示屏状态等如图 2.28 至图 2.32 所示。

显示屏

"上"按钮
在可用的菜单/值之间向
上滚动

ESC按钮
退出当前页面、中止操作

"上/下"按钮
在可用的菜单/值之间向
下滚动

输入（ENTER）按钮
访问当前显示的菜单、接
受/发送配置和命令

发光状态栏
根据UPS状态变更颜色
-红色闪烁：UPS即将关机
-红色：负荷未供电或电池电路断开
-黄色闪烁：UPS处于待机模式或维护警报处于活动状态
-黄色：UPS使用电池运行或UPS指示特定工作模式
-绿色闪烁：电池测试进行中
-绿色：负荷获得供电
-熄灭：UPS处于不活动状态

图 2.28　ITY2-TW110LBT 型 UPS 面板按钮含义

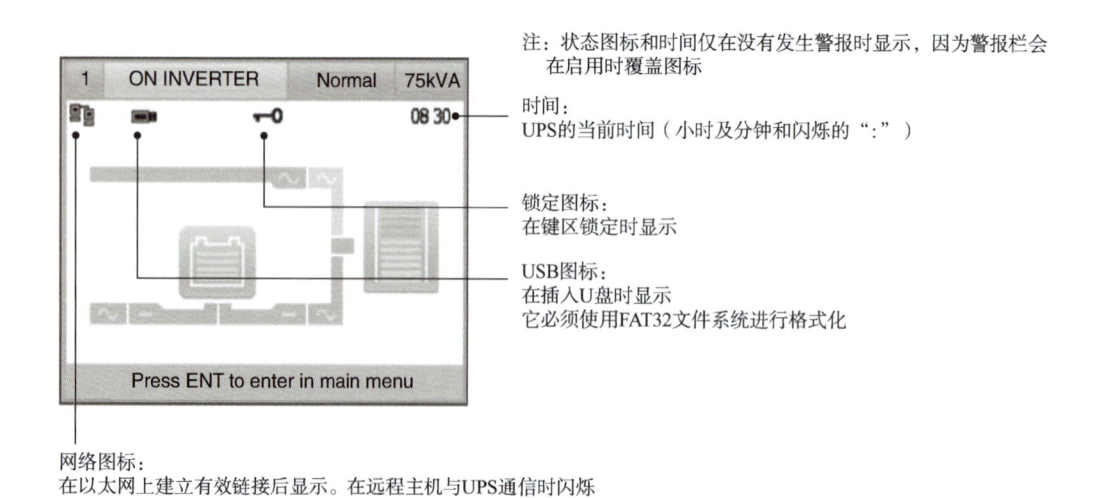

注：状态图标和时间仅在没有发生警报时显示，因为警报栏会
　　在启用时覆盖图标

时间：
UPS的当前时间（小时及分钟和闪烁的":"）

锁定图标：
在键区锁定时显示

USB图标：
在插入U盘时显示
它必须使用FAT32文件系统进行格式化

网络图标：
在以太网上建立有效链接后显示。在远程主机与UPS通信时闪烁

图 2.29　ITY2-TW110LBT 型 UPS 显示屏状态显示

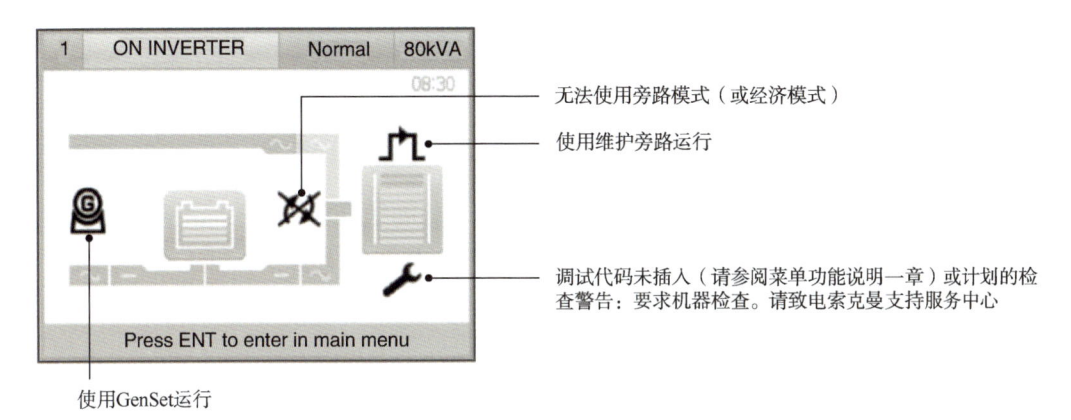

图 2.30　ITY2-TW110LBT 型 UPS 显示屏其他图标含义

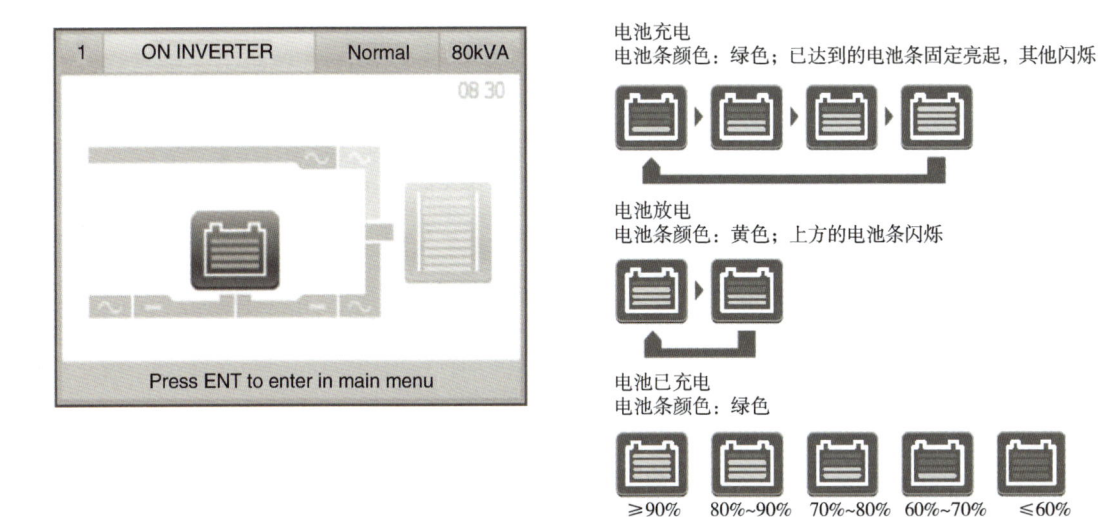

无法使用旁路模式（或经济模式）
使用维护旁路运行
调试代码未插入（请参阅菜单功能说明一章）或计划的检查警告：要求机器检查。请致电索克曼支持服务中心
使用GenSet运行

电池充电
电池条颜色：绿色；已达到的电池条固定亮起，其他闪烁

电池放电
电池条颜色：黄色；上方的电池条闪烁

电池已充电
电池条颜色：绿色
≥90%　80%~90%　70%~80%　60%~70%　≤60%

电池已放电

电池打开

电池警报标记
如果即将发生电池充电器警报，边框将变成黄色

图 2.31　ITY2-TW110LBT 型 UPS 显示屏电池状态

图 2.32　ITY2-TW110LBT 型 UPS 显示屏信息区

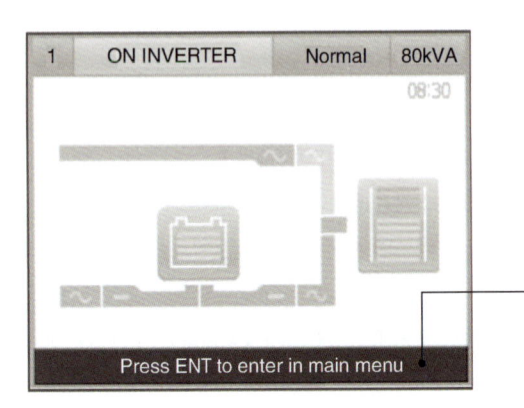

信息区
始终存在，显示帮助信息来指导用户使用显示功能

（三）报警信息

报警信息说明见表 2.17。

表 2.17　MasteryS IP 型 UPS 报警信息表

序号	报警信息	含义
1	A02：输出超载	负荷所要求的功率高于可用的功率
2	A06：辅助电源超出范围	不存在电压或频率，或者电压或频率超出可接受的范围
3	A07：温度超出限值	设备温度高于建议的最大值，检查 UPS 室的通风或空调系统
4	A08：激活了维护旁路	断开输出开关 Q6 在位置 2（维护旁路）； 负荷因此直接由市电供电
5	A17：使用条件不正确	（1）在高温下长时间运行（电池退化）； （2）大量超载（错误调整大小）； （3）电池持续放电（电源不稳定）； （4）频繁切换到旁路（高冲击负荷）
6	A22：输入电源超出范围	输入电源不存在或不足，如果不是输入电源中断，则检查 UPS 上游的任何保护装置是否跳闸； 检查并确定应用的电压和频率值符合模拟面板上设置的值
7	A61：相序错误	相序不正确，在此情况下，调换输入电源的两个相位
8	A01：电池警报	电池电路失效或出现问题；检查电池开关是否已关闭
9	A18：逆变器因为超载而关闭	降低负载到 UPS 的负载率然后重置警报
10	A20：配置错误	配置参数出错
11	A30：因为超载而关闭	降低负载到 UPS 的负载率然后重置警报
12	A59：电池电路断开	电池开关处于断开状态
13	A60：风扇故障	通风系统发生故障；检查并确定 UPS 正面的通风入口和背面的通风出口没有阻塞

第二节　低压抽屉柜

图 2.33 为低压抽屉柜实物图。

图 2.33　低压抽屉柜

一、低压柜停电操作

(1) 电气运行人员接到"停电票",填写收票时间、操作人、监护人等内容。
(2) 操作人、监护人根据"停电票"核对操作把手上的设备名称和设备位号。
(3) 向中控确认停电设备名称和位号,经同意后进行停电操作。
(4) 将低压柜操作把手由"工作位置"转至"分闸位置",分开断路器开关,检查指示灯熄灭,确认设备停电。
(5) 将低压柜操作把手由"分闸位置"转至"抽出位置"。
(6) 将抽屉拉出,操作把手转至隔离位置,在抽屉把手上挂"正在检修、不准送电"标牌。
(7) 设备停电完成,向中控室报告。

二、低压柜送电操作

(1) 接到"送电票",填写收票时间、操作人、监护人等内容。
(2) 和中控确认本次送电设备已完成检修,人员已撤离,接地线已经拆除。
(3) 监护人、操作人根据"送电票"核对操作把手上的设备名称和位号。
(4) 向中控确认送电设备名称和位号,经同意后取下"正在检修、不准送电"标牌。

(5) 将低压柜操作把手由"隔离位置"转至"抽出位置",将抽屉推入。

(6) 将操作把手由"抽出位置"转至"分闸位置"。

(7) 将操作把手由"分闸位置"转至"工作位置",合上断路器开关,检查指示灯亮,确认送电完成。

(8) 操作完成,向中控室汇报送电完成。

三、旋钮

图2.34为旋钮示意图。

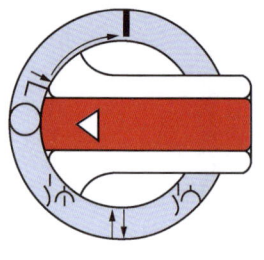

■ 工作位置-主开关合闸、抽屉锁定
○ 主开关分闸-主回路断开、控制回路断开、抽屉锁定
试验位置-主开关分闸,控制回路接通,抽屉锁定
抽出位置-主回路和控制回路均断开
隔离位置-抽出30mm距离,主回路及控制回路均断开,抽屉锁定。
操作手柄向里按动以后,方能从○位置转向■位置,操作手柄上可给主开关分闸、试验、隔离三位置加挂锁,作为安全保护,最多可加3把锁。

8E/4、8E/2开关手柄

图2.34 旋钮示意图

第三节 低压开关柜进线断路器

一、操作步骤

(1) 低压柜进线断路器分闸停电,手车摇至"断开"位置。

① 操作人、监护人根据《倒闸操作票》内容核对低压进线柜上的设备名称、位号等信息,检查进线开关处于合位,操作人按劳保要求着装。

② 根据负荷切换作业方案内容联系相关专业将该段低压设备负荷切换或停运(做好停电检查),各专业负责人完成负荷切换作业方案审查并签字确认。

③ 确认低压柜母联手车在工作位置,断路器在分位,储能正常;转换开关处于"自动"位置,低压两段线路分列运行。

④ 操作人联系中控与相关专业确认负荷切换作业可以开始(低压进线断路器停电作业可以进行),并将低压开关柜面板转换开关由"自动"状态转到"手动"状态。

⑤ 根据"倒闸操作票"核对所操作低压开关柜位号,无误后在进线开关柜面板按下分闸按钮,确认低压柜分闸指示灯亮,断路器状态由合位变为分位,并用对讲告知中控室与相关专业停电完成。

⑥ 向中控与相关专业申请停电段设备恢复送电,经同意后合上低压母联开关,停电段低压柜重新恢复供电,检查母线电压正常,各抽屉柜已经重新带电。

⑦ 将停运的低压断路器操作手柄抽出,按下断路器面板"OFF"按钮,打开摇动窗口。

⑧ 沿逆时针方向摇动操作手柄,断路器状态指针由"接通(CONNECTED)"位置转到

"测试(TEST)"位置;继续沿逆时针方向摇动手手柄,断路器状态指针由"测试(TEST)"位置转到"断开(DISCONNECTED)"位置。

⑨ 抽出操作手柄,将手柄插回原来位置,在断路器旁挂"正在检修、不准送电"标牌。停电工作完成。

(2)低压柜进线断路器手车摇至"接通"位置,合闸送电。

① 操作人、监护人根据"倒闸操作票"内容核对低压进线柜上的设备名称、位号等信息,确认进线断路器处于分位,手车处于"断开位置",母联柜转换开关处于"手动"位置,操作人按劳保要求着装。

② 取下断路器旁悬挂的"正在检修、不准送电"标牌,抽出操作手柄,按下断路器面板"OFF"按钮,打开摇动窗口。

③ 沿顺时针方向摇动操作手柄,断路器状态指针由"断开(DISCONNECTED)"位置转到"测试(TEST)"位置;继续按顺时针方向摇动手柄,断路器状态指针由"测试(TEST)"位置转到"接通(CONNECTED)"位置。

④ 操作人联系中控确认负荷切换作业可以开始,根据"倒闸操作票"核对所操作低压母联开关柜位号,无误后在面板按下"分闸"按钮,检查低压母联柜分闸指示灯亮,断路器状态由合位变为分位,并用对讲机告知中控室与相关专业停电完成。

⑤ 向中控室与相关专业申请停电段设备恢复送电,经同意后合上停电段低压进线柜母联开关,停电段低压柜重新恢复供电,检查母线电压正常,各抽屉柜已经重新带电。

⑥ 将低压母联柜面板转换开关由"手动"转到"自动"状态,对讲通知中控室送电完成。

(3)面板显示如图2.35所示。

图2.35 低压开关柜进线断路器面板示意图
1—分闸按钮;2—合闸按钮;3—断路器状态指示牌;4—断路器储能指示牌;
5—摇动窗口;6—断路器位置指示牌;7—操作手柄插孔

第四节 负荷开关

图2.36为负荷开关柜实物图。

一、隔离开关分闸操作

（1）操作人、监护人根据"倒闸操作票"内容核对负荷开关标牌上的设备名称、位号等信息，检查隔离开关处于合位，接地刀闸处于分位，操作人按劳保要求着装。

（2）检查负荷开关柜气体压力指针在绿色区域，带电测试仪指示灯闪烁（变压器带电时）。

（3）操作人向左扳动操作手柄，露出隔离开关操作孔。

（4）将操作杆插入操作孔，向上提起操作手柄，检查面板隔离开关位置是否由合位变为分位。

（5）检查带电测试仪指示灯不亮，下级变压器运行声音消失，确认隔离开关分闸操作完成。

（6）在负荷开关柜上挂"禁止合闸，设备检修"标牌，设备停电完成。

图 2.36 负荷开关柜

二、接地开关合闸操作

（1）操作人、监护人根据"倒闸操作票"（第一种工作票）内容核对负荷开关标牌上的设备名称、位号等信息，检查隔离开关处于分位，接地刀闸处于分位，操作人按劳保要求着装。

（2）检查负荷开关柜气体压力指针在绿色区域，带电测试仪指示灯不亮。

（3）操作人向右扳动操作手柄，露出隔离开关操作孔。

（4）将操作杆插入操作孔，向上提起操作手柄，检查面板接地开关位置由分位变为合位。

三、接地开关分闸操作

（1）操作人、监护人根据"倒闸操作票"（第一种工作票）内容核对负荷开关标牌上的设备名称、位号等信息，检查隔离开关处于分位，接地刀闸处于合位，操作人按劳保要求着装。

（2）检查负荷开关柜气体压力指针在绿色区域，带电测试仪指示灯不亮。

（3）操作人向右扳动操作手柄，露出隔离开关操作孔。

（4）将操作杆插入操作孔，向下压操作手柄，检查面板接地开关位置由合位变为分位。

四、隔离开关合闸操作

（1）操作人、监护人根据"倒闸操作票"内容核对负荷开关标牌上的设备名称、位号等信息，检查隔离开关处于分位，接地刀闸处于分位，操作人按劳保要求着装。

（2）检查负荷开关气体压力指针在绿色区域，带电测试仪指示灯不亮（变压器停电）。

（3）检查下级变压器进出线电缆接头已连接紧固，接地线已拆除，变压器柜门关好，变压器柜内无检修遗留工具与其他物品。

（4）取下负荷开关柜"禁止合闸，设备检修"标牌。
（5）操作人向左扳动操作手柄，露出隔离开关操作孔。
（6）将操作杆插入操作孔，向下压操作手柄，检查面板隔离开关位置是否由分位变为合位。
（7）检查带电测试仪指示灯恢复闪烁状态，下级变压器带电运行（嗡嗡声），确认隔离开关合闸操作完成。

负荷开关操作示意图见表 2.18。

表 2.18　负荷开关操作

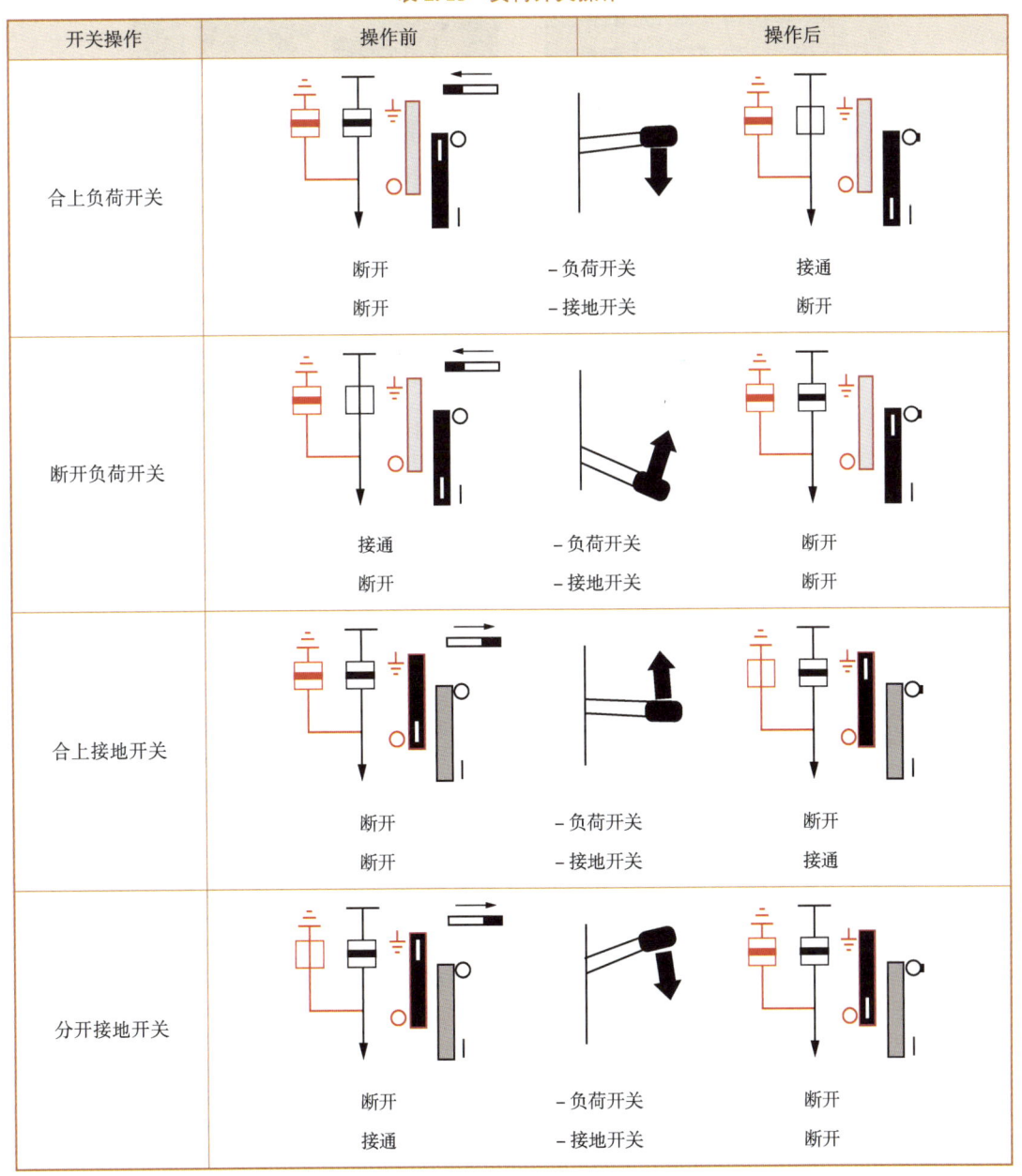

开关操作	操作前	操作后
合上负荷开关	断开　－负荷开关 断开　－接地开关	接通 断开
断开负荷开关	接通　－负荷开关 断开　－接地开关	断开 断开
合上接地开关	断开　－负荷开关 断开　－接地开关	断开 接通
分开接地开关	断开　－负荷开关 接通　－接地开关	断开 断开

第五节 中压柜

中压开关柜如图 2.37 所示，各部件名称见表 2.19。

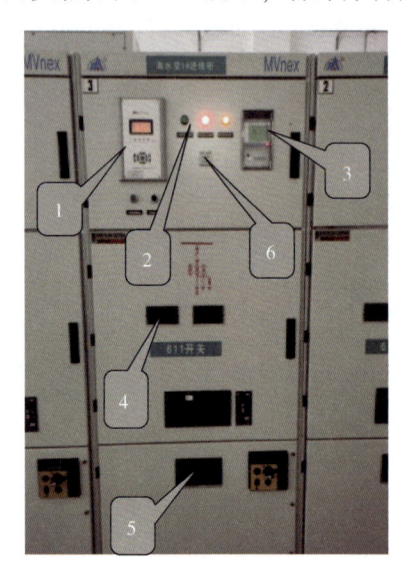

图 2.37 中压开关柜主要部件

表 2.19 中压开关柜部件名称

序号	部件名称	序号	部件名称
1	继电保护装置	5	电缆室
2	分合闸（储能）指示灯	6	凝露控制器
3	电能表	7	避雷器
4	断路器室	8	零序电流互感器

一、8BK20 中压柜

（一）操作步骤

1. 停电操作

（1）电气运行人员根据接到的"停电票"，填写收票时间、操作人、监护人等信息。

（2）操作人准备好工具（钥匙、操作手柄）。

（3）操作人、监护人核对确认"停电票"上的设备名称和设备位号与开关柜一致，并检查确认开关柜内断路器处于分闸状态。

（4）检查中压柜面板状态指示灯正确，继电保护装置无报警。

（5）向中控室核对停电设备名称和设备位号，经同意后进行停电操作。

（6）将开关柜面板转换开关由"远方"转为"就地"，用钥匙打开断路器手车操作手柄插孔，插入操作手柄后沿逆时针方向摇动手柄将断路器手车摇出至试验位置。

（7）退出断路器手车操作手柄，用钥匙锁上断路器手车操作手柄插孔，检查中压柜面板状态指示灯是否由红色变为绿色。

（8）挂"正在检修、不准送电"标牌。

（9）操作完成，汇报中控室。

2. 送电操作

（1）电气运行人员根据接到的"送电票"，填写收票时间、操作人、监护人等信息。

（2）操作人准备好工具（钥匙、操作手柄）。

（3）操作人、监护人核对确认送电票的设备名称和设备位号与开关柜一致，并检查确认开关柜内断路器处于分闸状态，接地刀闸处于分闸状态。

（4）检查中压柜面板状态指示灯正确，继电保护装置无报警。

（5）向中控室确认送电设备名称和设备位号，经同意后取下"禁止合闸，设备检修"标牌，开始进行送电操作。

（6）操作人用钥匙打开断路器手车操作手柄插孔，插入操作手柄后沿顺时针方向转动手柄将断路器手车摇至工作位置。

（7）退出操作手柄，用钥匙锁上断路器手车操作手柄插孔，检查中压柜面板状态指示灯由绿色变为红色，将中压柜面板转换开关由"就地"转至"远方"位置。

（8）操作完成，汇报中控。

3. 合接地刀闸操作

（1）根据"倒闸操作票"或"作业许可"核对开关柜名称、位号正确。

（2）检查中压开关柜断路器处于分位，手车处于试验位置。

（3）将钥匙插入接地刀锁定插孔，转动钥匙将接地刀闸操作孔锁打开。

（4）将接地刀闸操作手柄插入操作孔，沿顺时针方向转动操作手柄，合上开关柜接地刀闸。

（5）在中压柜面板检查接地刀闸指示灯变为合位，接地刀状态指示标牌由分位变为合位。

（6）取出接地刀闸操作手柄，用钥匙关闭锁孔，操作结束。

4. 分接地刀闸操作

（1）根据"倒闸操作票"或"作业许可"核对开关柜名称、位号正确。

（2）检查中压开关柜断路器处于分位，手车处于试验位置。

（3）将钥匙插入接地刀锁定插孔，转动钥匙将接地刀闸操作孔锁打开。

（4）将接地刀闸操作手柄插入操作孔，沿逆时针方向转动操作手柄，分开开关柜接地刀闸。

（5）在中压柜面板检查接地刀闸指示灯变为合位，接地刀状态指示标牌由合位变为分位。

（6）取出接地刀闸操作手柄，用钥匙将接地刀闸操作孔关闭，操作结束。

（二）面板说明

8BK20开关柜面板说明见表2.20。

表 2.20 8BK20 开关柜面板说明

图片	说明
	图片左侧为断路器手车操作手柄插孔,右侧为钥匙插孔
	图片上部:断路器手车位置指示灯,在工作位置为红色,在试验位置为绿色; 图片下部:开关状态指示灯,"横"为分闸状态,"竖"为合闸状态
(a)　(b)　(c)	(a):接地刀闸钥匙插孔; (b):接地刀闸操作手柄插孔; (c):中压柜柜门操作手柄
(a)　(b)	接地刀状态指示灯: (a):接地刀闸分状态(绿色灯亮); (b):接地刀闸合状态(红色灯亮)

二、KYN28A-12 中压柜

中压柜实物如图 2.38 所示。

(一)操作步骤

1. 停电操作

(1)电气运行人员根据接到的"停电票",填写收票时间、操作人、监护人等信息。

(2)操作人准备好工具(钥匙、操作手柄)。

(3)操作人、监护人核对确认停电票的设备名称和设备位号与开关柜一致,并检查确认开关柜内断路器处于分闸状态。

(4)检查中压柜面板状态指示灯显示是否正确,继电保护装置无报警。

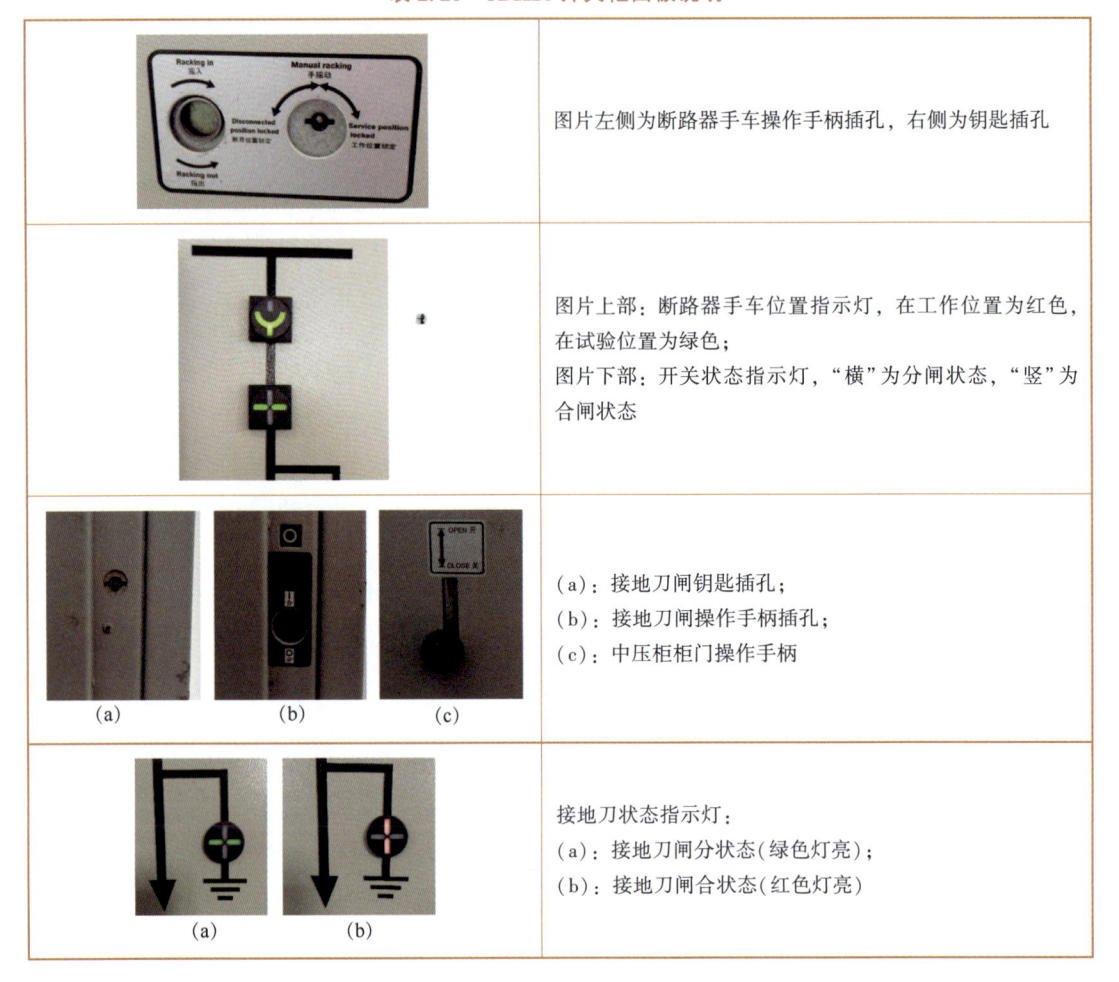

图 2.38 KYN28A-12 中压柜

(5) 向中控室确认停电设备名称和设备位号，经同意后进行停电操作。

(6) 操作人将开关柜面板转换开关由"远方"转为"就地"，插入断路器手车操作手柄后沿逆时针方向转动，将断路器手车摇至试验位置。

(7) 退出断路器手车操作手柄，检查中压柜面板指示灯显示是否正确。

(8) 挂"正在检修、不准送电"标牌。

(9) 操作完成，汇报中控室。

2. 送电操作

(1) 电气运行人员根据接到的"送电票"，填写收票时间、操作人、监护人等信息。

(2) 操作人准备好工具(钥匙、操作手柄)。

(3) 操作人、监护人核对确认送电票的设备名称和设备位号与开关柜一致，并检查确认开关柜内断路器处于分闸状态，接地刀闸处于分闸状态。

(4) 检查中压柜面板状态指示灯显示是否正确，继电保护装置无报警。

(5) 向中控室确认送电设备名称和设备位号，经同意后取下"禁止合闸，设备检修"标牌，进行送电操作。

(6) 操作人用钥匙打开操作孔，插入断路器手车操作手柄后沿顺时针方向转动手柄将断路器手车摇至工作位置。

(7) 退出断路器手车操作手柄，检查中压柜面板指示灯显示正确，将中压柜面板转换开关由"就地"转至"远方"位置。

(8) 操作完成，汇报中控。

3. 合接地刀操作

(1) 根据"倒闸操作票"或"作业许可"核对开关柜名称、位号正确。

(2) 检查中压开关柜断路器处于分位，手车处于试验位置。

(3) 将接地刀闸操作手柄插孔挡板推下，将操作手柄插入操作孔，沿顺时针方向转动操作手柄，合上开关柜接地刀闸。

(4) 在中压柜面板检查接地刀闸指示灯变为合位，接地刀状态指示标牌由分位变为合位。

(5) 取出接地刀闸操作手柄，操作结束。

4. 分接地刀操作

(1) 根据"倒闸操作票"或"作业许可"核对开关柜名称、位号正确。

(2) 检查中压开关柜断路器处于分位，手车处于试验位置。

(3) 将接地刀闸操作手柄插孔挡板推下，转动钥匙将接地刀闸操作孔锁打开。

(4) 将接地刀闸操作手柄插孔挡板推下，将操作手柄插入操作孔，沿逆时针方向转动操作手柄，分开开关柜接地刀闸。

(5) 在中压柜面板检查接地刀闸指示灯变为分位，接地刀闸状态指示标牌由合位变为分位。

(6) 取出接地刀闸操作手柄，操作结束。

(二) 面板说明

KYN28A-12中压柜面板说明见表2.21。

表 2.21 KYN28A-12 中压柜面板说明

面板	说明	面板	说明
	断路器手车操作手柄插孔		接地刀闸操作手柄插孔

三、MVNEX 中压柜

中压柜实物如图 2.39 所示。

(一) 操作步骤

1. 停电操作

(1) 电气运行人员按照"倒闸操作票",经五防系统(微机防误操作闭锁系统)模拟操作后和使用监控系统分开中压柜内开关。

(2) 操作人与监护人检查监控系统画面开关状态已由合闸变为分闸。

(3) 操作人与监护人在高压室核对中压柜名称、编号,检查中压柜断路器处于分闸状态(中压柜面板分闸指示灯亮,保护装置跳位指示灯亮)。

图 2.39 MVNEX 中压柜

(4) 操作人准备好操作工具(钥匙、操作手柄)。

(5) 将中压柜面板转换开关由"闭锁位置"调整为"移动位置"。

(6) 将操作手柄插入操作孔,沿逆时针方向摇动操作手柄,将手车由工作位置摇至试验位置,检查中压柜手车状态标牌显示是否正确。

(7) 退出断路器手车操作手柄,将中压柜面板转换开关由"移动位置"调整为"闭锁位置"。

(8) 挂"正在检修、不准送电"标牌,操作完成。

2. 送电操作

(1) 操作人与监护人在高压室根据"倒闸操作票"核对中压柜名称、编号,检查中压柜断路器处于分闸状态,手车在试验位置。

(2) 操作人准备好操作工具(钥匙、操作手柄),取下"正在检修、不准送电"标牌。

(3) 将中压柜面板转换开关由"闭锁位置"调整为"移动位置"。

(4) 将操作手柄插入操作孔,按顺时针方向摇动操作手柄,将手车由试验位置摇至工作位置,检查中压柜手车状态标牌显示正确。

(5) 退出断路器手车操作手柄,将中压柜面板转换开关由"移动位置"调整为"闭锁位置"。

(6) 电气运行人员根据倒闸操作票,在五防系统和后台机合上开关柜内开关。

(7) 操作人与监护人在电脑画面检查开关状态已由合闸变为分闸。

(8) 操作人与监护人在高压室检查中压柜断路器是否处于合闸状态(开关柜面板合闸指示灯亮，保护装置合位指示灯亮)。

(9) 检查开关柜送电后无异常声音、气味，继电保护装置无动作，操作完成。

3. 合接地刀操作

(1) 根据"倒闸操作票"核对开关柜名称、位号正确。

(2) 检查中压开关柜断路器是否处于分位，手车处于试验位置。

(3) 将接地刀闸操作转换开关由"锁定位置"转至"操作位置"。

(4) 将接地刀闸操作把手插入插孔，沿顺时针方向摇动操作手柄，合上开关柜接地刀闸。

(5) 检查中压柜接地状态标牌是否由分位变为合位，退出操作把手。

(6) 将接地刀闸操作转换开关由"操作位置"转至"锁定位置"，操作完成。

4. 分接地刀操作

(1) 根据"倒闸操作票"核对开关柜名称、位号正确。

(2) 检查中压开关柜断路器是否处于分位，手车是否处于试验位置。

(3) 将接地刀闸操作转换开关由"锁定位置"转至"操作位置"。

(4) 将接地刀闸操作把手插入插孔，沿逆时针方向摇动操作手柄，分开开关柜接地刀闸。

(5) 检查中压柜接地状态标牌是否由合位变为分闸，退出操作把手。

将接地刀闸操作转换开关由"操作位置"转至"锁定位置"，操作完成。

(二) 面板说明

MVNEX 中压柜面板说明见表 2.22。

表 2.22 MVNEX 中压柜面板说明

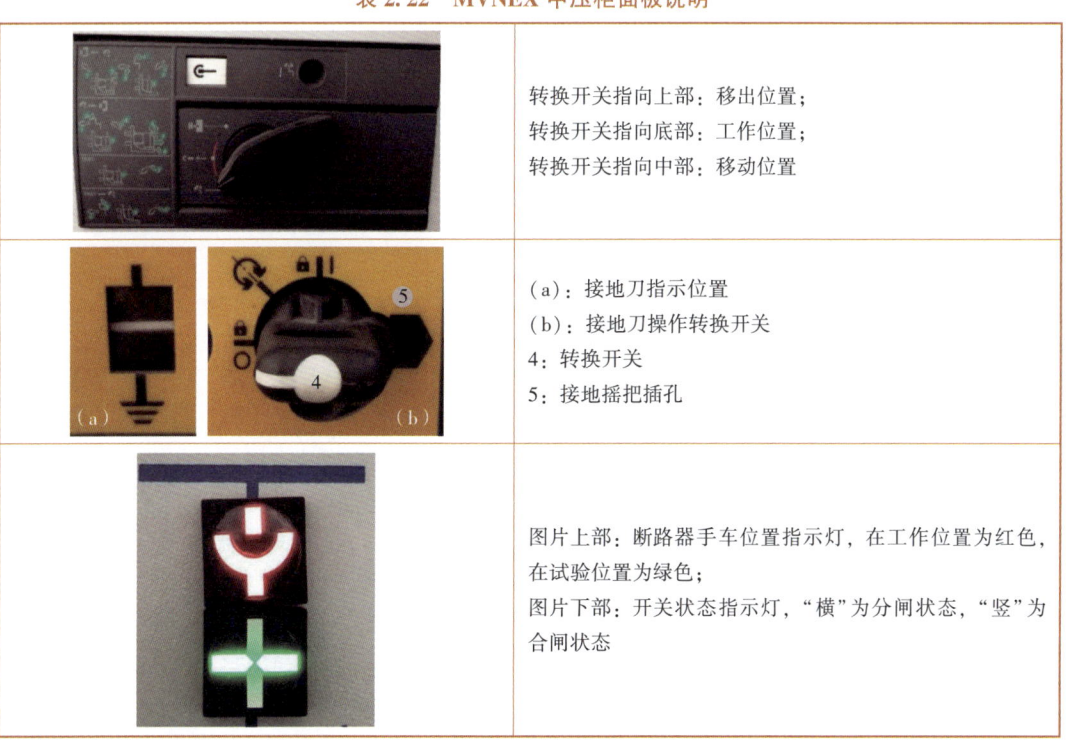

图片	说明
	转换开关指向上部：移出位置； 转换开关指向底部：工作位置； 转换开关指向中部：移动位置
	(a)：接地刀指示位置 (b)：接地刀操作转换开关 4：转换开关 5：接地摇把插孔
	图片上部：断路器手车位置指示灯，在工作位置为红色，在试验位置为绿色； 图片下部：开关状态指示灯，"横"为分闸状态，"竖"为合闸状态

第三部分　仪　　表

第一章　现场仪表

第一节　概　　述

(一) 检测的基本概念

1. 检测过程

检测过程就是信号能量的一次或多次转换过程，是将被测参数(已转换后的)与其相应的测量单位比较，并确定检测结果准确程度的过程。图 3.1 为参数检测的基本过程。

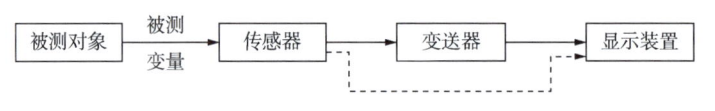

图 3.1　参数检测的基本过程

2. 检测仪表的结构原理

一般分为开环结构和闭环结构两种，如图 3.2 和图 3.3 所示。两者的最大区别就是闭环结构是在开环检测过程的基础上，增加了反馈环节，提高了仪表的稳定性和测量精度。通常说的检测仪表往往是检测过程的部分或者全部。

图 3.2　开环结构原理图

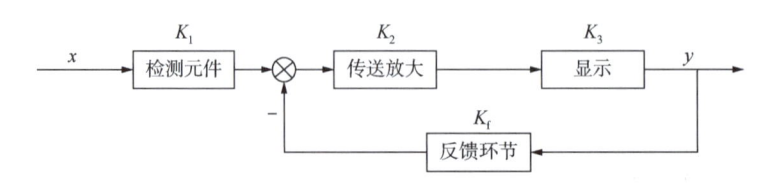

图 3.3　闭环结构原理图

(二) 仪表的性能指标

仪表主要有五个性能指标,分别是精度、变差(回差)、灵敏度、分辨力、线性度。

1. 精度(准确度)

精度是指测量结果和被测真值的一致程度。工业仪表常见精度等级有:0.1、0.2、0.35、0.5、1.0、1.5、2.5、4.0等。数值越小表示精度等级越高,测量准确度越高。

2. 变差(回差)

变差是指在外界条件不变的情况下,使用同一仪表对同一变量进行正行程(被测参数由小到大)、反行程(被测参数由大到小)测量时,仪表指示值之间的差值(图3.4)。

即:

$$变差 = [(X_正 - X_反)_{max} / 量程] \times 100\% \tag{3.1}$$

产生变差的原因有传动机构的间隙、运动部件的摩擦、弹性元件弹性滞后的影响等。

3. 灵敏度

灵敏度是指静态测量时,仪表的输出变化量与输入变化量的比值。通常用于模拟仪表。常用符号 S 表示:

$$S = \Delta Y / \Delta X \tag{3.2}$$

4. 分辨力

分辨力是指仪表能够检测出仪表输出量发生变化时输入量的最小变化量。数字式仪表的分辨力指在最低量程上最后一位有效数字变化为1时所代表的输入信号变化量。

5. 线性度

线性度是指仪表的输出量与输入量的实际校准曲线偏离线性的程度。通常用"非线性误差"来说明(图3.5)。

$$非线性误差 = (\Delta'_{max} / 量程) \times 100\% \tag{3.3}$$

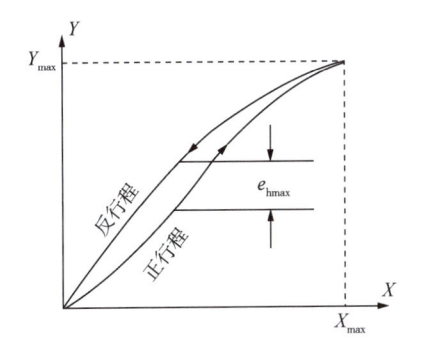

图 3.4　变差示意图

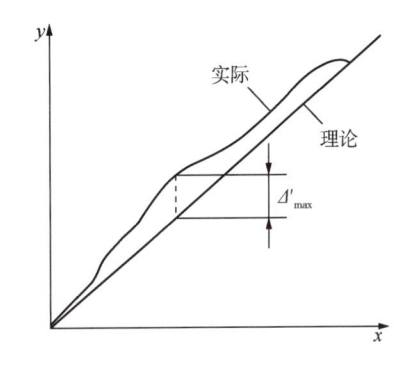

图 3.5　线性度示意图

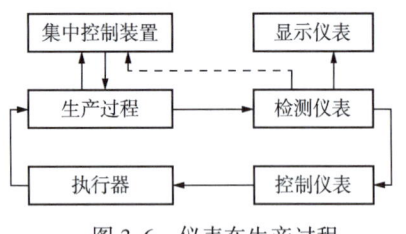

图 3.6 仪表在生产过程分类应用示意图

（三）仪表的分类

仪表在生产过程分类应用示意图如图 3.6 所示。

1. 按仪表使用的能源分类

（1）气动仪表。

（2）电动仪表。

（3）液动仪表。

（4）自力式仪表(使用被测介质自身能量作动力)。

2. 按信息的获得、传递、反映和处理过程分类

（1）检测仪表。

（2）显示仪表。

（3）控制(调节)仪表。

（4）执行器。

3. 按仪表组成形式分类

（1）基地式仪表，即就地仪表。

（2）单元组合式仪表

① 气动：0.02~0.1MPa(气源：0.14MPa)；

② 电动：4~20mA DC(电源：24V DC)。

4. 按检测参数(即检测仪表)分类

（1）压力检测仪表。

（2）温度检测仪表。

（3）流量检测仪表。

（4）液位检测仪表。

（5）成分检测仪表。

常见的仪表测量参数包括：温度(T)、压力(p)、流量(L)、液位(L)、振动(V)和分析(A)。

（四）仪表防爆及防护

1. 爆炸性危险场所划分

按照《爆炸危险环境电力装置设计规范》(GB 50058—2014)规定，爆炸性危险场所分为：

（1）气体。

① 0 区：连续、短时间频繁出现或长时间存在爆炸性气体混合物的场所；

② 1 区：正常情况下有可能出现爆炸性气体混合物的场所；

③ 2 区：正常情况下不能出现，仅在事故情况下偶尔短时间出现爆炸性气体混合物的场所。

（2）粉尘。

① 20 区：可燃性粉尘持续或长期或频繁出现的场所；

② 21 区：在正常运行时可燃性粉尘可能偶尔出现的场所；

③ 22 区：在正常运行时可燃性粉尘不可能出现的场所，即使出现，持续时间也是短暂的。

2. 防爆仪表分类

按照《爆炸性环境第 1 部分：设备　通用要求》(GB 3836.1—2010)规定，爆炸性气体环境用电气设备分为：

(1) Ⅰ类：煤矿井下用电气设备；

(2) Ⅱ类：除煤矿外的其他爆炸性气体环境用电气设备(工厂用)。

其中，Ⅱ类电气设备的防爆结构形式有隔爆型(d)、增安型(e)、本安型(ia、ib)等，表 3.1 为常见防爆仪表的应用对照表。

表 3.1　常见防爆仪表的应用对照表

序号	防爆型式	代号	防爆措施	适用区域	常见仪表
1	隔爆型	d	隔离存在的点火源	1 区、2 区	压力变送器
2	增安型	e	设法防止产生点火源	1 区、2 区	接线箱
3	本安型	ia	限制点火源的能量	0 区、1 区、2 区	EK260
3	本安型	ib	限制点火源的能量	1 区、2 区	

3. 仪表防爆标志

防爆标志一般由五个部分构成：

(1) 防爆标志 EX：表示该设备为防爆电气设备；

(2) 防爆结构形式：表明该设备采用何种措施进行防爆，如 d 为隔爆型、e 为增安型、i 为本安型等；

(3) 防爆设备类别分为三大类；

(4) 防爆级别分为 A、B、C 三级，说明其防爆能力的强弱；

(5) 温度组别分为 T1~T6 六组，说明该设备的最高表面温度允许值。

例如：某电源接线箱的防爆标志为 EXedⅡCT4；铂电阻防爆标志为 ExdⅡBT4；压力变送器防爆级别不低于 ExdⅡAT3。

4. 仪表外壳防护标准

同一种仪表，封装在不同的外壳中，就具备了不同的防护能力。这种防护，一般说来，主要是气候防护，如防尘、防水等，有的也包括了防爆。

防护标准：

(1) IEC 标准：主要在欧洲地区使用(我国国家标准《外壳防护等级(IP 代码)》GB 4208—2008 等同 IEC 60529：2001)；

(2) NEMA 标准(美国电器制造商协会)：主要用于美国和北美地区。

常用标准是《外壳防护等级》(IEC 60529—2001)。

在 IEC 标准中，仪表的防护功能是指不同等级的防尘和防水能力。

通常，外壳防护一般用字母和数字组成。其中字母表示防护特征，第一位数字表示防尘等级，第二位数字表示防水等级。例如：IP54 中 5 表示防尘，4 表示防溅水。

具体说明见表 3.2 和表 3.3。

表 3.2　仪表外壳防尘等级参照表

特征数字	简短说明	防护等级含义
0	无防护	没有专门防护
1	防大于 50mm 的固体异物	能防止直径大于 50mm 的固体异物进入壳内
2	防大于 12.5mm 的固体异物	能防止直径大于 12mm，长度小于 80mm 的固体异物进入壳内
3	防大于 2.5mm 的固体异物	能防止直径大于 2.5mm 的固体异物进入壳内
4	防大于 1mm 的固体异物	能防止直径大于 1mm 的固体异物进入壳内
5	防尘	不能完全防止尘埃进入，但进入量不会妨碍设备正常运转
6	尘密（无尘）	无尘埃进入

表 3.3　仪表外壳防水等级参照表

特征数字	简短说明	防护等级含义
0	无防护	没有专门防护
1	防滴	滴水（垂直滴水）无有害影响
2	15°防滴	外壳从正常位置倾斜在 15°以内时，垂直滴水无有害影响
3	防淋水	与垂直成 60°范围以内的淋水无有害影响
4	防溅水	任何方向溅水无有害影响
5	防喷水	任何方向喷水无有害影响
6	防猛烈喷水	向外壳各个方向强烈喷水无有害影响
7	防浸水影响	浸入规定压力水中经规定时间后进入外壳水量不致达到有害程度
8	防潜水影响	能按制造厂规定的条件持续潜水后外壳进水量不致达到有害程度

（五）仪表位号

仪表位号一般由字母代号组合与阿拉伯数字编号（可按装置区域进行编制）。通常，第一个字母表示被测变量；后继字母表示仪表功能，变送（T）、显示（I）等；数字表示区域和编号。仪表位号字母及组合示例见表 3.4。

示例：LT-1400201，意思是液位变送器、14 区域 201#仪表。

表 3.4　仪表位号字母及组合示例表

首位字母		后继字母													
		读出功能						输出功能							
			记录 R	报警 A（修饰）			变送器 T	控制器 C				继动器 计算器 Y	最终 执行 元件 V/Z	开关 S（修饰）		
		指示 I		高 AH	低 AL	高低 AHL		指标 IC	记录 RC	无指示 C	自力式 CV			高 SH	低 SL	高低 SHL
	被测变量 或引发变量	检测 元件 E														
A	分析	AE	AI	AR	AAH	AAL	AAHL	AT	AIC	ARC	AC		AY	AV	ASH	ASL	ASHL
B	烧嘴火焰	BE	BI	BR	BAH	BAL	BAHL	BT	BIC	BRC	BC		BY	BZ	BSH	BSL	BSHL
C	电导率	CE	CI	CR	CAH	CAL	CAHL	CT	CIC	CRC			CY	CV	CSH	CSL	CSHL
D	密度	DE	DI	DR	DAH	DAL	DAHL	DT	DIC	DRC			DY	DV	DSH	DSL	DSHL
E	电压	EE	EI	ER	EAH	EAL	EAHL	ET	EIC	ERC	EC		EY	EZ	ESH	ESL	ESHL
F	流量	FE	FI	FR	FAH	FAL	FAHL	FT	FIC	FRC	FC	FCV	FY	FV	FSH	FSL	FSHL
FF	流量比	FE	FFI	FFR	FFAH	FFAL	FFAHL	FFT	FFIC	FFRC			FFY	FFV	FFSH	FFSL	FFSHL
FQ	流量累计	FE	FQI	FQR	FQAH	FQAL		FQT	FQIC	FQRC			FQY	FQV	FQSH	FQSL	
G	可燃气体	GE	GI	GR	GAH			GT							GSH		
H	手动								HIC		HC		HY	HV			（HS）
I	电流	IE	II	IR	IAH	IAL	IAHL	IT	IIC	IRC			IY	IZ	ISH	ISL	ISHL
J	功率	JE	JI	JR	JAH	JAL	JAHL	JT	JIC	JRC			JY	JV	JSH	JSL	JSHEL
K	时间程序	KE	KI	KR	KAH			KT	KIC	KRC	KC		KY	KV	KSH		

· 141 ·

续表

首位字母		后继字母											
		读出功能					输出功能						
		检测元件 E	指示 I	记录 R	报警 A(修饰)		变送器 T	控制器 C			继动器计算器 Y	最终执行元件 V/Z	开关 S(修饰)		
被测变量或引发变量					高 AH	低 AL	高低 AHL		指标 IC	记录 RC	无指示 C	自力式 CV			高 SH	低 SL	高低 SHL
L	物位	LE	LI	LR	LAH	LAL	LAHL	LT	LIC	LRC	LC	LCV	LY	LV	LSH	LSL	LSHL
M	水分	ME	MI	MR	MAH	MAL	MAHL	MT	MIC	MRC				MV	MSH	MSL	MSHL
N	供选用																
O	供选用																
P	压力真空	PE	PI	PR	PAH	PAL	PAHL	PT	PIC	PRC	PC	PCV	PY	PV	PSH	PSL	PSHL
PD	压力差	PE	PDI	PDR	PDAH	PDAL	PDAHL	PDT	PDIC	PDRC	PDC	PDCV	PDY	PDV	PDSH	PDSL	PDSHL
Q	数量	QE	QI	QR	QAH	QAL	QAHL	QT	QIC	QRC				QZ	QSH	QSL	QSHL
R	核辐射	RE	RI	RR	RAH	RAL	RAHL	RT	RIC	RRC	RC		RY	RZ			
S	速度频率	SE	SI	SR	SAH	SAL	SAHL	ST	SIC	SRC	SC	SCV	SY	SZ	SSH	SSL	SSHL
T	温度	TE	TI	TR	TAH	TAL	TAHL	TT	TIC	TRC	TC	TCV	TY	TV	TSH	TSL	TSHL
TD	温度差	TE	TDI	TDR	TDAH	TDAL	TDAHL	TDT	TDIC	TDRC	TDC	TDCV	TDY	TDV	TDSH	TDSL	TDSHL

第二节 压力仪表

一、单位和量程

（1）应采用法定计量单位，即：帕（Pa）、千帕（kPa）和兆帕（MPa）。
（2）测量稳定压力时，正常操作压力应为量程的 1/3~2/3。
（3）测量脉冲压力时，正常操作压力应为量程的 1/3~1/2。
（4）测量压力大于 4MPa 时，正常操作压力应为量程的 1/3~3/5。

二、就地压力仪表

通常分为普通压力表、耐振压力表、隔膜压力表等。内部结构如图 3.7 所示，通常精度为 1 级。

（一）普通压力表

用于普通测量场所，通常使用弹簧管压力表，如图 3.8 所示。单圈弹簧管是弯成 270°圆弧的空心金属管，其截面形状为扁圆形或椭圆形等。

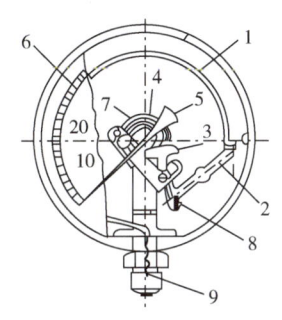

图 3.7 压力表内部结构
1—弹簧管；2—拉杆；3—扇形齿轮；4—中心齿轮；
5—指针；6—面板；7—游丝；8—调整螺钉；9—接头

图 3.8 普通压力表

（二）耐振压力表

用于振动场所或振动部位，如泵、压缩机出口，如图 3.9 所示。外壳充阻尼液（硅油或甘油），防止振动大造成指针剧烈波动，也能减少介质压力轻微波动造成的影响。

（三）隔膜压力表

用于测量强腐蚀、高温、高黏度、易结晶、易凝固、有固体浮游物的介质压力，以及必须避免测量介质直接进入普通压力仪表和防止沉淀物积聚的场合，如图 3.10 所示，隔膜压力表由隔离器与普通压力仪表组成。

图 3.9　耐振压力表　　　　　图 3.10　隔膜压力表

三、压力变送器

如图 3.11、图 13.12 所示，通常精度为 0.1~0.3 级。

图 3.11　压力变送器　　　　　图 3.12　压差变送器

压力变送器主要由测压元件传感器(也称为压力传感器)、测量电路和过程连接件三部分组成。它能将测压元件传感器感受到的气体、液体等物理压力参数转变成标准的电信号(如 4~20mA DC 等)。压力变送器根据测量范围可分成一般压力变送器(0.001~35MPa)、微差压变送器(0~1.5kPa)、负压变送器三种。压力变送器根据传感器种类，可分为电容式压力变送器、扩散硅压力变送器、单晶硅压力变送器。

在爆炸危险场合，应选用隔爆型或本安型的压力变送器；对黏稠、易结晶、含有固体颗粒或腐蚀性介质，应选用法兰式压力变送器；在多雷地区，压力(差压)变送器、传感器应有防雷保护措施。

四、压力开关

压力开关是一种简单的(压力控制装置)，当被测压力达到额定值时，压力开关可发出(警报或控制)信号(图 3.13、图 3.14)。

图 3.13　机械式压力开关

压力开关的工作原理是：当被测压力超过额定值时，弹性元件的自由端(产生位移)，直接或经过比较后推动(开关元件)，改变(开关元件)的通断状态，达到控制被测压力的目的。

压力开关采用的弹性元件有单圈弹簧管、膜片、膜盒及波纹管等。开关元件有磁性开关、水银开关、微动开关等。

压力开关的开关形式有常开式和常闭式两种。

压力开关的调节方式有两位式和三位式两种。

压力开关的参数可调，依实际使用压力范围调节。

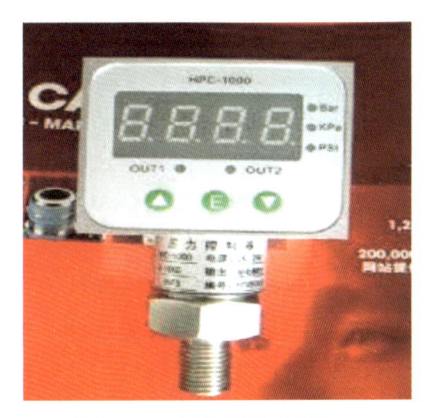

图 3.14　电子式压力开关

第三节　温 度 仪 表

一、单位和量程

单位为摄氏度(℃)，最高测量值不大于仪表测量范围上限值的 90%，正常测量值在仪表测量范上限值的 1/2 左右。

二、就地温度仪表

(一)玻璃温度计

玻璃温度计是一种经过人工烧制、灌液等十几道工艺制作而成，是价格低廉、测量准确、使用方便、无需电源的传统测温产品。在生产和生活中得到广泛的应用。以圆棒或三角棒玻璃作为原材料，以水银或有机溶液(煤油、酒精等)作为感温液，制作出适合不同需求的各种产品。

(二)双金属温度计

其内部结构如图 3.15 所示，外形如图 3.16 所示，原理是将绕成螺纹旋形的热双金属

· 145 ·

片作为感温器件,并把它装在保护套管内,其中一端固定,称为固定端,另一端连接在一根细轴上,称为自由端。在自由端线轴上装有指针。当温度发生变化时,感温器件的自由端随之发生转动,带动细轴上的指针产生角度变化,在标度盘上指示对应的温度。

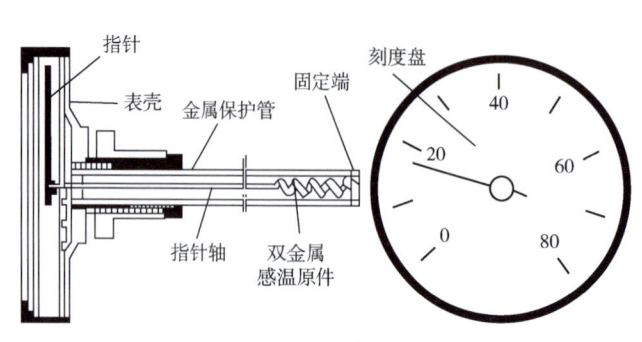

图 3.15 双金属温度计内部结构

图 3.16 双金属温度计外形

按双金属温度计指针盘与保护管的连接方向可以把双金属温度计分成轴向型、径向型、和万向型:
(1) 轴向型双金属温度计:指针盘与保护管垂直连接;
(2) 径向型双金属温度计:指针盘与保护管平行连接;
(3) 万向型双金属温度计:指针盘与保护管连接角度可任意调整。

三、远传一次测量元件

(一) 热电偶

如图 3.17 所示,热电偶是常用的测温元件,它直接测量温度,并把温度信号转换成热电动势信号,通过仪表转换成被测介质的温度。各种热电偶的外形常因需要而不同,但是它们的基本结构却大致相同,通常由热电极、绝缘套保护管和接线盒等主要部分组成。

测温的基本原理是两种不同成分的材质导体组成闭合回路,当两端存在温度梯度时,回路中就会有电流通过,此时两端之间就存在电动势——热电动势,两种不同成分的均质导体为热电极,温度较高的一端为工作端,温度较低的一端为自由端,自由端通常处于某个恒定的温度下。根据热电动势与温度的函数关系,制成热电偶分度表;分度表是自由端温度在 0℃时得到的,不同的热电偶具有不同的分度表。

图 3.17 热电偶

常用热电偶分为标准热电偶和非标准热电偶两大类。标准热电偶是指国家标准规定了其热电势与温度的关系、允许误差、并有统一的标准分度表的热电偶,它有与其配套的显示仪表可供选用。标准热电偶包括 S、B、E、K、R、J、T 七种型号,火炬系统通常采用 K 型热电偶,测量范围 0~1300℃,基本误差±0.75%,测量信号单位为毫伏(mV)。

在热电偶回路中接入第三种金属材料时,只要该材料两个接点的温度相同,热电偶所产生的热电势将保持不变,即不受第三种金属接入回路中的影响。热电偶测量温度时要求其冷端(测量端为热端,通过引线与测量电路连接的端称为冷端)的温度保持不变,其热电势大小才与测量温度呈一定的比例关系。若测量时,冷端的(环境)温度变化,将严重影响测量的准确性。在冷端采取一定措施补偿由于冷端温度变化造成的影响称为热电偶的冷端补偿。与测量仪表连接用专用补偿导线。

(二) 热电阻

热电阻是中低温区最常用的一种温度检测器,热电阻测温是基于金属导体的电阻值随温度的增加而增加这一特性来进行温度测量的。它的主要特点是测量精度高、性能稳定。工业测量用金属热电阻材料包括铂、铜、镍、铁、铁—镍等。其中铂热电阻的测量精确度是最高的,它不仅广泛应用于工业测温,还被制成标准的基准仪。热电阻大都由纯金属材料制成,目前应用最多的是Pt100铂电阻,测量单位为欧姆(Ω)。

四、温度变送器

温度变送器采用热电偶、热电阻作为测温元件,从测温元件输出信号送到变送器模块,经过稳压滤波等电路处理后,转换成与温度呈线性关系的4～20mA电流信号,分为带显示(图3.18)和不带显示(图3.19)两种。

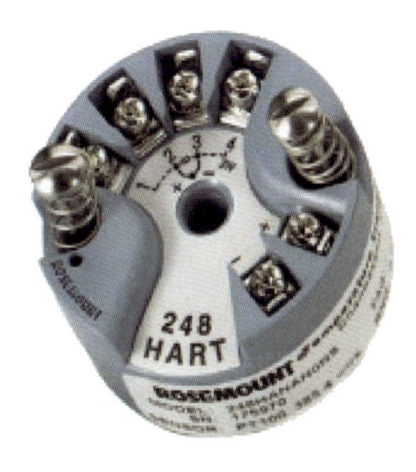

图3.18 带显示温度变送器　　　　图3.19 不带显示温度变送器

第四节 流量仪表

一、单位和量程

体积流量单位为m^3/h、L/h等;质量流量单位为kg/h、t/h等。

最高测量值不大于仪表测量范围上限值的90%,正常测量值在仪表测量范上限值的50%~70%。

二、就地流量仪表

玻璃管转子流量计（图 3.20）由锥形管和转子两个部件组成。转子置于锥形管中且可以沿管的中心线上下自由移动。转子流量计在测量流体的流量时，被测流体从锥形管下端流入，流体的流动冲击着转子，并对它产生一个作用力（这个力的大小随流量大小而变化）；当流量足够大时，所产生的作用力将转子托起，并使之升高。同时，被测流体流经转子与锥形管壁间的环形断面，这时作用在转子上的力有三个：流体对转子的动压力、转子在流体中的浮力和转子自身的重力。流量计垂直安装时，转子重心与锥管管轴会相重合，作用在转子上的三个力都沿平行于管轴的方向。当这三个力达到平衡时，转子就平稳地浮在锥管内某一位置上。

图 3.20　玻璃管转子流量计

三、远传流量仪表

（一）金属管浮子流量计

其外观如图 3.21 所示，其工作原理与玻璃管转子流量计类似。

（二）涡街流量计

涡街流量计（图 3.22）是应用流体振荡原理来测量流量的，流体在管道中经过涡街流量计时，在三角柱的旋涡发生体后上下交替产生正比于流速的两列旋涡，旋涡的释放频率与流过旋涡发生体的流体平均速度及旋涡发生体特征宽度有关，由此，通过测量旋涡频率就可以计算出流过旋涡发生体的流体平均速度之后可以得出流量。

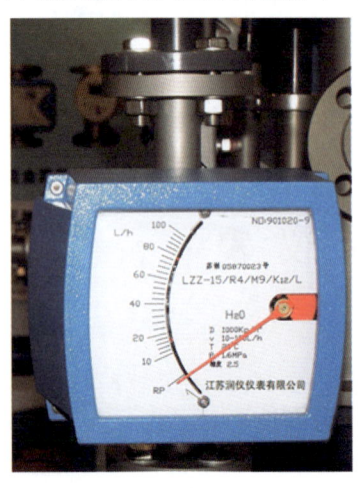

图 3.21　金属管浮子流量计　　　　图 3.22　涡街流量计

（三）电磁流量计

电磁流量计（图3.23）由电磁流量传感器和转换器两部分组成。传感器安装在工业过程管道上，它的作用是将流进管道内的液体体积流量值线性地变换成感生电势信号，并通过传输线将此信号送到转换器。转换器安装在离传感器不太远的地方，它将传感器送来的流量信号进行放大，并转换成与流量信号成正比的标准电信号输出，以进行显示、累积和调节控制。

图3.23　电磁流量计

（四）超声波流量计

超声波流量计（图3.24）发出的超声波按照倾斜角度横穿过管道中的流体后被交替接收/发送，穿过水前进的超声波与水的流向相反时，传播速度将变慢；相反，与水的流向相同时，传播速度将变快，这两个超声波的传播时间差将被换算成流量。

图3.24　超声波流量计

（五）质量流量计

流体在旋转的管内流动时会对管壁产生一个力，简称科氏力。质量流量计（图3.25），以科氏力为基础，在传感器内部有两根平行的流量管，中部装有驱动线圈，两端装有检测线圈，变送器提供的激励电压加到驱动线圈上时，振动管做往复周期振动，工业过程的流体介质流经传感器的振动管，就会在振管上产生科氏力效应，使两根振管扭转振动，安装在振管两端的检测线圈将产生相位不同的两组信号，这两个信号的相位差与流经传感器的流体质量流量成比例关系。计算机解算出流经振管的质量流量。不同的介质流经传感器时，振管的主振频率不同，据此解算出介质密度。安装在传感器振管上的铂电阻可间接测量介质的温度。

图 3.25　质量流量计

（六）差压流量计

差压流量计（图 3.26），是使用差压法测量流量的仪表。其测量部件使用节流装置，常用的节流装置有孔板和文丘里管。

连续流体介质在管道中运动的过程中，流经管道内预置的节流装置时，其流束将会在节流装置处形成局部的缩径状态。从而使流体介质的流速增大，静水压力相对降低，这种状况就会在节流装置（孔板）上游和下游产生压力降（压差）。流动介质的流量相对越大，那么在节流装置上下游所产生的压差也会越大。

因此，可通过节流测量装置的压差，经一定转换后来相对衡量流经节流装置内流体流量的大小，这就是利用节流装置来具体测定管道内连续流动介质流量的基本原理。

孔板（图 3.27）与文丘里管（图 3.28）的区别：孔板结构简单，但阻力损失大；文丘里管是在孔板的基础上，用一段渐缩渐扩的短管代替孔板，结构简单，阻力损失小，但造价高。

图 3.26　差压流量计　　图 3.27　孔板　　图 3.28　文丘里管

第五节 液位仪表

一、单位和量程

单位为 m、mm 等；正常测量值在仪表测量范上限值的 50% 左右。

二、就地液位仪表

（一）玻璃板（管）液位计

玻璃板（管）液位计（图 3.29），通过透明的玻璃外壳直接读取液位高度。主要是指示封闭容器中的液位高度，内部材质主要是钢材及石墨等。具有读数直观可靠、结构简单、维修方便、经久耐用的特点。

（二）磁翻板液位计

磁翻板液位计（图 3.30），可以做到高密封，防泄漏和适用于高温、高压、耐腐蚀的场合。它弥补了玻璃板（管）液位计指示清晰度差、易破裂等缺陷，且全过程测量无盲区，显示清晰，测量范围大。

图 3.29　玻璃板液位计　　　　图 3.30　磁翻板液位计

三、远传液位仪表

（一）差压液位计

利用差压变送器，通过测量容器中的液体静压力，然后将其转变成 4~20mA DC 的电流信号输出来进行液位的测量；为了防止高温下黏稠、易结晶、带有固体颗粒或悬浮物的沉淀性和强腐蚀或剧毒性等介质直接进入变送器里，通常采用单法兰液位计和双法兰液位计。

（二）雷达液位计

雷达液位计（图 3.31），采用发射—反射—接收的工作模式。雷达液位计的天线发射出电磁波，这些波经被测对象表面反射后，再被天线接收，电磁波从发射到接收的时间与到液面的距离成正比。被测介质导电性越好或介电常数越大,回波信号的反射效果越好。雷达液位计在易燃、易爆、强腐蚀性、高温、黏稠等恶劣的测量条件下,更显示出其性能优良,特别适用于大型立罐和球罐等的测量,测量精度高。

(三) 伺服液位计

伺服液位计(图 3.32)是基于阿基米德原理,测量浮子处于被测液体的表面,测量浮子的底部通常沉入液面 1~2mm。此时,测量浮子受到其本身的重力和液体的浮力,在测量钢丝上则表现为测量浮子所受重力和浮力之合力,即测量钢丝上的张力。

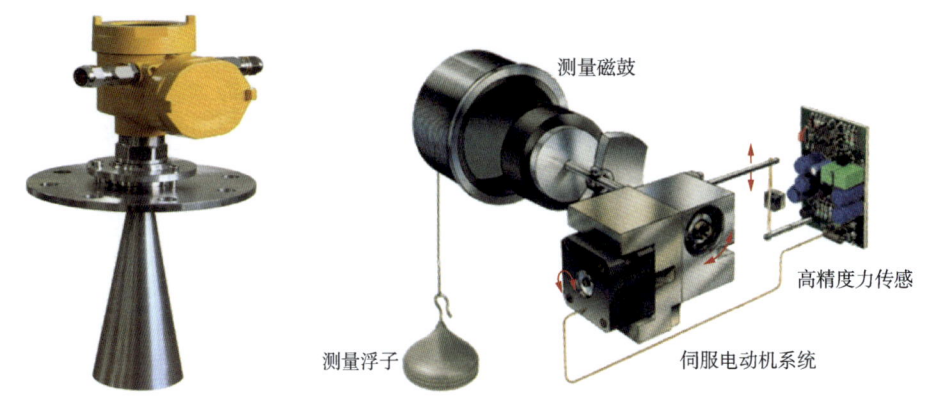

图 3.31　雷达液位计　　　　图 3.32　伺服液位计

(四) 静压式液位计

静压式液位计是一种测量液位的压力传感器,是基于所测液体静压与该液体的高度成比例的原理。对于深度为 5~100m 的水池、水井、水库的液面连续测量,应选用静压式仪表,在正常工况下,液体密度有明显变化时,不宜选用静压式仪表。

(五) 液位开关

液位开关(图 3.33)是通过液位来控制线路通断的开关。从形式上主要分为接触式和非接触式。常用的非接触式开关有电容式液位开关、电极式液位开关和电子式液位开关;接触式的浮球式液位开关应用最广泛。

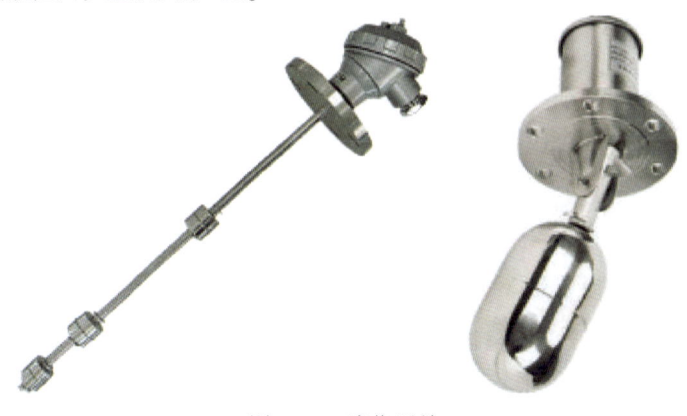

图 3.33　液位开关

第六节 振动仪表

振动探头(图3.34)的工作原理是利用磁电感应原理把振动信号变换成电信号。它主要由磁路系统、惯性质量、弹簧阻尼等部分组成。在传感器壳体中刚性地固定有磁铁,惯性质量(线圈组件)用弹簧元件悬挂于壳体上。工作时,将传感器安装在机器上,在机器振动时,在传感器工作频率范围内,线圈与磁铁相对运动、切割磁力线,在线圈内产生感应电压,该电压值正比于振动速度值,与二次仪表相配接,即可显示振动速度的大小。

振动探头的数据通过振动监测控制系统(图3.35)通信到DCS系统中显示。

图3.34 振动探头及前置放大器

图3.35 振动监测控制系统

第七节 仪表阀门

一、调节阀

调节阀(图3.36),又名控制阀,在工业自动化过程控制领域中,通过接受调节控制单元输出的控制信号,借助动力操作去改变介质流量、压力、温度、液位等工艺参数的最终控制元件。一般由执行机构和阀门组成。

(一) 分类

如果按行程特点,调节阀可分为直行程和角行程两种;按其所配执行机构使用的动力,可以分为气动调节阀、电动调节阀、液动调节阀三种;按其功能和特性分为线性特性、等百分比特性及抛物线特性三种。

(二) 作用方式

调节阀的作用方式只在选用气动执行机构时才有,其作用方式通过执行机构正反作用和阀门的正反作用组合形成。组合形式有四种即正正(气关型)、正反(气开型)、反正(气开型)、

图3.36 调节阀

反反(气关型)，通过这四种组合形成的调节阀作用方式有气开和气关两种。

对于调节阀作用方式的选择，主要从工艺生产安全、介质的特性、保证产品质量、经济损失最小四方面考虑。

(三) 选型

1. 调节阀阀型的选择

调节阀阀型，应根据工艺条件、流体特性、调节系数要求及调节阀管道连接形式综合确定。一般情况下，可选用单座、双座、套筒、偏芯旋转型调节阀，且应符合下列规定：

（1）直通单座阀宜用于要求泄漏量小，阀前后压差较小的场合，小口径直通单座阀也可用于较大差压的场合，但不适用于高黏度或含悬浮颗粒流体的场合。

（2）直通双座调节阀宜用于泄漏量要求不严、阀前后压差较大的场合，但不适用于高黏度或含悬浮颗粒流体的场合。

（3）角形阀宜用于高压差、高黏度、含有悬浮颗粒流体(必要时可接冲洗液管)及汽液混相或宜闪蒸的场合。

（4）高压角形调节阀宜用于高静压或高压差的场合，但一定要合理选择阀内件的材质及型式。

（5）套筒式调节阀宜用于阀前后压差较大、介质不含固体颗粒的场合。

（6）球型调节阀宜用于高黏度、含有纤维或固体颗粒的介质，以及调节系统要求可调范围宽、严密封的场合：

① "O"形球调节阀宜用于两位式切断的场合，其流量特性为快开特性；

② "V"形球调节阀宜用于连续调节系统，其流量特性接近于等百分比特性。

（7）三通调节阀适用于工艺介质温度低于300℃、需要分流或合流的场合(如热交换器的旁路调节及简单的配比调节)，合流三通调节阀两流体的温差不得大于150℃。

（8）偏心旋转调节阀适用于高黏度、高压差、流通能力大，以及调节系统要求严密封，可调范围宽(100:1)的场合。

（9）蝶形调节阀适用于含有悬浮颗粒物和浑浊浆状的流体，以及大口径、大流量和低压差的场合。

（10）隔膜调节阀适用于强腐蚀性、高黏度、含悬浮颗粒或纤维的介质，以及流通特性要求不严的场合，但工作温度应低于150℃，工作压力应低于1MPa。

（11）阀体分离式调节阀适用于高黏度、含固体颗粒或纤维的液体，以及强酸、强碱、强腐蚀性的介质。

（12）波纹管密封调节阀适用于剧毒、宜挥发的介质及真空系统。

（13）低噪声调节阀适用于流体产生闪蒸、空化，气体在阀缩流面处流速为超音速，而使用一般调节阀噪声难以控制在95dB以下的场合。

（14）自力式调节阀适用于无仪表气源和流量变化小，调节精度要求不高的场合。

2. 上阀盖型式的选择

（1）操作温度为-20~200℃时，应选用普通型阀盖。

（2）操作温度低于-20℃时，应选用长颈型阀盖。

(3) 操作温度高于 200℃ 时，应选用散热型阀盖。

(4) 对于剧毒、宜挥发、不允许外泄漏的工艺流体，应选用波纹管密封型阀盖。

3. 执行机构的选择

(1) 宜选用气动薄膜执行机构：当要求执行机构有较大的输出力、较快响应速度时，宜选甩气动活塞式执行机构或长行程执行机构。

(2) 执行机构的输出力（或力矩），应根据调节阀的压降、调节阀口径及对响应速度的要求合理确定，必要时应进行核算，应按工艺专业提供的阀门最大关闭压差来决定执行机构的输出力。

(3) 气开式或气关式的选择，应满足在气源中断时，调节阀的阀位能保证工艺操作处于安全状态的要求。

4. 手轮机构的选择

下列场合宜采用手轮机构：

(1) 未设置切断阀和旁路阀的调节阀（注：对安全联锁用的紧急切断阀或安装在禁止人进入的危险区内的调节阀，不得设置手轮机构）；

(2) 需要用手轮限制调节阀开度的场合；

(3) 特殊调节阀，如角阀、三通阀等。

5. 气动继动器的选择

下列场合宜采用气动继动器：

(1) 快速控制系统，需要提高执行机构动作响应速度的场合；

(2) 大口径场合；

(3) 需要提高执行机构信号压力的场合。

二、切断阀

切断阀是自动化系统中执行机构的一种，有气动、液动、电动三种，接收仪表的信号，控制工艺管道内流体的切断、接通或切换。具有结构简单、反应灵敏、动作可靠等特点，可广泛应用于石油、化工、冶金等工业生产部门。根据允许压差情况、介质特点及工艺管道要求，可选用单座、套筒、蝶阀、球阀等。

第二章　DCS 控制系统

第一节　控制系统组成

DCS 控制系统网络拓扑图如图 3.37 所示。

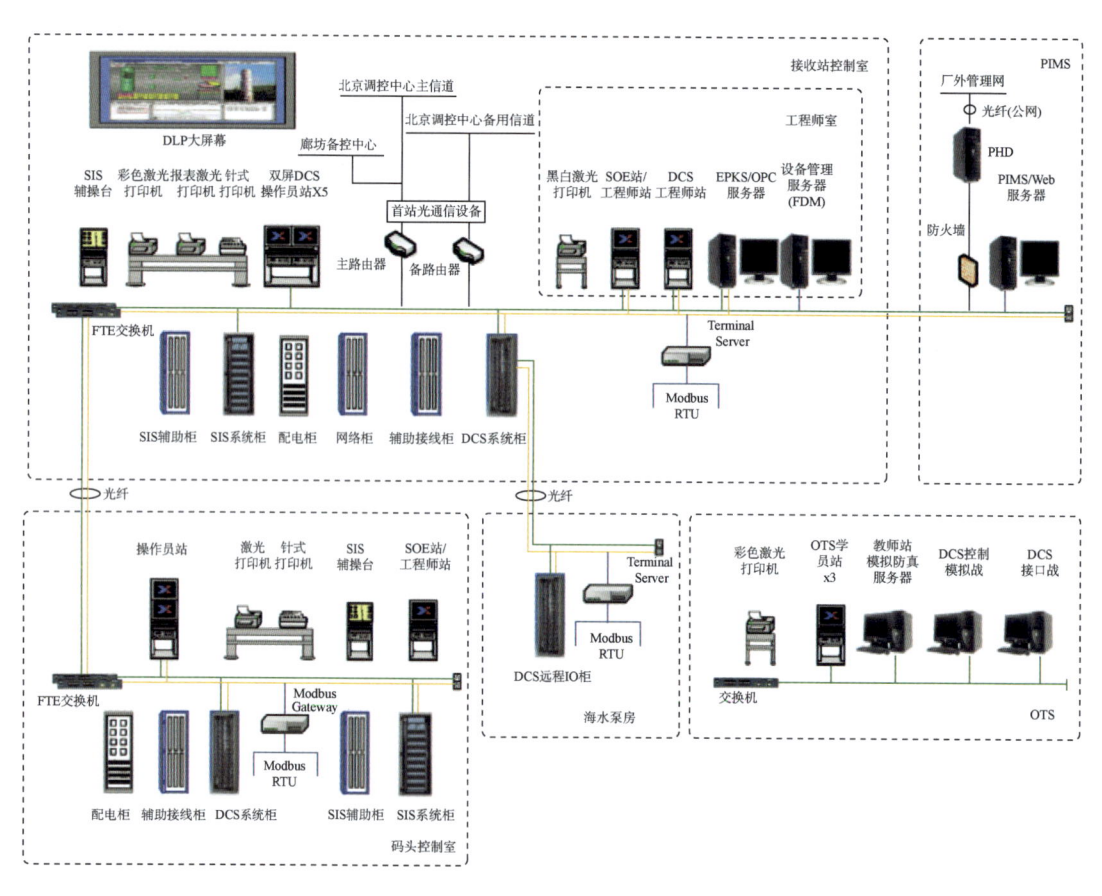

图 3.37　DCS 控制系统网络拓扑图

大连 LNG 接收站 DCS 控制系统使用 Honeywell 公司 PKS R311 系统，现介绍其组成部分。

一、系统硬件组成

（1）PKS 服务器、操作员站。
（2）C300 控制处理器。
（3）通信网络。

（4）交换机。
（5）控制防火墙。
（6）C 系列 IO 模块。

二、控制硬件组成

（一）防火墙

冗余配置的控制器防火墙提供 C300 控制器及 FF 模件 Level1 网络到 FTE Level2 网络的接口。

（二）C300 控制器

C300 控制器冗余配置，由其控制执行环境（CEE）及两个 I/O Link 组成。

CEE 支持过程点组态、下装及由功能块组成的控制模块即算法运行，CEE 控制功能块库包括过程变量、调节控制、马达控制、离散逻辑、顺序控制等，以及一些通用模块，如数值、时钟、数组变量等；对构成控制策略的控制模块，CEE 可以提供最快 50ms 的执行速率，控制模块缺省的执行速率为 1s。

I/O Link 连接 C300 控制器及 Series C I/O 模块，每个 I/O Link 最多下挂 40 个 I/O 模件（冗余或非冗余），每个 C300 控制器最多支持 64 个冗余 I/O 模件（冗余或非冗余）。

（三）I/O 卡件

Series C I/O 卡件包括 I/O 模件及配套的 I/O 端子接口板（IOTA），I/O 模件直接安装在 I/O 端子接口板（IOTA）上呈一体化卡件，完成对过程 I/O 信号的输入输出扫描及处理，Series I/O 卡件的信号处理不涉及控制算法。Series C I/O 卡件支持下列功能：

（1）I/O 冗余。
（2）24V DC 电源冗余。
（3）HART Series。

I/O 卡件安装在 C300 系统机柜内，现场信号先经过中间机柜，再通过多芯电缆与系统机柜相连，本项目的 Series C I/O 卡件包括 16 通道的 AI 卡件、AO 卡件及 32 通道的 DI、DO 卡件。

AI 卡件：AI 模件 CC-PAIH01+IOTA 接口板 CC-TAIX01 非冗余配置或 CC-PAIH01+CC-TAIX11 冗余配置，均支持 HART，接受 4~20mA 的电流信号。

AO 卡件：AO 模件 CC-PAOH01+IOTA 接口板 CC-TAOX01 非冗余配置或 CC-PAOH01+CC-TAOX11 冗余配置，均支持 HART，输出 4~20mA 的电流信号。

DI 卡件：DI 模件 CC-PDIL01+IOTA 接口板 CC-TDIL01 非冗余配置或 CC-PDIL01+CC-CC-TDIL11 冗余配置，接受干触点信号。

DO 卡件：DO 模件 CC-PDOB01+IOTA 接口板 CC-TDOB01 非冗余配置或 CC-PDOB01+CC-TDOB11 冗余配置，24V DC DO 信号输出，如现场需干触点信号，则通过继电器柜的继电器完成信号转换。

（四）I/O Link

Series C I/O 卡件通过 I/O Link 电缆连接到 C300 控制器，由 C300 控制器管理 I/O

Link 下的 Series C I/O 卡件，每个 I/O Link 最多下挂 40 个 I/O 卡件。

（五）防病毒系统

使用防病毒软件：McAFee。

图 3.38 中显示了这些控制部件及相互连接关系。

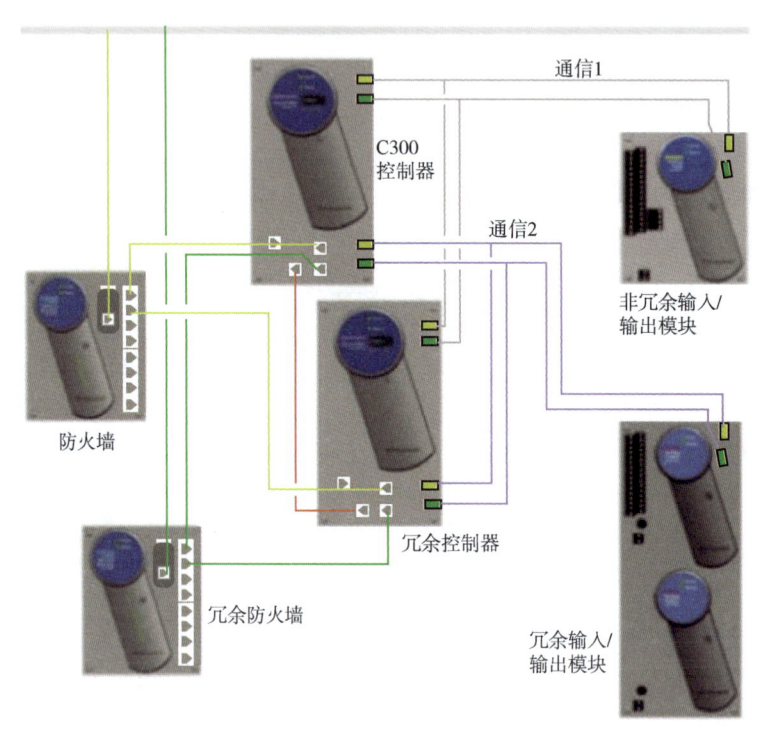

图 3.38　控制部件及相互连接图

三、网络系统

DCS 系统为二层网络结构：Level1：FTE 网络；Level2：FTE 网络。

构成上述网络的设备包括控制器防火墙、网络交换机、光缆接线盒、网络线缆（即电缆及光缆）。

（一）Level1 FTE 网络

Level1 网络包括控制器防火墙、C300 控制器，是 PKS 控制系统核心部分，控制器防火墙负责 Series C 网络的 FTE 通信，每个控制器防火墙包括 9 个网络端口，为 C300 控制器提供八个到 Level1 的下挂端口、一个到 FTE 交换机 Level2 的上行端口。

（二）Level2 FTE 网络

FTE 是 PKS 系统的控制网络，具有工业应用所要求的容错、快速、安全等特点，FTE 网络借助普通的商用网络接口设备（网卡+传输介质），通过 Honeywell 的 FTE 驱动程序，实现 FTE 的冗余及容错功能，FTE 的主网络称之为 A 网络，FTE 的副网络称之为 B 网络。FTE 网络上的节点通过 FTE 群组织在一起，配置了冗余的 Cisco 2960 交换机，与 CCR 交换机由光缆连接，整个 Level2 FTE 网络挂有 PKS 服务器、操作站、Cisco 交换机，非 FTE 节点如终端服务器等也可连到 FTE Level1 网络上。

四、环境要求、系统供电及系统接地

（一）环境要求

环境要求涉及 PKS 控制系统在现场应用时的物理要求，系统储存、上电及运行时要考虑到下列环境因素：

（1）腐蚀与灰尘；
（2）火灾防护；
（3）雷电防护；
（4）温湿度要求；
（5）环境通风；
（6）电磁干扰。

（二）系统供电

MAV 系统输入电源：一路 UPS 电源（220V AC，50Hz）、一路市电电源（220V AC，50Hz）。

对于冗余电源设备，如 DCS 系统柜、DCS 辅助柜、DCS 服务器（工程师站），由电源柜提供两路电源（一路 UPS 电源、一路市电电源），分别送电到受电设备主备电源端子。

对于单电源冗余配置设备，如交换机，由电源柜提供两路电源（一路 UPS 电源、一路市电电源），一路送到冗余主设备主电源端子，一路送到冗余备用设备主电源端子。

对于单电源非冗余配置设备，如操作站、打印机、防火墙，由电源柜提供两路电源（一路 UPS 电源、一路市电电源），分别送电到受电设备所属操作台或机柜，受电设备可选择连接 UPS 电源或市电电源。

电源柜进线主电源端子配置并联型防雷栅。

电源柜为现场 4 线制仪表供电的端子配置并联型防雷栅。

DCS 系统柜，SIS 系统柜配置冗余 24V DC 电源模块，实现直流电源冗余。

DCS 辅助柜，SIS 辅助柜配置冗余 24V DC 电源模块，实现直流电源冗余。

第三方设备如果为冗余供电设备，可以连接两路电源（一路 UPS 电源、一路市电电源）。由第三方设备配置冗余 24V DC 电源。

（三）系统软件组成

（1）Windows 2003 Server（Service Pack 2）。
（2）Windows XP Professional（Service Pack 2）。
（3）PKS R311。
（4）Office 2003。
（5）印机驱动。

（四）工程师工具软件

（1）过程数据库组态软件。

(2) 数据库组态软件。
(3) HMI 绘制软件。

第二节　操作站导航

一、登录操作站

(1) 启动操作站计算机。
(2) 当出现欢迎来到 Windows 的对话框时，同时按下 Ctrl+Alt+Delete 三个键。
(3) 一个登录 Windows 的对话框出现，提示输入用户名和密码。
(4) 在用户名框中输入"oper"。
(5) 在密码框中输入密码，点击 OK 键；Windows 会自动启动操作站，并连接到服务器。

二、操作站窗口介绍

操作站窗口画面如图 3.39 所示。

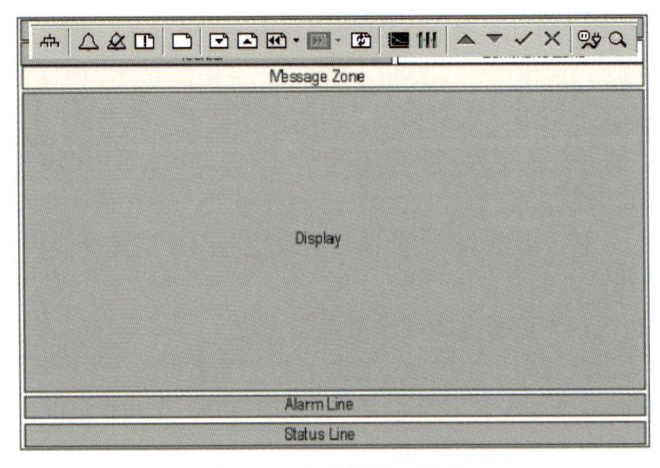

图 3.39　操作站窗口组成

(1) 菜单条位于窗口的顶部，如图 3.40 所示。

图 3.40　菜单条

(2) 工具条如图 3.41 所示。

图 3.41　工具条

各工具按钮的含义见表 3.5。

表 3.5　工具按钮含义

工具按钮	含　　义
	System Menu——快速进入系统
	Alarm Summary——报警汇总，对每个报警有 1 条描述
	Acknowledge/Silence Alarm——确认最近的或选择的报警
	Associated Display——调出报警的或选择的画面
	Request Page——调出特定画面
	工程师组态时： Page Down——在当前链路上调出下一幅画面； Page Up——在当前链路上调出上一幅画面
	Navigate Back or Navigate Forward——向前或向后； 单击"向后导航"或"向前导航"按钮右侧的箭头可查看以前调用的显示列表
	Reload Page——重新加载页面—重新加载当前显示
	Trend——趋势-调出指定的趋势显示； 调出趋势：点击按钮，键入趋势号，然后按 Enter 键
	Group——组-调出指定的组详细信息显示； 调用组：单击按钮。键入组号并按 Enter 键
	Raise——调高参数值 可用于设定点或输出更改
	Lower——降低参数值 可用于设定点或输出更改
	OK——确定—接受新输入的值

续表

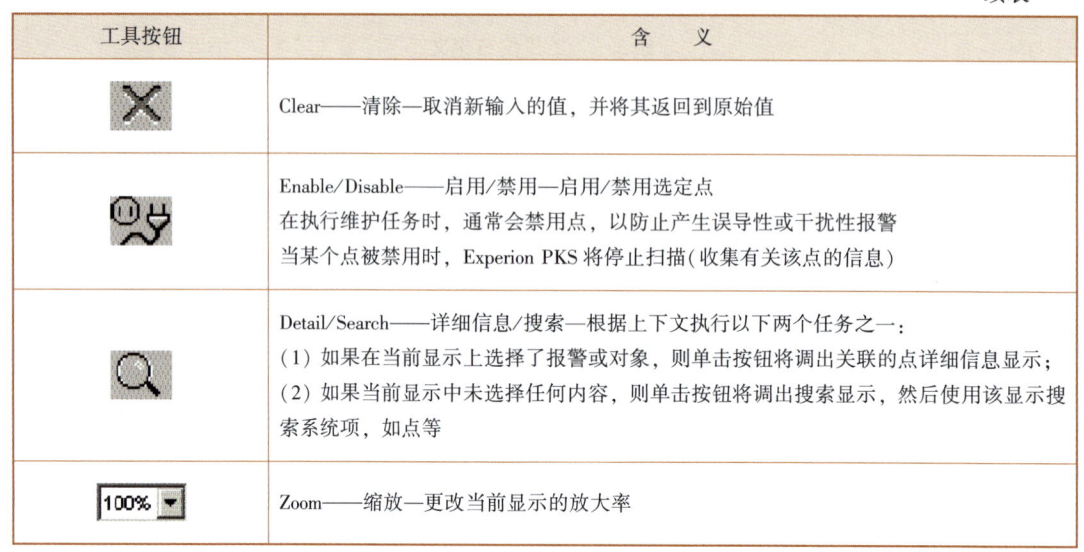

工具按钮	含　义
✗	Clear——清除—取消新输入的值，并将其返回到原始值
(图标)	Enable/Disable——启用/禁用—启用/禁用选定点 在执行维护任务时，通常会禁用点，以防止产生误导性或干扰性报警 当某个点被禁用时，Experion PKS 将停止扫描（收集有关该点的信息）
🔍	Detail/Search——详细信息/搜索—根据上下文执行以下两个任务之一： （1）如果在当前显示上选择了报警或对象，则单击按钮将调出关联的点详细信息显示； （2）如果当前显示中未选择任何内容，则单击按钮将调出搜索显示，然后使用该显示搜索系统项，如点等
100%	Zoom——缩放—更改当前显示的放大率

（3）命令区位于工具条的右侧。

（4）消息提示区位于工具条与画面显示区之间。

（5）报警提示行位于画面显示区下方（图 3.42 为 Flex 工作站状，图 3.43 为 Console 工作站），最新的最高级别的报警信息会显示在这里。

图 3.42　Flex 工作站状态行

图 3.43　Console 工作站状态行

（6）系统状态显示行位于报警提示行的下方，最新的最高级别的报警信息会显示在这里，显示系统当前运行日期和时间、过程报警状态、系统报警状态、连接的服务器名、操作站号、操作级别。

系统状态行提供了系统状态的纵览，表 3.6 描述了在系统状态行中依次从左至右各个功能框的显示含义。

表 3.6　功能框含义

方框	描　述
Date and time	服务器上设置的当前日期和时间
Alam	显示是否有报警，及其状态； 空白：没有报警； 红色（闪烁）：至少有一个未确认的报警； 红色（不闪烁）：至少有一次报警，但已被确认； 单击该框，可以调出报警汇总信息，汇总信息中列出了每条报警

续表

方框	描　　述
System	表示是否存在系统报警及它们的状态。如：服务器与其他设备（如通道、控制器等等）之间的通信链路故障： 空白：系统无报警； 蓝色(闪烁)。至少有一个未确认的系统报警； 蓝色(不闪烁)：至少有一个系统报警，但它们都已确认单击框调用系统状态显示，其中列出了每个系统报警
Message	表示是否有任何消息及它们的状态： 空白：没有消息； 绿色(闪烁)：至少有一条未确认的消息； 绿色(不闪烁)：至少有一条信息，但它们都已被确认。单击该框可调出消息汇总，其中列出了每条消息
Alert	表示是否有任何报警及它们的状态： 空白：没有闪烁的白色报警。至少有一次未确认的报警； 白色(不闪烁)：至少有一次报警，但都已被确认。单击该框以调用报警汇总，其中列出了每个报警
Station - Default - An...	如果工作站状态行不可见，Windows 状态栏的这个图标将表示系统中没有报警，但有一个警告
Server ID Servera	服务器名：Console 站或 Flex 连接到的服务器名，（在某些系统中，可以连接到多个服务器），在一台 Console 站或扩展 Console 站出现： 红灯：服务器不可用； 黄灯：当 Console 站与服务器正在同步
Console ID Consolec	Console 名：只在 Console 站和此 Console 扩展站可见： 黄灯：当一台控制台中的一个或多个控制台站或控制台扩展站不可用时会出现；单击该框可调出 Console 站显示
Station number Stn 03 CStn 04-1	所登录的站点的号码(大部分系统有多个站)，显示 Flex 站或 Console 站和 Console 扩展站。Flex 站号码格式为 stnnn，例如 stn03；Console 站或 Console 扩展站号码格式为 cstnnnn-n，例如一台 Console 站名为 cstn04-1，它的扩展站就叫 cstn04-2
Security level Oper	安全级别

第三节　系统标准功能操作

一、安全级别管理

操作安全级别决定了允许进行什么样的操作任务。当然在某些特定的条件下，即使被允许进行某项特殊的操作，但可能仍然被禁止做这个任务，例如一个安全联锁的存在，如图 3.44 所示。

· 163 ·

Notes：如果你要执行的任务需要更高的安全级别，在信息区就会出现如下信息：访问无效

图 3.44　禁止提示

安全级别显示在状态行右侧，图 3.45 显示的级别是 MNGR（管理员）。

图 3.45　管理员账户登录状态显示

操作安全级别从最低到最高分为如下 6 级：View Only、Ack Only、OPER、SUPV、ENGR、MNGR，安全级别及描述见表 3.7。

表 3.7　安全级别及其描述

安全级别	描　　述
View Only	只允许查看显示、趋势和报告，不允许更改流程
Ack Only	只允许确认报警并查看显示、趋势和报告，不允许更改流程
OPER	允许在工作站或操作员 ID 的指定区域内确认报警和更改流程
SUPV	拥有 OPER 所有权限及可以更改或组态趋势和趋势组等
ENGR	拥有 OPER 和 SUPV 所有权限及可以更改点组态等
MNGR	拥有系统修改或组态的所有权限

二、点细目

点细目如图 3.46 显示，它提供了一个监控点的详细信息，这些信息包括点的当前各种参数值、扫描情况、报警设定值、量程范围、历史等。

调出点细目有以下几种方式：

（1）从 HMI 画面调用，见表 3.8。

表 3.8　从 HMI 画面调用步骤

步骤	从 HMI 显示器调用点细目
1	点击显示对象（组显示或趋势显示中的位号）进行选择
2	点击工具栏 🔍（详细）按钮来调用相关点细目

（2）从报警行双击显示目标调用，见表 3.9。

表 3.9　从报警行双击显示目标调用步骤

步骤	从报警行中调用
1	点击报警行选择
2	点击工具栏 🔍（详细）按钮

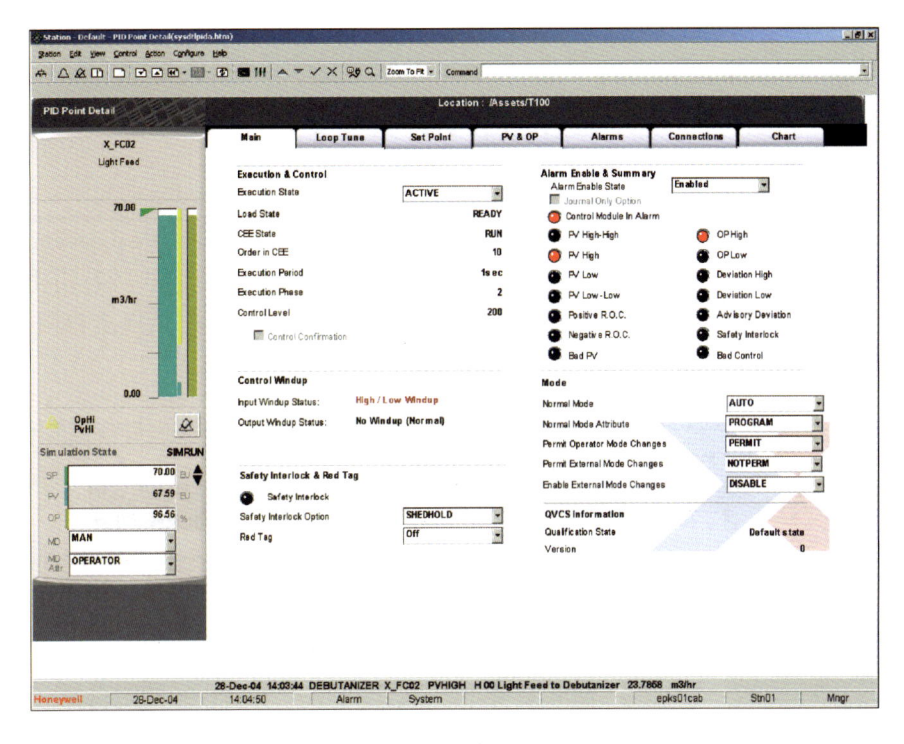

图 3.46　点细目

（3）从命令行调用，见表 3.10。

表 3.10　从命令行步骤

步骤	通过点编号(或部分编号)调用
1	点击命令区域选择
2	在命令区域中输入点编号的全部或部分； 点击工具栏 🔍（详细）按钮； 注意：如果只输入了编号的一部分，则会出现一个匹配点列表(和其他项目)。单击点名

三、历史趋势组管理

（一）历史采集设置

PKS 系统提供三种历史采集方式。

（1）历史快速采集：提供 5s 的瞬时值采集。

（2）标准历史采集：

① 提供 1min 的瞬时值采集；

② 提供 6min 的平均值采集；

③ 提供 1h 的平均值采集；

④ 提供 8h 的平均值采集；

⑤ 提供 24h 的平均值采集。

(3) 扩展历史采集：

① 提供 1h 的瞬时值采集；

② 提供 8h 的瞬时值采集；

③ 提供 24h 的瞬时值采集。

在 Station 菜单中选择展开 Configure 子菜单，点击 History->History Assignment，调出历史采集画面，如图 3.47 所示。在这个画面中可以看到系统中所分配的所有历史采集点，包括快速历史(采集周期 5s)、标准历史、扩展历史。操作员在 Engr 及以上权限下，可对其进行修改、增删操作。

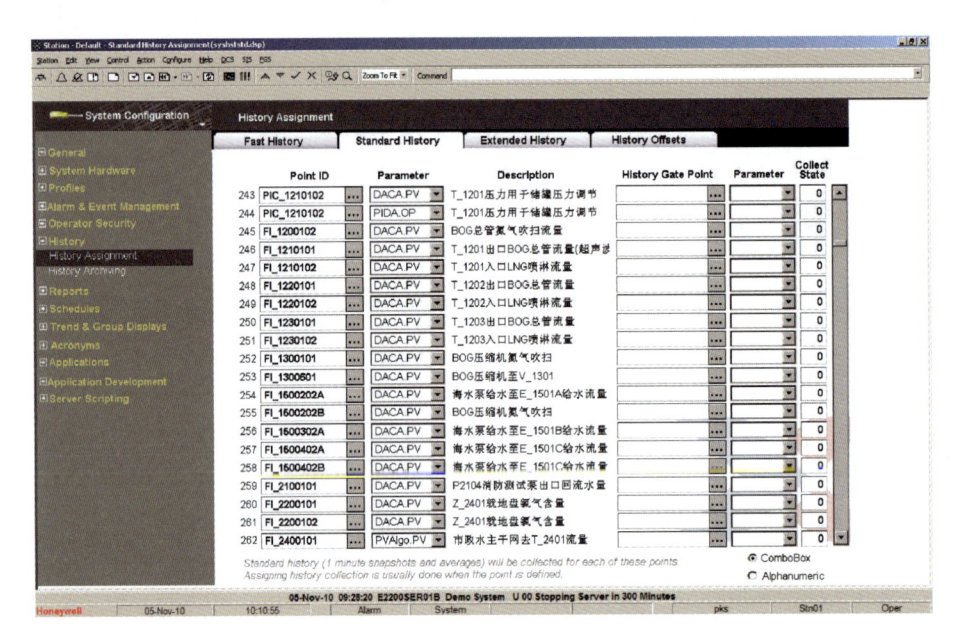

图 3.47 历史采集设置画面

(二) 趋势显示

趋势显示即显示过去的参数。

调出趋势有以下两种方法：

(1) 调出已知编号的趋势，步骤见表 3.11。

表 3.11 调出已知编号趋势的步骤

步骤	动　作
1	点击工具栏 按钮
2	在命令区输入趋势号码，按回车

(2) 从趋势汇总里调用，步骤见表 3.12。

表 3.12　从趋势汇总里调用步骤

步骤	动　　作
1	在菜单中选择"View"，然后选择"Trend Summary" 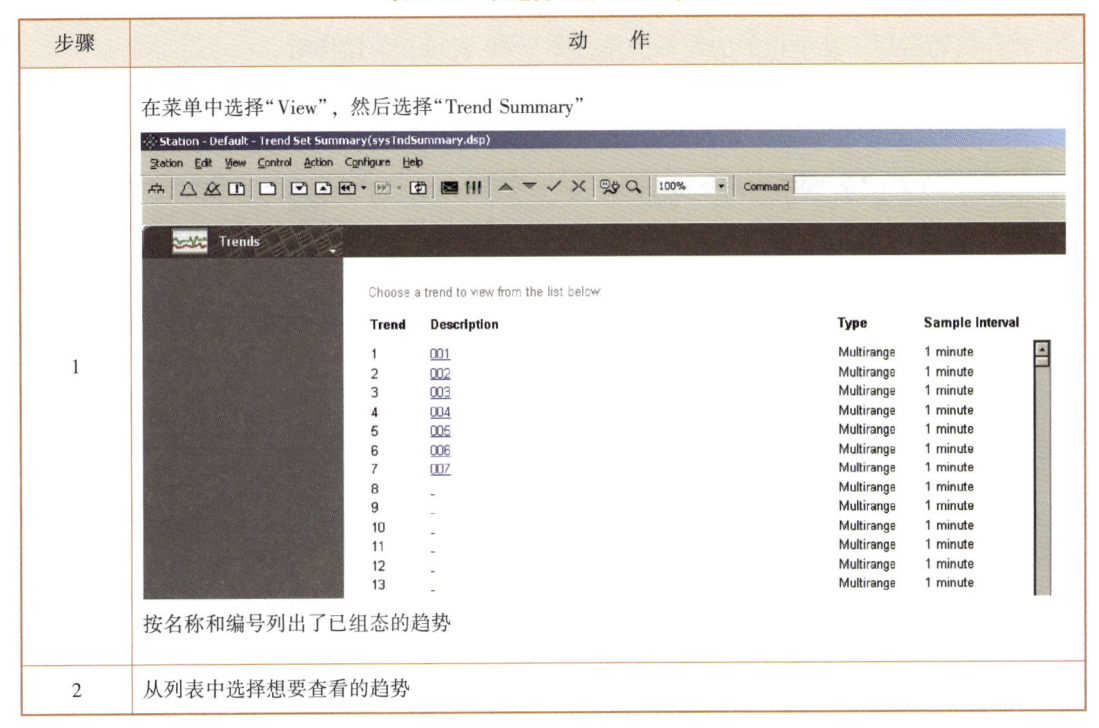 按名称和编号列出了已组态的趋势
2	从列表中选择想要查看的趋势

趋势组画面如图 3.48 所示。

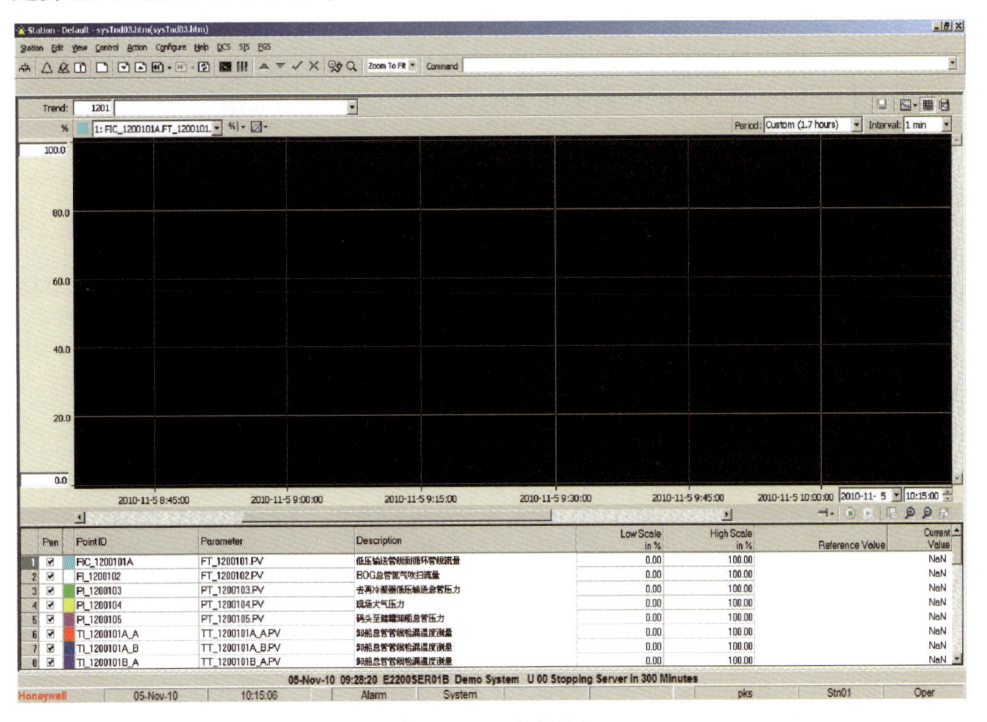

图 3.48　一个趋势组

(三)操作组显示

操作组通常用于几个相关的设备操作,图 3.49 表示一个操作组。

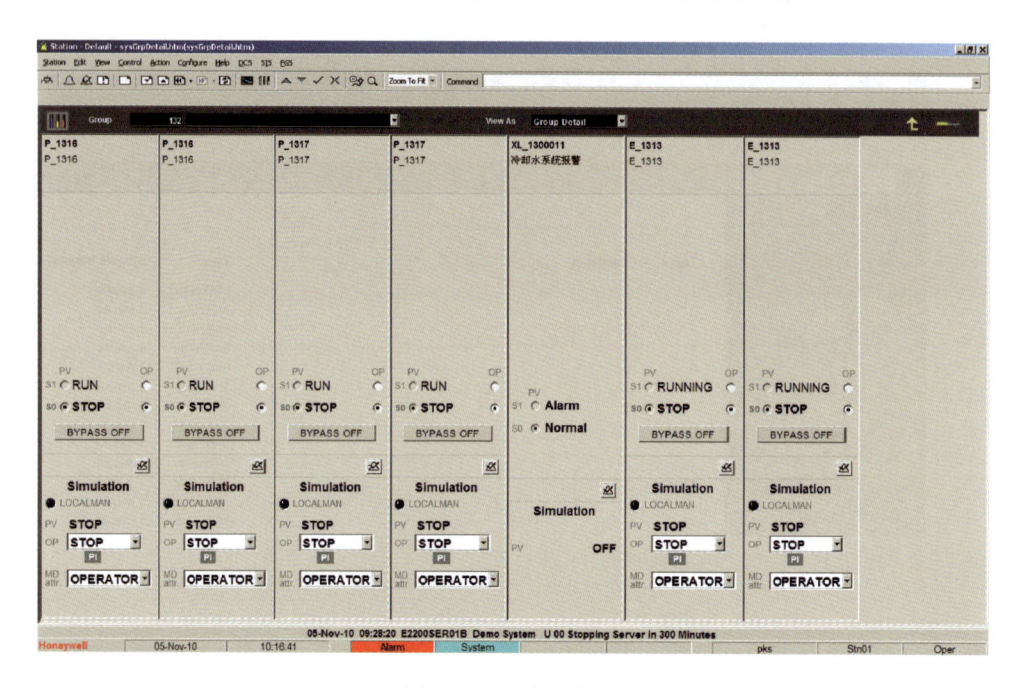

图 3.49 一个操作组

调出一个组:可以从菜单栏和工具栏调出。

(1)菜单栏调出:通过从组列表中调用见表 3.13。

表 3.13 通过组列表调用

步骤	动　作
1	选择 View>Group Summary 看到组列表
2	选择一个组

(2)工具栏调出:通过已知的编号中调用见表 3.14。

表 3.14　通过已知的编号中调用

步骤	动　作
1	点击 ▦（Group）工具栏按钮
2	域中输入组号，然后按回车； 从资产页面中使用第一组

四、报警事件管理

（一）报警管理

所有工艺报警都列在报警汇总（图 3.50）中，对每个报警都有一行描述。

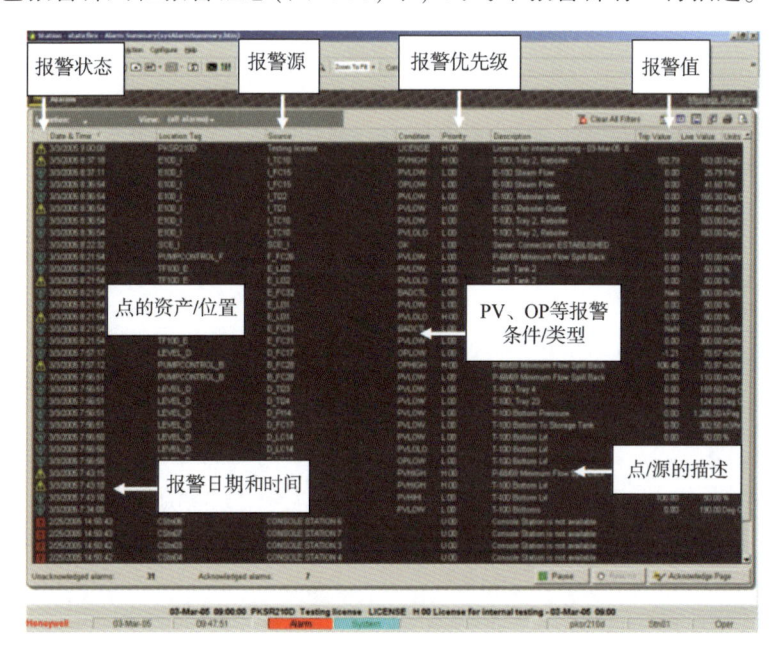

图 3.50　报警摘汇总

报警以通用格式在汇总里显示：

（1）<Alarm State>；
（2）<Date/Time>；
（3）<Location tag>；
（4）<Source>；
（5）<Condition>；
（6）<Priority>；
（7）<Point Description>；
（8）<Trip Value>；

（9）<Units>。

调报警汇总：从菜单栏和工具栏中调用报警汇总有四种方法，见表3.15。

表3.15 调报警汇总动作

方法	调报警汇总动作
1	点击（Alarm Summary）工具栏按钮
2	按［F3］键
3	从菜单中选择 View>Alarms
4	在"状态"行选择"ALARM"按钮

报警指示定义见表3.16。

表3.16 报警指示定义

Priority 报警级别	Returns to normal 是否返回正常	Acknowledged 报警是否确认	Icon 报警图形	Color 颜色	Dynamic Display 动态显示
Urgent （紧急）	No（否）	No（否）		Red（红色）	Flash（闪烁）
		Yes（是）		Red（红色）	Static（不闪烁）
	Yes（是）	No（否）		Red（红色）	Flash（闪烁）
		Yes（是）			Disappear（消失）
High （高）	No（否）	No（否）		Yellow（黄色）	Flash（闪烁）
		Yes（是）		Yellow（黄色）	Static（不闪烁）
	Yes（是）	No（否）		Yellow（黄色）	Flash（闪烁）
		Yes（是）			Disappear（消失）
Low （低）	No（否）	No（否）		Blue（蓝色）	Flash（闪烁）
		Yes（是）		Blue（蓝色）	Static（不闪烁）
	Yes（是）	No（否）		Blue（蓝色）	Flash（闪烁）
		Yes（是）			Disappear（消失）

(二) 事件管理

所有报警都记录在事件日志中,包括它何时产生、何时恢复正常及何时得到确认。所有事件日志都列在事件汇总里,图3.51是事件汇总显示。

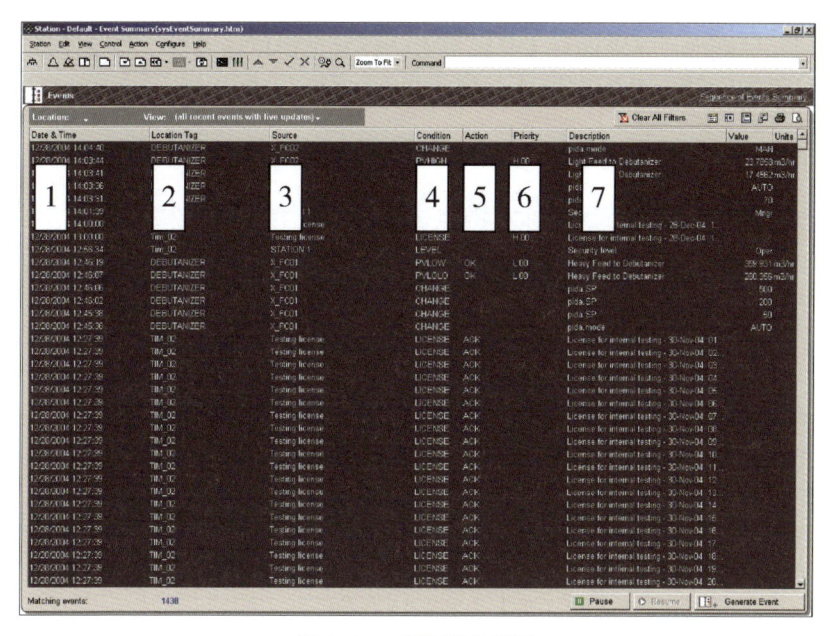

图 3.51　事件汇总显示

表3.17解释了上面事件汇总显示中的主要信息。一般可以使用过滤、排序、工具栏等功能来管理事件汇总,就像上面的报警管理一样。

表 3.17　事件汇总显示中的主要信息

项目	描述
1	事件的日期和时间
2	事件发生的地点
3	事件的起源,如一个点或一个站
4	发生了什么,比如点的变化,或者报警
5	与事件相关联的动作,如ACK(确认报警)
6	事件优先级
7	事件条件的描述,如"CHANGE for X_ FC02"

五、报表管理

如果系统安装了打印机,则可以点击工具条菜单的"打印"按钮,系统会生成打印画面;点击"请求报表"按钮,系统会自动打印所选报表。

第四节 设备操作

操作员可对监控画面中各种可操作设备(如水泵和阀门)进行操作,即当鼠标经过画面上的各设备时,鼠标指针会自动变成手形标志,这时单击鼠标左键,系统会自动弹出该设备的操作画面。

一、泵图形监控与操作

在监控画面的泵设备上,用鼠标左键点击,会出现相应泵的操作面板,如图3.52所示。面板包括了泵的CM点名、描述、反馈状态、输出状态、报警状态、控制模式等。Alarm报警状态可显示坏值、命令不一致报警、(命令失败)报警,或相关的联锁条件,并显示报警类型,操作员可通过点击 确认当前的报警。

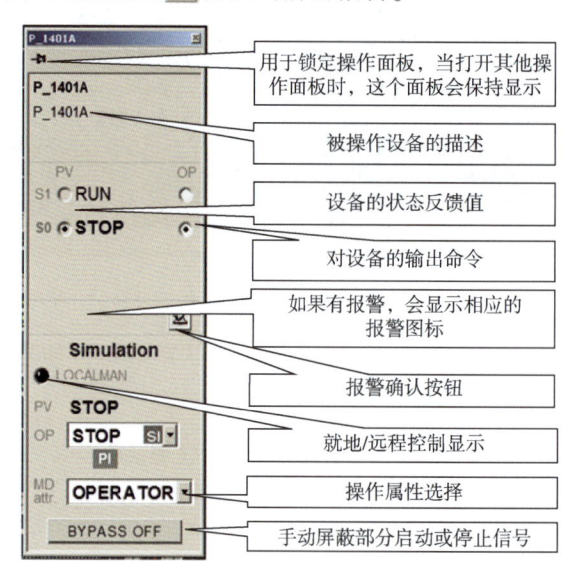

图3.52 泵的操作面板

LOCALMAN一行显示泵的控制模式,当状态灯为绿色时,表示泵处于就地控制模式,此时该面板上所有按钮均不可操作;若状态灯为黑色时,表示阀门处于远程控制状态,此时面板按钮可以操作。

OP表示操作面板对泵的输出状态,当OP选择框中显示"RUNNING"字样,表示当前输出为启泵命令,当OP选择框中显示"STOP"字样,表示当前输出为停泵命令。

操作:调出泵操作面板,启泵时,首先将操作属性设为"OPERATOR",然后在OP命令框中选择"RUNNING"命令,完成启泵操作;停泵时,首先将操作属性设为"OPERATOR",然后在OP命令框中选择"STOP"命令,完成停泵操作。

二、开关阀图形监控与操作

开关阀操作:在监控画面的开关阀门设备上,用鼠标左键点击,会出现相应阀门的操作面板，此操作面板与泵的操作面板完全相同。开关阀的面板功能也与泵一样。

　　Alarm 报警状态可显示坏值、Commanddisagree（命令不一致）报警、CommandFail（命令失败）报警，或相关的联锁条件，并显示报警类型，操作员可通过点击 △ 确认当前的报警。

　　LOCALMAN 一行显示阀门的控制模式，当状态灯为绿色时，表示阀门处于就地控制模式，此时该面板上所有按钮均不可操作；若状态灯为黑色时，表示阀门处于远程控制状态，此时面板按钮可以操作。

　　OP 表示操作面板对阀门的输出状态，当 OP 选择框中显示"OPEN"字样，表示当前输出为开阀命令，当 OP 选择框中显示"CLOSE"字样，表示当前输出为关阀命令。

　　操作：先调出开关阀操作面板，开阀时，首先将操作属性设为"OPERATOR"，然后在 OP 命令框中选择"OPEN"命令，完成开阀操作；关阀时，首先将操作属性设为"OPERATOR"，然后在 OP 命令框中选择"CLOSE"命令，完成关阀操作。

三、调节阀图形监控与操作

　　在监控画面中的调节阀门的开度上，用鼠标左键点击，系统会弹出相应阀门的操作面板，在调节阀的操作面板中可以设定此调节模块的输出值 OP、设定值 SP，同时在面板的上部通过棒图显示 PID 调节的 PV 值和 OP 值及 PV 的高低报警限（高报为红色柱，低报为黄色柱），绿色指针显示 SP 值；中间 一行显示报警的原因，可以通过点击 △ 按钮进行报警确认。

　　此外在面板下部还有操作模式、模式属性的下拉选择框，操作模式包括手动、自动、串级方式切换，模式属性包括程序和操作员属性的切换。当现场 PV 为坏值时，显示 NaN。

　　操作：先调出调节阀的操作面板入图 3.53 所示，手动控制时，首先将操作属性设为"OPERATOR"，并在 MD 下拉框中选择"MAN"模式，然后在 OP 的命令框中输入阀的输出值并敲击回车键确认；自动控制时，首先将操作属性设为"OPERATOR"，并在 MD 下拉框中选择"Auto"模式，然后在 SP 的输入框中输入该调节模块的设定值并敲击回车键确认。

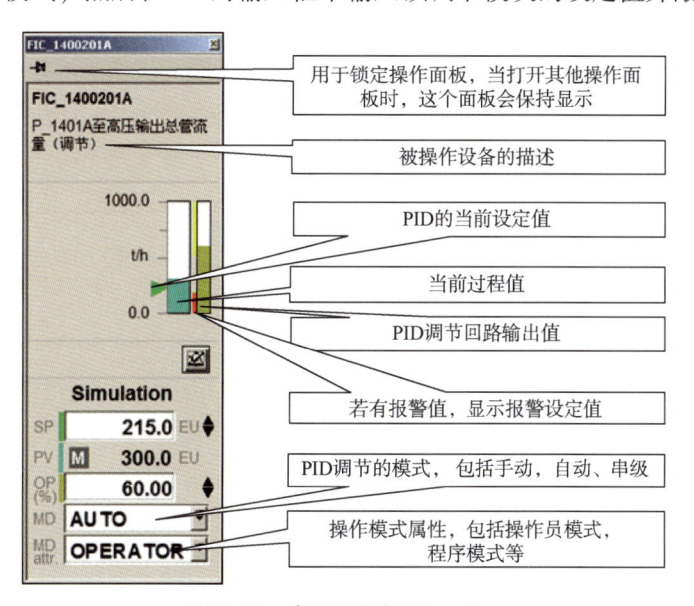

图 3.53　常规调节阀 Faceplate

在多数情况下，操作员在将调节控制模块设为自动模式前需要手动调整调节模块的 PID 参数。PKS 系统提为这种整定任务提供了一个专门的画面，即 PID 详细画面。操作员可以利用这个画面方便、高效地进行 PID 参数的整定。图 3.54 是 PID 调节的详细操作画面，即详细画面，在此画面下操作员可以进行 PID 参数整定、观察运行趋势等。

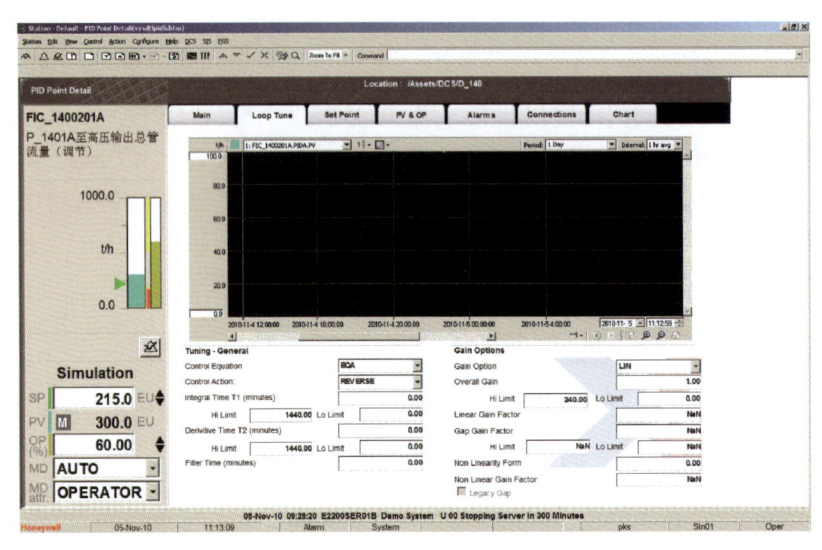

图 3.54　PID 详细显示

第三章　SIS 系统及 FGS 系统

第一节　概　述

一、定义

安全仪表系统（Safety Instrumented Systems, SIS），根据美国仪表学会（ISA）安全控制系统定义而得名。包括安全联锁系统、紧急停车系统、可燃气体及火灾检测保护系统等（图 3.55）。安全仪表系统是指能实现一个或多个安全功能的系统。每个安全功能都能把事故的概率和风险降低到可以接受的水平。

Fire Alarm and Gas Detector System(FGS)指火灾报警和气体检测系统。

二、两套系统相同和不同之处

原则上说 SIS 系统功能包括火气系统功能，可以做在一套系统里实现联锁报警功能，但危险性大的企业在设计时会将 FGS 系统从 SIS 系统中独立出来单独设计，减少因 SIS 系统故障导致的火灾风险，与 SIS 系统一起构成一体化的工厂综合安全系统。

（1）系统相同之处：使用控制模块相同、输入输出模块基本相同、逻辑编程方法相同；

（2）系统不同之处：执行功能的理念不同，SIS 系统部件常带电、失电时发生联锁；FGS 系统常不带电，带电发生联锁和报警。

大连 LNG 公司使用 SIS 系统和 FGS 系统都是霍尼韦尔公司 SM 产品。

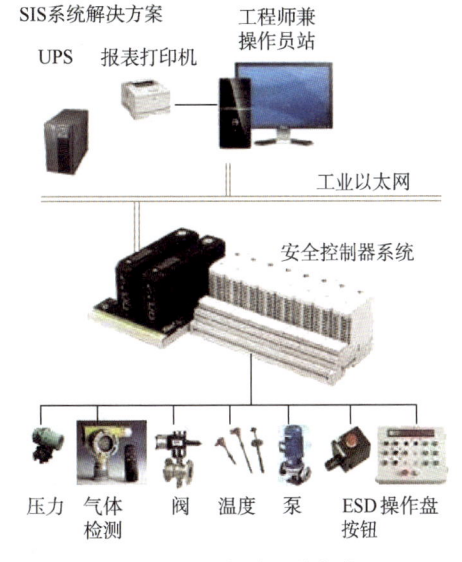

图 3.55　安全仪表系统架构

第二节　SIS/FGS 系统配置

霍尼韦尔公司安全系统产品如图 3.56 所示，所有模块冗余配置。硬件接线图如图 3.57 所示。

其组成部分有：

（1）控制器（Quad Processor Pack，QPP）。

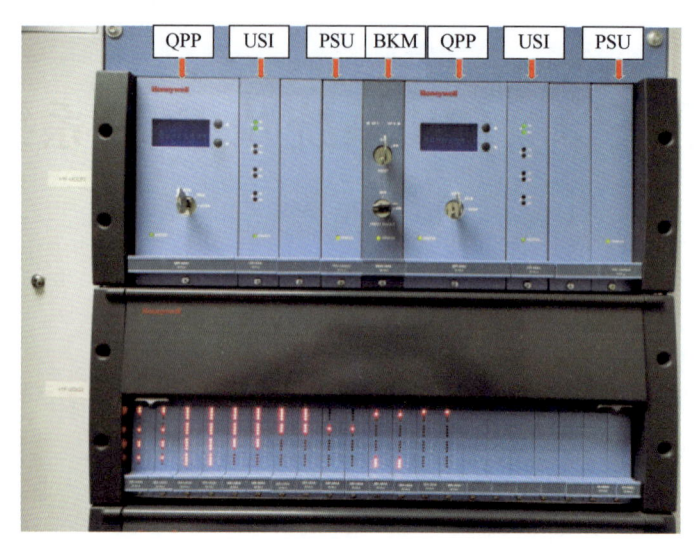

图 3.56　霍尼韦尔 SIS/FGS 系统柜模块结构

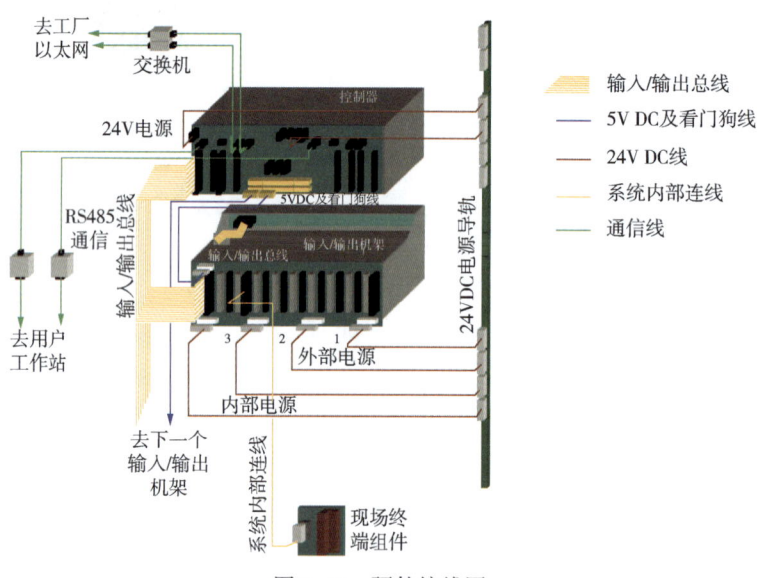

图 3.57　硬件接线图

(2) 通信接口(Universal Safety Interface，USI)。
(3) 供电模块(Power Supply Unit，PSU)。
(4) 电池和开关模块(Battery and Keyswitch Module，BKM)。
(5) 输入输出模块(Inpat Output module，IO)。

一、控制器(QPP)

如图 3.58 所示，四处理器组位于每个控制处理器的左侧，QPP 包含两个同时运行同一应用程序的处理器，比较处理器的数据，并在两个处理器上进行诊断，这将是 1oo2(2

取1)安全配置。如果系统具有冗余控制处理器，则实现2004(4取2)安全配置。

QPP的最后一部分是用户界面。用户界面由用户显示器、按键开关和状态LED组成。系统正常时QPP显示Running，系统故障或任一回路故障显示wth flt。其他相关的系统信息，如系统温度，也可以通过使用按钮来显示。

二、通信接口(USI)

根据应用，用户可以选择安装一个或两个USI，可用于不同类型的通信。通道上的活动通过发送和接收LED显示在模块前面，状态显示如图3.59所示。

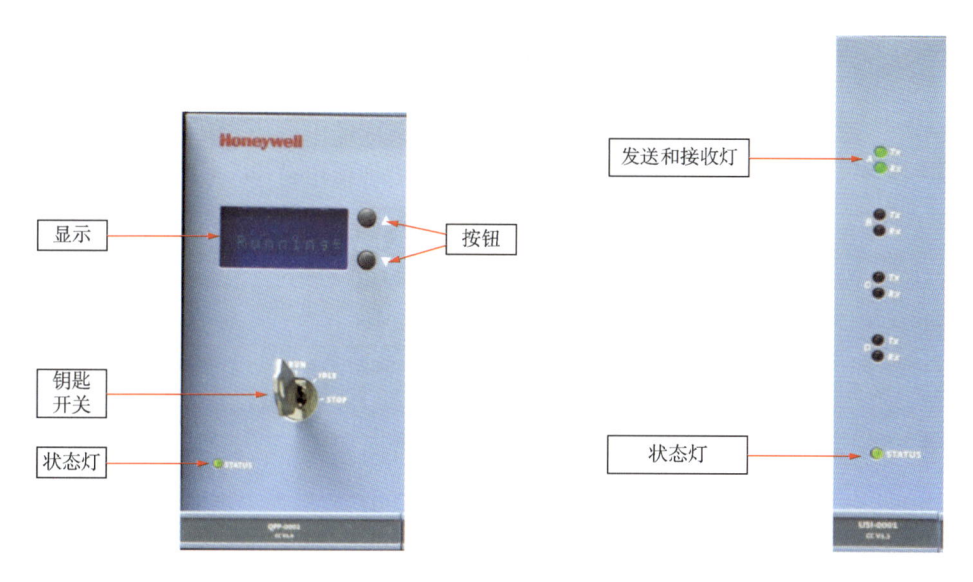

图3.58　控制器

图3.59　通信接口

三、供电模块(PSU)

该电源装置将24V DC转换为5V DC，供控制器和IO模块使用。

四、电池和开关模块(BKM)

控制器中只有一个电池和钥匙开关模块，它位于两个控制处理器的中间，BKM操作冗余的两个控制器。

BKM的第一个钥匙是故障复位。转动钥匙，系统检测到的故障将从实际诊断缓冲区中清除。转动钥匙也是启动控制处理器的命令。转动钥匙不会影响正在运行的无故障控制处理器。

BKM的第二个钥匙是强制启用。这把钥匙有两个位置：开和关。只有当钥匙处于ON位置时，用户才可以强制输入或输出处于所需状态。将钥匙转回OFF位置可清除系统中的所有强制输入或输出。

电池和钥匙开关模块(图3.60)的最后一个功能是为RAM存储器和冗余控制器的QPP

的实时时钟提供电池备份。

五、输入输出模块(IO)

控制器下面是安装输入输出模块的机箱。每个机箱最多可包含 18 个 IO 模块，这些模块可以是不同的类型，但必须是相同的外部电源类型。一个 IO 机箱既可以安装冗余，又可以安装非冗余 IO，具体输入、输出模块类型见表 3.18。

IO 机箱中可以安装以下 IO 类型：
(1) 几种类型的数字输入模块；
(2) 两种类型的模拟输入模块；
(3) 几种类型的数字输出模块；
(4) 一种类型的模拟输出模块。

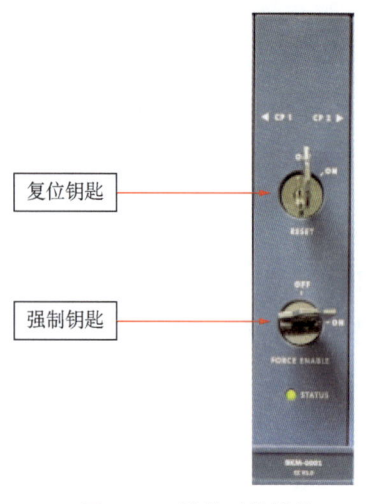

图 3.60 钥匙开关模块

表 3.18 输入、输出模块类型

数字输入模块		SDO-04110	110V DC，4 通道
SDI-1624	24V DC，16 通道	SDO-0448	48V DC，4 通道
SDI-1648	48V DC，16 通道	SDO-0424	24V DC，4 通道
SDIL-1608	带接地检测，16 通道	SDOL-0424	带接地检测，24V DC，4 通道
模拟输入模块		DO-1224	24V DC，12 通道
SAI-0410	4 通道	DO-1024	继电器输出，10 通道
SAI-1620m	高密度模块，16 通道	DO-1624	24V DC，16 通道
数字输出模块		模拟输出模块	
SDO-0824	24V DC，8 通道	SAO-0220m	0(4)~20mA，2 通道

六、辅助操作台

辅助操作台是联锁系统中的一个重要组成部分，包括设备联锁按钮及设备状态指示灯，在紧急情况下按停车按钮可以将设备停止运行，如图 3.61 和图 3.62 所示。

图 3.61 SIS 辅助操作台

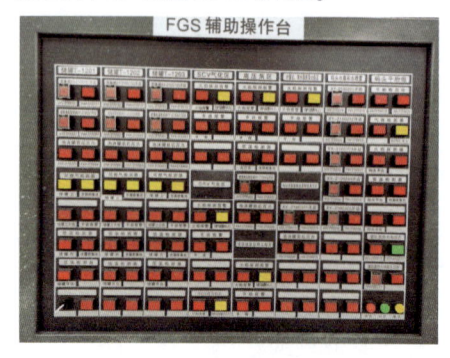

图 3.62 FGS 辅助操作台

第三节　SIS/FGS 系统软件

一、SIS/FGS 系统组态步骤

(1) 建立项目，如图 3.63 所示。

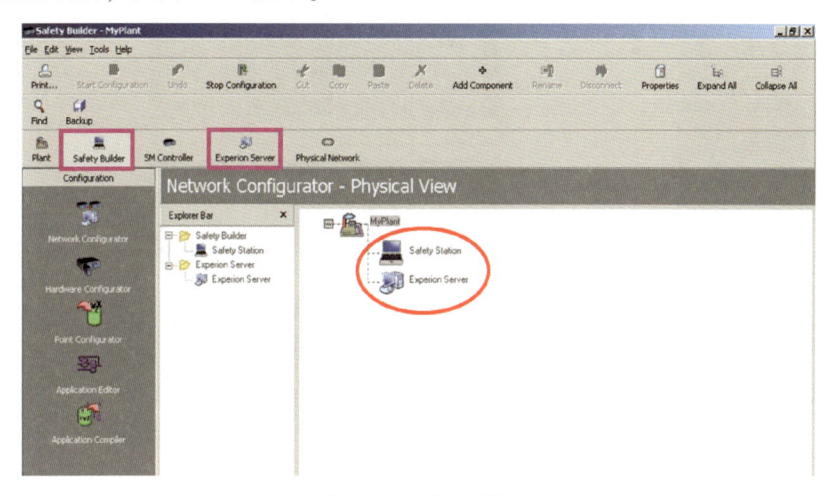

图 3.63　建立项目

(2) 组态控制器模块，如图 3.64 所示。

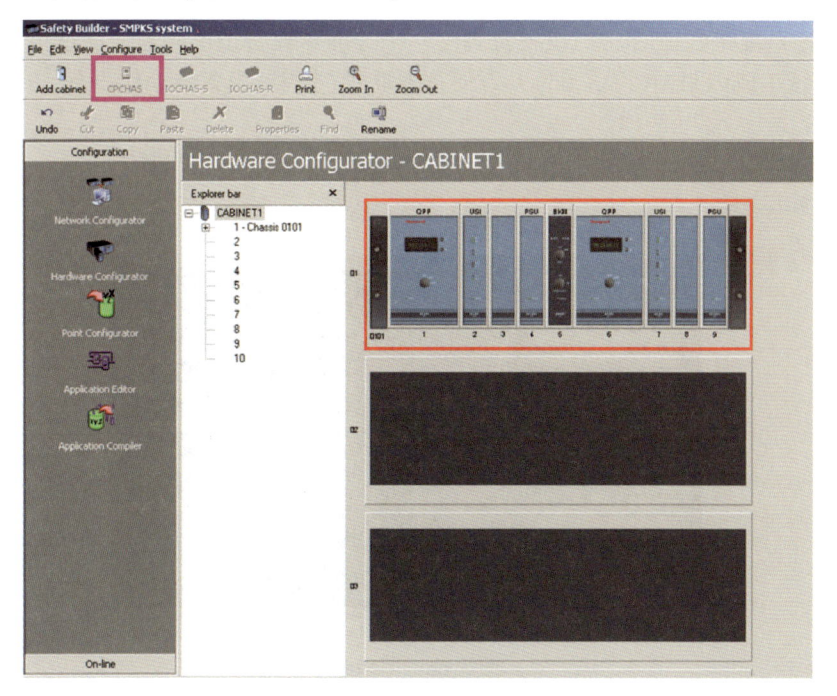

图 3.64　控制器组态

(3) 组态输入输出模块，如图 3.65 所示。

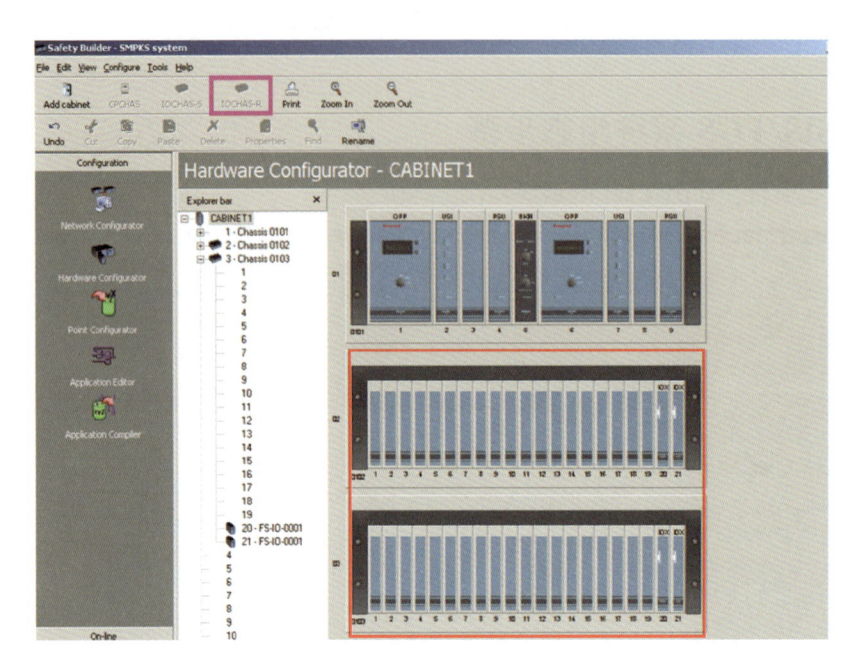

图 3.65 输入输出模块组态

二、DCS 组态因果图画面

SIS/FGS 系统将联锁(报警)设备及阀门、泵等动作设备按不同通信地址传输给 DCS 系统，DCS 系统生成因果图(图 3.66)，方便查看联锁(报警)设备及动作设备。

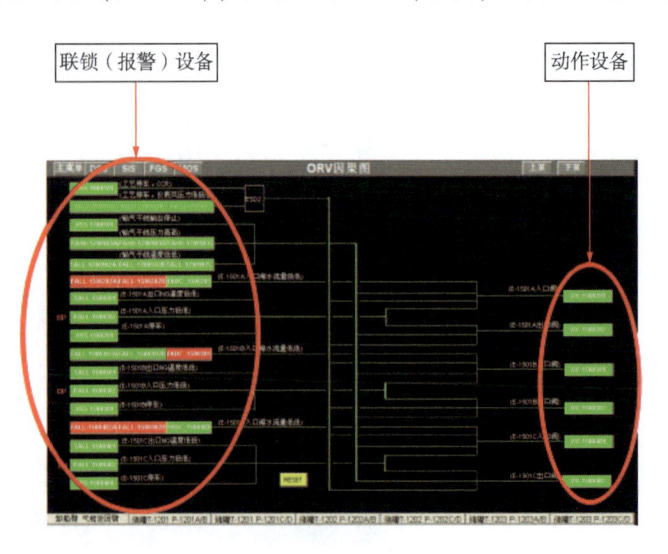

图 3.66 因果图

因果图左侧为联锁(报警)设备，右侧为动作设备。其中左侧的"BP"字样为屏蔽(Bypass)显示,绿色为"不屏蔽",红色为"屏蔽"。

三、SOE 软件

系统故障及任一回路故障或联锁(报警)都将在 SOE 软件内记录,记录时间为毫秒级,能够区分出设备联锁(报警)的时间顺序,用以分析设备联锁(报警)原因,SOE 记录如图 3.67 所示。

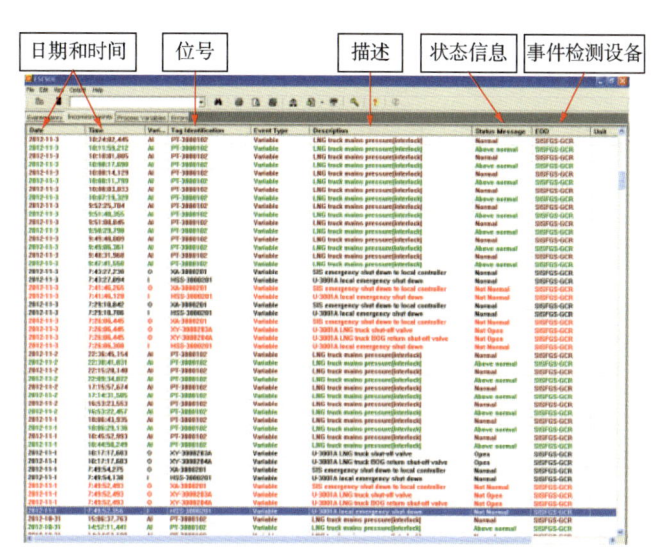

图 3.67　SOE 记录

第四章　船岸连接系统

自从 1987 年 LNG 油轮和接收站运营者协会为 LNG 船输送船岸紧急切断推荐和指导方针发布后，船岸连接系统已经成为绝大多数 LNG 行业的标准配置。该系统起初主要是用于传输紧急切断(ESD)信号，同时也支持通信和数据传输。

一、全球兼容性综合系统

接收站通常装有一种或两种上述系统。通常，接收站指定选择系统，船保证至少提供兼容的一个副本。

二、光纤通信系统

船和码头的船岸通信系统基本一样。除了通信发送和接收频道的频率不一样，码头上需要一个特殊的卷筒，以及船上需要一个选择开关用于左右舷之外。

通常整个系统包括：

(1) 控制柜：通常位于码头室内或附近；
(2) 光纤固定电缆：从控制柜到光纤电缆卷；
(3) 光纤电缆卷：光纤电缆卷位于输料臂附近，连接到船上的接线盒；
(4) 热线电话：SeaTechnik CTS-HP3 Iwatsu 兼容性热线电话；
(5) 测试单元：无源回环检测装置或者一个可以电动仿真船上系统有源 EE′x′d 模拟器。

三、控制柜

控制柜包括：

(1) 四套全双工电话接口(Tel/IF)；
(2) 一个全双工 ESD 接口——船到岸和岸到船；
(3) 电动/光纤接线接口单元；
(4) 双冗余电源；
(5) 控制报警功能。

第一节　智能光纤

智能光纤模块(图 3.68)在一个 6U 模块内，安装在控制柜内部支架上。智能光纤模块使用数字和模拟电子技术，触摸屏按钮及 TFT 显示器来提供一个现代化良好的界面用于控制和显示光纤 ESD 的通信状态。

该系统保持和原模拟的 850mm 光纤 ESD 及通信通道完全兼容性。目前，它们都使用

图 3.68　智能光纤模块

四芯。系统同时也具备与以后数控系统兼容和升级的特性。

智能光纤模块强化了 SSL 柜内的光纤功能。

一、通信端口

这项功能支持 3 声道和一个数据多工位通讯通道。

（1）传输模式：带有双波段 2 线调制解调器全双工音频。

（2）多工方式：分频多工调制。

（3）调制模式：频转法载波 2.6kHz。

二、ESD 功能

ESD 信号是智能光纤模块使用专用发送/接收的电子/光学传感器。

信号用于正常安全模式和正常 ESD 模式。同时包含故障—安全操作功能。

也包含测试模块。可以在光纤无源回路测试装置安装在码头接线盒的接头上进行测试。是对从 SSL 控制柜到码头线柜盒，返回到 ESD 光纤线缆中的光纤线路基本检查，也可以用于检测光纤 ESD 功能。

正常操作中，ESD 信号状态显示在 6U 模块 TFT 显示屏上相应位置。

三、控制和报警功能

屏幕上的控制和报警信号图标模拟了由传统系统提供的"CAM"模块。

显示屏显示了 FO 通信和数据频道，图标颜色：绿色表示正常频道，红色表示故障频道。

船到岸和岸到船(总计八个频道)同时被监控。一旦检测到有错误发生，将产生一个公共报警或系统报警，而不是 ESD 报警。

同时也包含一个测试模块。需要光纤无源回路测试装置安装在光纤线缆接头上。可对从码头光纤卷盘到 SSL 控制柜处线缆进行基本检查。测试信号从光纤一芯中发送，然后沿着一个邻近或成对芯"返回"。可以检查智能光纤模块状态和码头固定线缆，码头卷筒和接线引起的损耗。

四、复位和阻断功能

光纤 ESD 信号的阻断和重设功能可以通过使用 6U 智能光纤模块上的按钮设置和复位。

（一）复位功能

当收到一个岸到船的正常信号时，岸到船的 ESD 显示会从故障转变成正常。屏幕上会显示复位功能处于激活状态。此时操作人员需要按下复位的功能键。然后系统相关的内部逻辑运算功能块会自动闭锁且与 DCS 连接的触点会关闭，以显示一个健康的岸到船的 ESD 状态。

当收到一个岸到船故障信号时，岸到船 ESD 指示灯会从绿色的正常变成红色的故障状态。触点会打开，DCS 系统就会显示出岸到船故障状态。

（二）阻断功能

通过阻断功能，操作人员可以模拟一个正常的 ESD 信号。当阻断功能键被按下以后，从阻断显示上会看见一个黄色闪烁的释放按钮。复位功能被激活。按下复位功能键后，DCS 触点合上。取消阻断功能后，阻断功能键重新激活，DCS 触点断开。

这个功能在系统维护和查找故障时，非常有效，但使用时必须小心谨慎。

五、光纤接线盒

这是安装在主系统的 SSL 机柜内。6 芯的固定光纤电缆从光纤电缆卷到此盒（图 3.69），光纤末端止于光纤 ST 型接头。光纤通过光纤 ST 型引导线传送至此盒。

标准模拟系统的引芯 P1~P4 和数字系统的 P5 与 P6 芯连接至智能光纤模块的后部面板。

图 3.69　光纤接线盒

第二节　智 能 电 缆

智能电缆模块（图 3.70）使用数字电路，触摸屏按键及一个 TFT 显示屏提供一个友好操作界面来控制和显示电动 ESD 的通信状态。

系统同时有一些其他特征，有助于启动、在线监控及故障诊断。

系统提供用户一个带有 10.4in SVGA TFT 显示屏 6 U 19in 模块和六个自校准触摸屏按键组成的菜单来控制系统结构和显示配置。

图 3.70　智能电缆模块

内部，系统建立在一个插卡设计结构基础上，PCB 主板安装在模块的后部，每个不同的电路插板包含有微处理器和 I/O PCB 板。必要时，可以移动或替换电路板。

所有的 ESD 信号都需要通过 IS 屏蔽器来保证信号的固有安全性。ESD I/O 印刷线路板的设计完全符合 Ex'ia'的要求保证 IS 信号与非 IS 信号的分离。

主配置文件可以升级，用户可以通过电子邮件进行。详细资料和联系方式可以在 SeaTechnik 的网站上得到。可以通过 USB 接口插入 U 盘驱动来重写系统旧版本。

一、配置和事件记录

系统存储当前配置并在启动阶段加载。

系统将存储配置变化、时间和日期数据及事件数据文件。这些内容可以通过 USB 接口插入 U 盘访问。

二、电动系统状态和系统 ESD 状态显示

"电动系统状态"菜单是数字式电动 SSL 系统的主控制屏幕。允许操作人员在操作过程中看到码头详细 ESD 状态和码头具体信息。

显示的信息以及系统的控制情况如下：

（1）系统 ESD 状态显示船到岸和岸到船的 ESD 错误状态；

（2）当船到岸和岸到船 ESD 中的一个变成错误状态时，系统监控提供一个最先引发的报警。哪个系统（船或是岸）触发 ESD 错误将会显示在系统 ESD 状态显示器上。连接到 DCS 的触点可用来记录这些事件作为参考；

（3）有一排四个指示灯，用绿色表示 ESD 正常状态，红色表示 ESD 故障状态。

三、复位功能

在接收到一个岸到船的 ESD 健康信号，SHORE TO SHIP ESD 显示将由"TIRP"变成"HEALTHY"，RESET 功能将被激活。操作人员需要按下 RESET 键。按下的同时，相关内部逻辑闭锁，连接到 DCS 的触点将闭合，显示一个健康的岸到船的 ESD 信号。

接收到一个岸到船的 ESD 错误信号，岸到船的 ESD 显示将由绿色"HEALTHY"变成红色"TRIP"。连接到 DCS 的触点断开显示一个岸到船的 ESD 错误信号。

四、阻断功能

阻断功能允许操作人员模拟一个正常的输入信号。当阻断功能键按下之后，阻断功能显示屏幕上可以看见一个闪烁的橘红色按钮，复位功能被激活。按下复位功能键之后，与 DCS 连接的触点闭合，复位功能生效。取消阻断功能后，DCS 触点打开后，该功能重新可选。

阻断功能在故障查找和系统维护时非常有用，但是需要小心使用。

第三节　气　动　系　统

气动系统由从码头气动箱通过一个安装在码头卷上的脐带软管加压连接组成。连接软

管的自密封连接器与船舶气动 SSL 面板的工业标准型号兼容。该码头安装是从码头仪表气源系统由压力调节器(PRV)在建议设置的 3.0Pa 起加压。

岸侧配有压力开关来稳定压力设置,船侧一般都按相同标准安装压力变频器,或者根据船侧要求设定一个较大兼容范围的压力开关

一、控制面板

(一) 气动模块

气动模块(图 3.71)通过一个电动信号接口连接到码头气动箱。它提供了操作人员特定于气动 SSL 运行和设置的功能和显示。

图 3.71 气动模块

当系统解压,船岸两侧压力开关同时终止外部回路以使 ESD 和 SIGTTO 指示一致。模块能够监测码头气动箱内的压力开关触点,能使关闭信号传送到终端 DCS 系统。

解压步骤参照以下部分:
(1) 电动行程清除系统内的空气其作用于船或岸的安全故障电磁阀门;
(2) 手动清除系统空气的气动行程;
(3) 因为船冲击或急速低温造成的脐带软管破裂。

如果终端 DCS 系统以气动 SSL 模式发送一个关闭信号至 SSL 系统,那么该模块将传播信号至电动-气动界面(码头气动盒),并释放一个电磁阀来减压到船只的气动链接。

(二) 气动箱电源供应模块

码头气动箱电源模块被安置在 SeaTechnik SSL 机柜内的一个独立 1U 模块。

其唯一目的是提供一个独立的电压输出到现场设备。因此任何来自现场设备或电缆的电力干扰不会传回主 SSL 电源。

该模块确保了包含在模块中的不间断自动转化的双重 DC—DC 转换器。这为"常开"码头气动箱电磁阀提供了可靠性超高的输出供应,并确保当气动 SSL 系统向到港船只发送一个正常的 ESD 信号时仍然有源并关闭阀门。

二、码头部分

(一) 码头气动盒

码头气动盒(图 3.72)是一个在 SSL 机柜内的气动模块和气动软管卷和软管排线之间的电动/气动接口。

在气动 SSL 操作当中,必须时刻提供来自清洁供应源的仪表空气。系统供应压力期望

能在连接两端同时保持(即船和岸)。

功能如下：

(1) 调整仪表空气供应至需要压力；

(2) 计量气动连接压力；

(3) 切换压力调整开关；

(4) 启动电磁阀为岸船 ESD 从气动连接排除空气；

(5) 空气过滤器。

(二) 气动卷和软管

软管每端为非密封公接头。该软管是一种合成纺织聚酯加强型 NR/SBR 软管，外皮防静电且耐磨。口径为 8mm/3/8in，绕在 316SS 不锈钢软管卷置于电动/光纤卷盘处的码头，码头箱的 3m 内是用于中心软管连接。卷盘由外罩保护。工作温度为-25~70℃。

图 3.72 码头气动盒

第四节 系统选择模块

系统选择模块(图 3.73)安装在一个 2U 模块内，位于 Seatechnik SSL 支架结构上。SSM 允许用户选择光纤或者电动系统用于船岸数据和通信。一个旋转按钮用于此选择功能。

SSM 主功能是引导适当的岸上接口(通信和数据)到相关智能光纤或电动模块。

图 3.73 系统选择模块

第五节 鸣铃模块

鸣铃(RDM)模块(图3.74)用于热线电话(私用线路)来提供线电压(48V DC)和呼叫装置(80V AC)及模式选择。RDM 作为私用交换机。双模热线电话可用于 RDM 提供的两个模式。

图 3.74 鸣铃模块

双模是：
(1) 私人线路—提起呼叫其他电话；
(2) 热线电话模式—呼叫和响铃按钮；
(3) 操作人员在智能电动模块中选择时模式之间可以互相切换。

第六节　电源模块

该电源(PSU)模块(图 3.75)是设在现有 SeaTechnik SSL 机柜内的一个 3U 模块。该电源提供 SSL 柜安全钥匙开关，为 SSL 机柜和智能模块将主线/电站交流电转成 24V 直流电源。

图 3.75　电源模块

模块输入电源主要来自 85~260V 交流电供应，其次为 85~260V 交流电备用供应(通常为 UPS)。

一、电源模块功能

SSL 系统同时具有备用 24V 直流电输入，PSU 模块的配置确保在主要交流电源供应发生故障时输出功率不受替代电源转换的影响。这将阻止任何电源故障影响模块，并在确保不生成错误 ESD 信号或接收方面起到了重要作用。

该 PSU 模块的前面板上使用三个 LED 灯显示输入和输出电压的状态。继电器触点信号显示任何一方传入电压的损失也可用于系统诊断。

24V 直流电与地面是绝缘的。

电源模块参数：
(1) 输入 85~260V 交流电的最大功率 200W；
(2) 双输入：电源为自动切换无间断设备和 24V 直流备用电源供应；
(3) 指示/控制：隔离开关和电源开启指示的电源供应分配模块。

第七节　岸侧连接头

一、6 芯光纤接头

系统通常使用 50m 柔软的非铠装线缆配置在卷筒内，装有 6 芯光纤接头(图 3.76)。

在集线器的线缆固定端有 Seatechnik 接头，通用于船舶行业。外部接头损坏的话，尾部可以在无需特殊工具和技能的情况下替换。

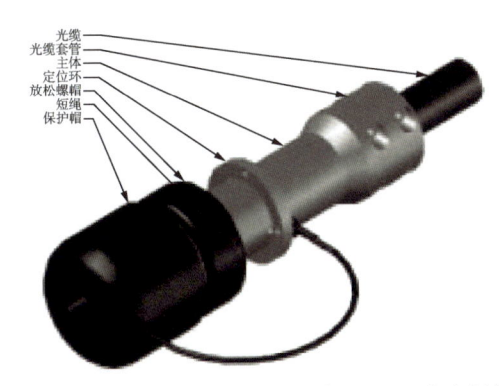

图 3.76　6 芯光纤接头

二、37 芯电缆接头

该电动系统由 El Paso 公司于 1976 年使用 Pyle National 连接器而引入，A 型号，根据国家电气防火标准 1 级，1 区，C 组和 D 组危险区域要求制成，并获得 FM 认可。Pyle National 产品使用 AF-B1716-621 SL-AG（插座）和 AF-1016-621PL-37（插头）。Pyle 兼容性产品一直由 EEC 美国芝加哥制造并持续到 1997 年。从 2003 年 8 月起，符合 ATEX 认证。遗憾的是，很多新旧接收站使用的针配置不同。图 3.77 为标准型 37 芯电插头（针）分别安装在脐式电缆两端。

图 3.77　标准型 37 芯电插头

通常，该连接支持：
（1）船到岸 ESD；
（2）岸到船 ESD；
（3）电话通信通道；
（4）一些美国进口接收站提供的压缩机回流气体压力控制；
（5）测试装置；
（6）缆绳应力检测数据传输；
（7）连接确认。

三、气动接头

气动线如图 3.78 所示，左侧安装在码头气动箱内的自密封内螺纹接头，右侧安装在脐式气动软管两端的外螺纹接头。

图 3.78　气动线

第八节 测 试 工 具

一、光纤测试单元(ATU)

光纤测试单元实际上是一套完整的船系统模拟器(图3.79)。它是用来进行一整套当地系统的功能测试,包括从电话和ESD输入到脐式接头的整个测试。本质安全的设计允许包括热线电话在内的所有三个电话通道都可以用来做信号发送和接收以及声通道的测试。

这个设备单元包括一个EEx′d′级别的防爆控制箱,一根长1.2m的光缆和一个6芯岸侧接头。

二、电动测试单元

电动测试单元也是一个手持式终端接头,可以和ESD脐式电缆接头连接。它根据SIGTTO准则能在靠岸前进行岸与船和船与

图3.79 光纤测试单元

岸SSL系统测试。该接头(图3.80)装有一个LED以显示岸船健康。另一个按钮模拟船岸故障。LED电源来自SSL柜。该设备装在一携带式盒中。

图3.80 电动测试单元

第九节 辅助系统和设备

Seatechnik热线电话(图3.81),型号为CTS-HP-3的热线电话是一个耐用、无需拨号的热线电话系统。可以和LNG船上安装的Seatechnik SSL系统或Furukawa SSL系统一起使用。颜色为醒目的黄色。

它有两种安装方式:
(1) 桌子(水平)或墙壁(竖直)方式;
(2) 仪表台嵌入方式。
设备包括一套外置扬声器。
CTS-HP-3型免拨号电话是用在LNG终端的光纤船岸连接系统中的,它与Iwatsu TS3系统具有完全的兼容性。这个型号的电话同时还支持专线电话信

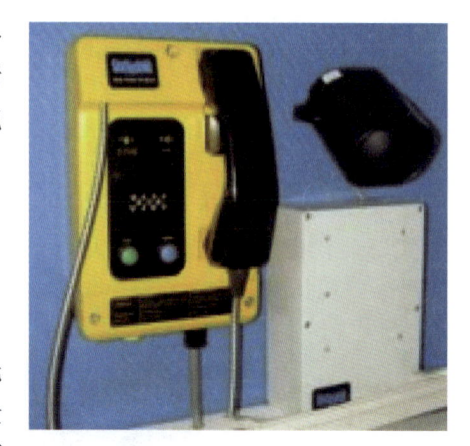

图3.81 热线电话

号模式，在这个模式下，摘机就可呼叫响铃，反之亦然。但是这个功能需要在 Seatechnik 系统中安装响铃功能模块。

热线电话使用两个按钮——通话和信号。

（1）提起听筒，按下通话按钮，呼叫方对着话筒说话，然后对方就能听见声音并看到视觉指示，对方提起手柄后可以实现双向语音通话。

（2）提起听筒，按下信号按钮，对方会有警示颤音信号和视觉信号提示。被叫方提起手柄，可以实现双向语音通话。

外置扬声器和通话/信号按钮功能只有在选择了 Seatechnik CTS-HTP3/Iwatsu 模式才有效。该按钮在专线线路模式下不起作用，因为专线模式的目的只是简单的"提起—拨打"电话系统。

使用中的指示灯是琥珀色，模式选择指示灯是绿色。Seatechnik 提供内部连接的电缆连接从 PSU、JB 到电话主体。

Seatechnik CTS-HTP3 热线电话和外围设备应根据总布置和安装图纸进行安装。

第五章　PLC系统

第一节　南大傲拓PLC

南大傲拓PLC大中小型全系列可编程控制器主要有NA200/NA300/NA400系列，产品覆盖人机界面、变频器、伺服系统、组态软件等，系统工作图如图3.82所示。

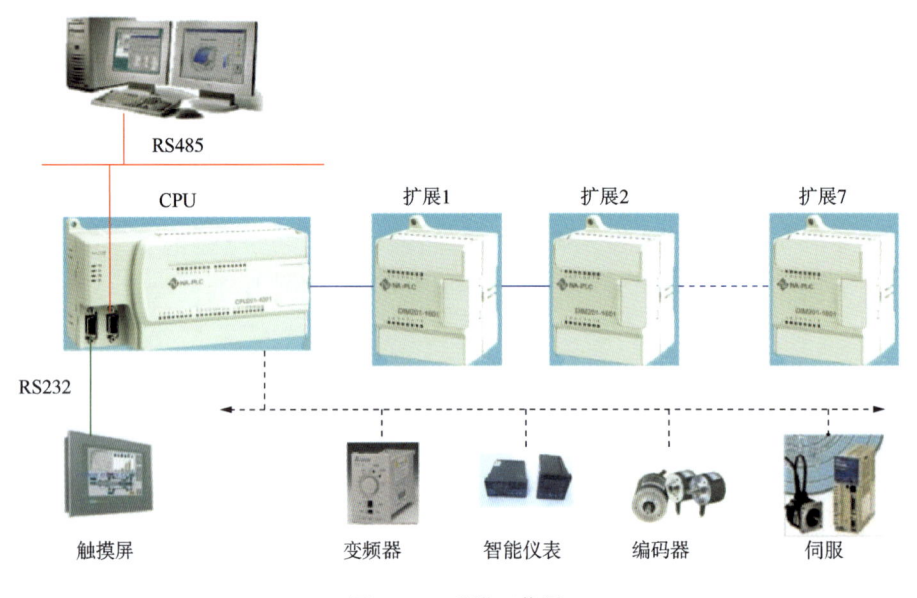

图3.82　系统工作图

一、NA200H PLC

(一) 硬件

NA200H PLC包括一个单独的CPU模块及各种可供选择的功能扩展模块。CPU模块包括中央处理器单元(CPU)、电源及数字量I/O点，所有这些都集成在一个独立、紧凑的结构件中。

1. 中央处理器单元(CPU)

CPU以201-1102为例，其外形图如图3.83所示。
(1) 指示灯，其含义见表3.19。
(2) 选位开关，其含义见表3.20。

· 192 ·

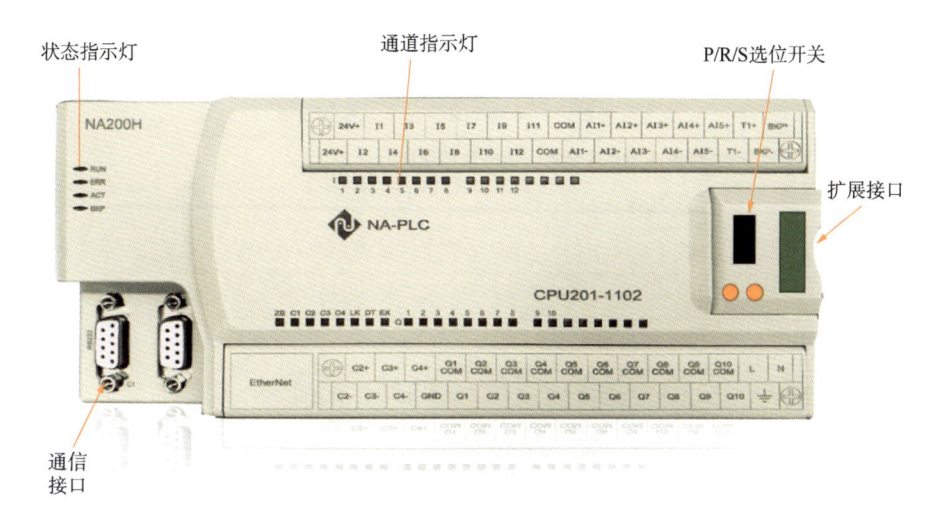

图 3.83　CPU201-1102 外形图

表 3.19　指示灯含义

指示灯类型	显示状态	含　义
备用电源指示灯 BKP（黄色）	亮	备用 24V DC 电源有电
	灭	电源未接或故障
通道指示灯 DI*和 DO*（黄色）	亮	信号加载或者对外有输出
	灭	没有信号加载或对外没有输出
运行状态指示灯 RUN（黄色）	闪（1s 一次）	PLC 处于正常运行状态，用户程序运行
	灭	PLC 处于停止状态，用户程序不运行，开出不动作
在线指示灯 ACT（黄色）	亮	表示 CPU 程序在扫描执行，不是 STOP 状态
故障灯 ERR（红色）	亮	表示 PLC 出现各种可诊断的错误
通信指示灯 C1—C4	闪烁	表示串口 1—4 有数据发送

表 3.20　选位开关含义

开关状态	说　明
DEBUG	调试态，第一次下载程序用
RUN	运行态，程序正常运行，在线修改，下载程序
STOP	停止态，程序停止运行

（3）通信功能。在 CPU 模块左侧，提供了一个标准 RS232 串行通信接口，可以用此通信接口与带有 RS232 接口的触摸屏建立连接。以太网接口可以与 PC 机进行联系、调试和通信。

（4）CPU，其主要特性见表 3.21。

表 3.21　CPU 主要特性

项目	CPU201-1102
处理器	32 位微处理器，主频 200MHz，嵌入式操作系统
存储器	标配 32MB 存储器，掉电数据保存
电源	85~265V AC
备用电源	无
模拟量输入（AI）	无
数字量输入（DI）	24 路有源输入
数字量输出（DO）	16 继电器输出，容量为 5A/250V AC，5A/30V DC
RS485	4 路 Modbus RTU Master/slave 协议
RS232	无
以太网 RJ45	1 路 Modbus TCP 协议
看门狗、实时日历时钟	日历时钟掉电时间保存 3 个月
工作温度	-40~70℃
存储温度	-55~85℃
相对湿度	5%~95%无凝露
质量	0.48kg

2. 扩展模块

NA200H PLC 的 CPU 模块本身集成了一定数量的本机 I/O 点，其中一部分 I/O 点同时具有高速计数、高速输出等功能。随着应用范围的扩大，需要更多的 I/O 点数，此时可以通过选配扩展模块的办法来增加更多数量的 I/O 点数，以便于实现特定条件下的控制需求，扩展模块如图 3.84 所示，CPU 与扩展模块组合使用如图 3.85 所示。

图 3.84　扩展模块

图 3.85　CPU 与扩展模块组合使用

（1）扩展模块。

其型号见表 3.22。

表 3.22 扩展模块型号表

扩展 I/O 类型	产品型号	尺寸规格	说 明
数字量输入	DIM201-0801	75(L)×90(W)×68.5(H)	数字量 24V DC 输入模块,8 点输入
	DIM201-1601	75(L)×90(W)×68.5(H)	数字量 24V DC 输入模块,16 点输入
数字量输出	DOM201-0801	75(L)×90(W)×68.5(H)	数字量输出模块,8 点输出晶体管
	DOM201-0802	75(L)×90(W)×68.5(H)	数字量输出模块,8 点输出继电器
	DOM201-1601	75(L)×90(W)×68.5(H)	数字量输出模块,16 点输出晶体
	DOM201-1602	75(L)×90(W)×68.5(H)	数字量输出模块,16 点输出继电器
数字量输入输出	DXM201-0801	75(L)×90(W)×68.5(H)	数字量输入/输出模块,4 点 24V DC 输入,4 点输出晶体管
	DXM201-0802	75(L)×90(W)×68.5(H)	数字量输入/输出模块,4 点 24V DC 输入,4 点输出继电器
	DXM201-1601	75(L)×90(W)×68.5(H)	数字量输入/输出模块,8 点 24V DC 输入,8 点输出晶体管
	DXM201-1602	75(L)×90(W)×68.5(H)	数字量输入/输出模块,8 点 24V DC 输入,8 点输出继电器
模拟量输入	AIM201-0201	75(L)×90(W)×68.5(H)	模拟量输入模块 2 通道,电流电压通用
	AIM201-0401	75(L)×90(W)×68.5(H)	模拟量输入模块 4 通道,电流电压通用
	AIM201-0801	75(L)×90(W)×68.5(H)	模拟量输入模块 8 通道,电流电压通用
	AIM201-0203	75(L)×90(W)×68.5(H)	RTD 输入模块 2 通道
	AIM201-0403	75(L)×90(W)×68.5(H)	RTD 输入模块 4 通道
模拟量输入	AIM201-0204	75(L)×90(W)×68.5(H)	热电偶输入模块 2 通道
	AIM201-0404	75(L)×90(W)×68.5(H)	热电偶输入模块 4 通道
模拟量输出	AOM201-0202	75(L)×90(W)×68.5(H)	模拟量输出模块 2 通道,电流电压
	AOM201-0402	75(L)×90(W)×68.5(H)	模拟量输出模块 4 通道,电流电压
模拟量输入输出	AXM201-0601	75(L)×90(W)×68.5(H)	模拟量输入/输出模块,4 通道输入,电流电压通用;2 通道输出,电流

(二)软件

NAPro 是基于 Windows 平台的编程软件。NAPro 包含程序编辑器和仿真调试器,是一套标准的可编辑逻辑控制程序软件包。NAPro 支持梯形图(LD)、指令列表(IL)、功能块图(FBD)、顺序流程图(SFC)和结构化文本(ST)五种语言,实现各种控制方案,并且具有功能强大的离线仿真调试工具。图 3.86 为编程软件 NAPro 的编程界面。

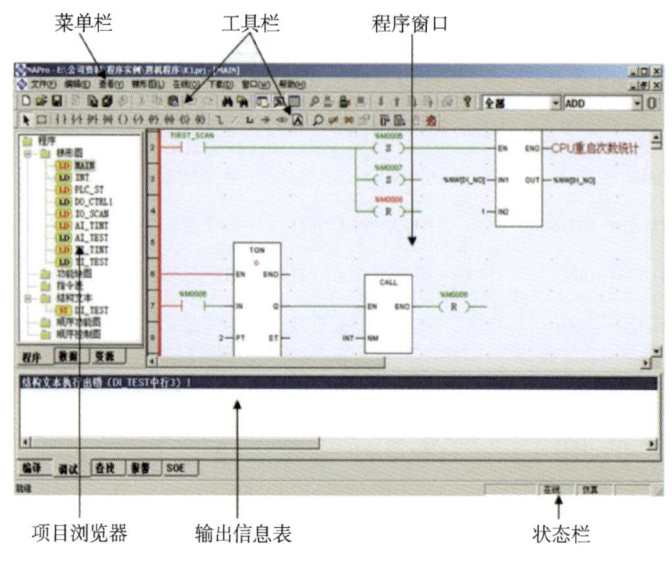

图 3.86　编程软件 NAPro

二、NA400

可以提供冗余系统的解决方案，支持电源冗余、CPU 冗余、以太网冗余、无扰动切换，因此常用于重要系统控制，并且冗余使用，如图 3.87 所示。

(一) 硬件

1. 控制处理器 CPU

CPU 以 401-0701 为例，外形如图 3.88 所示。

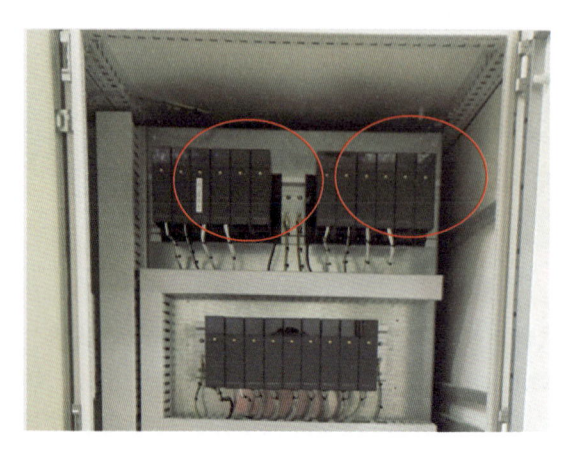

图 3.87　SCV 系统机柜 NA400 安装图

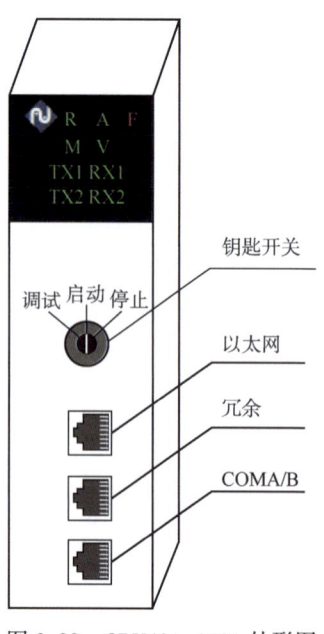

图 3.88　CPU401-0701 外形图

(1) 指示灯。

其含义见表 3.23。

表 3.23 指示灯含义

LED	灯颜色	灯状态	状态表示含义
R	绿	闪烁	模块正常运行
A	绿	亮/灭	模块处于运行态模块处于停止态或有致命故障
F	红	亮/灭	模块有故障(包括网线没插、内部总线故障等)/模块无故障
M	绿	亮/灭	本 CPU 为主机/本 CPU 为从机
V	绿	亮/灭	主从 CPU 项目版本不一致/版本一致
TX1	绿	闪烁/灭	串口 1 有数据发送/串口 1 无数据发送
RX1	绿	闪烁/灭	串口 1 有数据接收/串口 1 无数据接收
TX2	绿	闪烁/灭	串口 2 有数据发送/串口 2 无数据发送
RX2	绿	闪烁/灭	串口 2 有数据接收/串口 2 无数据接收

(2) 钥匙开关。

其含义见表 3.24。

(3) 通信功能。

CPU 模块自带两个串口，提供标准的 Modbus 从站规约，与其他外部设备通信的时候外部设备设为 Modbus 主站。两个串口共用一个 RJ45 插座。对于双机单网型 CPU 模块，带有一个以太网接口。

表 3.24 钥匙开关含义

开关状态	说　明
DEBUG	调试态，调试程序用
RUN	运行态，程序正常运行
STOP	停止态，程序停止运行

(4) CPU。

其主要特性见表 3.25。

表 3.25 CPU 主要特性

CPU 型号		CPU401-0701
订货号		400CPU401-0701
CPU 主频		500MHz
CPU 处理能力	位指令速度	0.02μs
	字指令速度	0.04μs
	整数速度	0.04μs
	浮点速度	0.2μs

续表

CPU 型号		CPU401-0701
存贮能力	程序	32M
	数据	128M
电源电压	电压上限	5.25V
	额定值	5.0V
	电压下限	4.75V
电流消耗	供电电流最大	2.5A
	供电电流额定	2.0A
	典型功率消耗	10W
是否冗余 CPU 模块		是
以太网接口数		1
RS32 接口		2
通信能力	Modbus	支持
	Profibus	支持
	CanBus	支持

2. 电源模块

NA400-24V 电源模块如图 3.89 所示，特性为：

（1）输入：24V DC；

（2）输出：5V；

（3）防短路和过压保护；

（4）可靠的隔离特性；

（5）可用作负载电源。

电源上电工作正常后，模块面板前面的 LOGO 图标 ↻ 会点亮。

3. I/O 模块

其型号表见表 3.26。

图 3.89　NA400-24V 电源

表 3.26　I/O 模块型号表

模块类型	订货号	规格	备注
数字量输入模块	400DIM401-1601	DI16×24V DC	漏型
	400DIM401-1602	DI16×24V DC	源型
	400DIM401-1603	DI16×220V AC	
	400DIM401-3201	DI32×24V DC	漏型
	400DIM401-3202	DI32×24V DC	源型

续表

模块类型	订货号	规格	备注
数字量输出模块	400DOM401-1601	DO16×24V DC×晶体管	源型输出
	400DOM401-1602	DO16×继电器	常开接点
	400DOM401-3201	DO32×24V DC×晶体管	源型输出
模拟量输入模块	400AIM401-0801	AI8×电流×单端输入	
	400AIM401-1601	AI16×电流×单端输入	
	400AIM401-0802	AI8×电流电压混合型×单端输入	
	400AIM401-1602	AI16×电压×单端输入	
	400AIM401-0803	AI8×电压×单端输入	
	400AIM401-1203	AI16×电压×单端输入	
	400AIM401-0404	AI4×电流电压混合型×差分输入	
	400AIM401-0804	AI8×电流电压混合型×差分输入	
	400AIM401-0805	AI8×热电阻	RTD
	400AIM401-0806	AI8×热电偶	
模拟量输出模块	400AOM401-0401	AO4×电流	4~20mA
	400AOM401-0402	AO4×电流电压混合型	4~20mA -10~10V
	400AOM401-0802	AO8×电流电压混合型	4~20mA -10~10V

(二) 软件

其软件与 NA200 基本相同。

第二节 西门子 PLC

德国西门子(SIEMENS)公司生产的可编程序控制器在中国的应用也相当广泛，在冶金、化工、印刷生产线等领域都有应用。西门子公司的 PLC 产品包括 LOGO、S7-200、S7-1200、S7-300、S7-400、S7-1500 等。西门子 S7 系列 PLC 产品体积小、速度快、标准化，具有网络通信能力，功能更强，可靠性高。S7 系列 PLC 产品可分为微型 PLC(如S7-200)，小规模性能要求的 PLC(如 S7-300)和中高性能要求的 PLC(如 S7-400)等。

一、S7-200

(一) 硬件

有基本的控制功能和一般的运算能力。工作速度比较低，能带的输入和输出模块的数量比较少。

1. 控制处理器 CPU

CPU221~226 各有 2 种类型 CPU，具有不同的电源电压和控制电压。图 3.90 为 CPU

224XP 外形图。

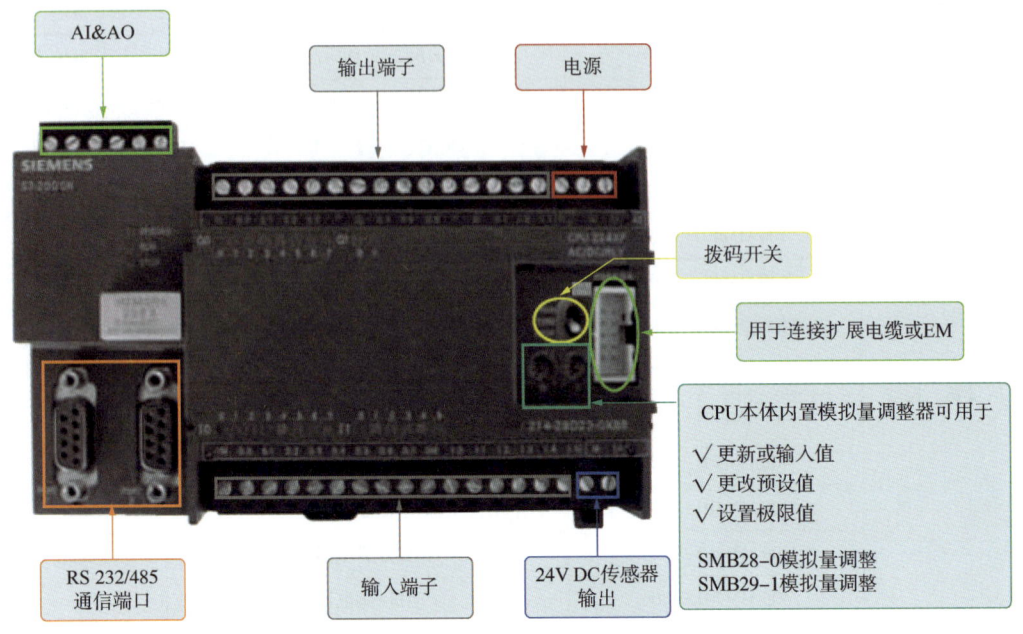

图 3.90　S7-200 224XP 外形图

(1) 指示灯含义。

指示灯的含义分别为：CPU 状态指示灯提供 CPU 模块的状态信息，其中"RUN"指示灯和"STOP"指示灯指示 CPU 当前的工作模式，"ERROR"指示灯显示红色表示系统错误及诊断。IO 状态指示灯，用来指示各个数字量输入输出点的状态。

(2) 通讯功能。

S7-200 常用的编程设备是 RS232/PPI 电缆（图 3.91）或 USB/PPI 电缆（图 3.92）。

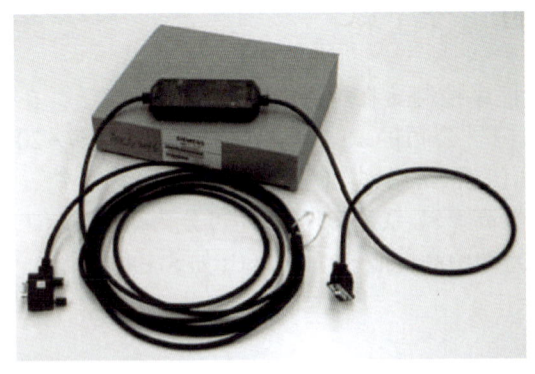

图 3.91　RS232/PPI 电缆　　　　图 3.92　USB/PPI 电缆

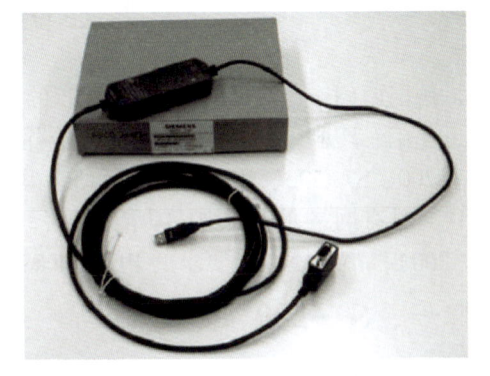

RS232/PPI 电缆电脑连接端是 RS232 口，需要电脑具备该串口才能使用；更通用的是 USB/PPI 电缆，电脑连接端是 USB 接口。该编程电缆长 5m。强烈建议使用西门子公司的原装电缆，因为原装 PC/PPI 电缆是带光电隔离的，不会烧 CPU 或 PC 机的通信口。使用

不隔离的自制或假冒的 PC/PPI 电缆，容易损坏通信口。

2. 扩展模块

S7-200 扩展模块非常丰富，主要有数字量模块、模拟量模块、运动控制模块和通信模块，另外，CPU 扩展卡插槽内可扩展存储卡或电池卡、时钟电池卡等。

(1) 数字量模块。

数字量模块分为数字量输入模块 EM221、数字量输出模块 EM222 和数字量输入/输出模块 EM223。数字量模块有各种点数可选，如 16 点输入、8 点输出、32 输入/32 输出等，可根据实际需要选择。对于输入模块，分为 24V DC 输入和 120/230V AC 输入；输出模块分为晶体管输出，继电器输出和可控硅输出。在选型的时候，除了要计算数字量输入输出的点数以外，还要分清楚输入输出的类型。

(2) 模拟量模块。

模拟量模块分为：模拟量输入模块 EM231、模拟量输出模块 EM232、模拟量输入/输出模块 EM235，其中模拟量输入模块包含了普通模拟量模块(电流/电压)、热电阻模块和热电偶模块。同数字量模块，模拟量模块有各种点数可选，如 4 点输入、2 点输出、4 点输入/1 点输出等，可根据实际需要选择。按模拟量信号类型分，分为电流、电压、热电阻(输入)和热电偶(输入)。在选型的时候，除了要计算模拟量输入输出的点数以外，还要分清楚输入输出信号类型。

(3) 运动控制模块。

晶体管输出类型的 S7-200CPU 集成了两路高速脉冲输出，可以进行运动控制。

除此以外，还可扩展专门的运动控制模块 EM253。EM253 是一个单轴的开环运动控制模块，输出最高频率达 200kHz，支持绝对定位、相对定位、回参考点等功能，集成急停、限位、参考点开关等 I/O 点。

(4) 通信模块。

S7-200 支持全面的网络通信，除了集成的通信接口以外，还可以扩展通信模块，如图 3.93 所示。

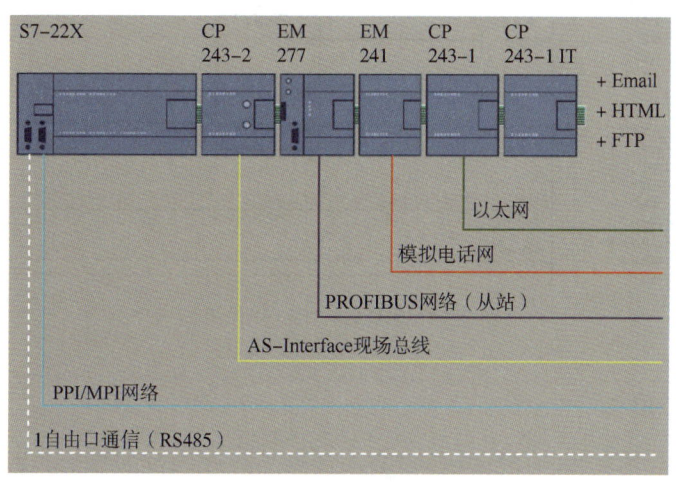

图 3.93　S7-200 通信模块

(5) 存储卡模块。

存储卡可选，有两个版本：

(1) 32kB：仅用于储存和传递程序、数据块和强制值；

(2) 64kB/256kB：可用于新版 CPU(23 版)保存程序、数据块和强制值、配方、数据记录和其他文件(如项目文件、图片等)。

(6) 电池卡模块。

为 CPU 数据保持提供电源。用于 CPU224/224XP/226 保持数据和实时时钟数据。如果没有电池卡，内部数据掉电后靠 CPU 内部电容保持，一般能保持 50~100h；如果选配电池卡，掉电在电容耗尽后，可以继续保持 CPU 的数据约 200d。

(7) 时钟电池卡模块。

内部兼有实时时钟和备份电池，专用于 CPU 221/222。由于 CPU 221/222 内部没有实时时钟，如果要使用时间和日期信息，需为 CPU 选配时钟电池卡模块，该卡具备时钟和电两种特性。

(二) 软件

西门子公司的 PLC 软件 SIMATICBatch 是西门子 PCS7 程序的软件包，通过这个软件包，用户可以方便地进行批量生产过程的组态，控制和记录过程。使用这款软件包时，用户可以在 PC 上设计，修改和启动配方的结构；并可以在生产过程中，采集所有过程数据。图 3.94 为软件使用界面。

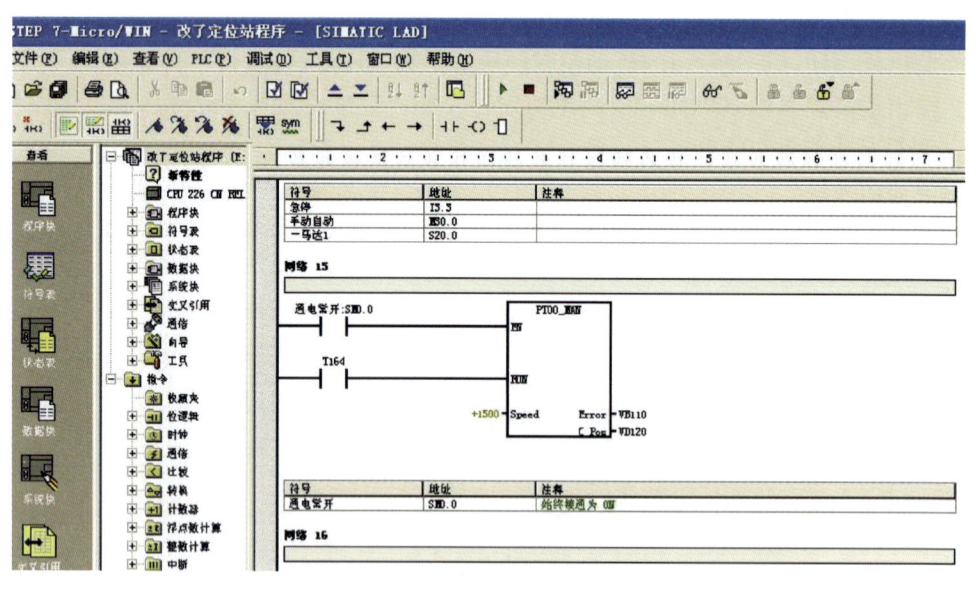

图 3.94　SIMATICBatc 操作界面

二、S7-300

S7-300 具有较强的控制功能和较强的运算能力。它不仅能完成一般的逻辑运算，还能完成比较复杂的三角函数、指数和 PID 运算。其工作速度比较快，能带的输入(输出)

模块的数量也比较多，输入和输出模块的种类也比较多。

(1) 硬件结构。

S7-300 的 PLC 是模块式的 PLC，各种模块式相互独立的，分别安装在机架上。硬件结构如图 3.95 所示。

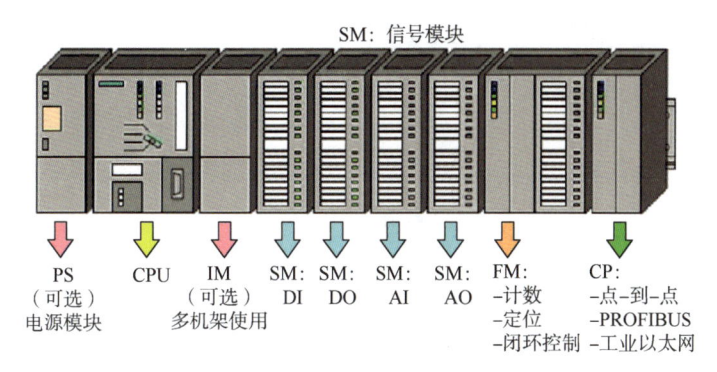

图 3.95 S7-300 硬件结构图

(2) CPU 模块。

CPU 模块可分为紧凑型、标准型、革新型、户外型、故障安全型、特种型 CPU。

CPU312C 表示是紧凑型 CPU；CPU313C-2DP 表示集成了 PROFIBUS-DP 协议的紧凑型 CPU；CPU314-2PtP 表示集成了点到点协议的紧凑型 CPU；CPU313 表示标准型 CPU；CPU312IFM 表示户外型 CPU；CPU317-2DP 表示集成了 PROFIBUS-DP 协议的特种型 CPU。

(3) CPU 状态指示灯。

不同颜色的 LED 指示灯代表了 CPU 的各种运行状态，具体含义见表 3.27。

表 3.27 CPU 状态指示灯含义

灯符号	颜色	含义
SF	红色	系统故障指示灯
BF(或 BATF)	红色	后备电池故障指示，没有电池或者电池电压不足
DC5V	绿色	表示内部 5V 工作电压正常
FRCE	黄色	表示至少有一个输入或者输出被强制
RUN	绿色	在 CPU 启动时闪烁，在运行时长亮
STOP	橙色	在停止模式下长亮，慢速闪烁(0.5Hz)表示请求复位，快速闪烁(2Hz)表示正在复位

(4) 模式选择开关。

① RUN：运行模式，开关在此位置时，编程器可以监控 CPU 的运行，也可以读写程序，但不可以命令 CPU RUN 或者 STOP，不可以改变程序，在此位置时可以拔出钥匙。

② STOP：停止模式，CPU 不扫描用户程序，开关在此位置时，编程器可以读写程序，可以拔出钥匙。

③ MERS：存储器复位模式(MEMORY RESET)，开关不可以自然的停留在此位置上，一旦松手，开关自动弹回 STOP 位置。

三、S7-400

(一) 硬件

S7-400(图 3.96)具有强大的控制功能和强大的运算能力。它不仅能完成逻辑运算、三角函数运算、指数运算和 PID 运算，还能进行复杂的矩阵运算。其工作速度很快，能带的输入(输出)模块的数量很多，输入(输出)模块的种类也很全面。这类可编程序控制器可以完成规模很大的控制任务。

图 3.96　S7-400 外形图

S7-400 自动化系统采用模块化设计。它所具有的模板的扩展和配置功能使其能够按照每个不同的需求灵活组合。一个系统包括电源模板、中央处理单元(CPU)、各种信号模板(SM)、通信模板(CP)、功能模板(FM)、接口模板(IM)、SIMATICS5 模板。

(二) 设计和功能

1. 模块化

S7-400 的一个重要特点是它的模块化。S7-400 的高速通信背板总线和允许直接插入 CPU 集成的 DP 接口，允许多条通信线路的高性能运行。例如，把一根总线用于 HMI 通信和编程任务，一根总线用于高性能运动控制，一根总线用于普通 I/O 现场总线通讯。

此外，也可以实现另外连接到 MES-/ERP 系统或通过 SIMATIC IT 连接到互联网的需要。根据任务情况，可对 S7-400 进行集中扩展或分布式配置。附加设备和接口模块也可集中用于此目的。在 CPU 中集成的 PROFIBUS 或 PROFINET 接口上也可实现分布式扩展。如果需要，也可以使用通信处理器(CP)。

2. 信号模块

信号模块是控制器进行过程操作的接口。许多不同的数字量和模拟量模块根据每一项任务的要求，准确提供输入/输出。数字量和模拟量模块在通道数量、电压和电流范围、电绝缘、诊断和警报功能等方面都存在着差别。S7-400 信号模块不仅能够在中央机架扩展，还可以通过 PROFIBUSDP 连接到 S7-400 中央控制器。支持热插拔，这使更换模块变得极其简单。

3. 功能模块

许多模块还会监控信号采集(诊断)和从过程(过程中断，如边沿检测)中传回的信号。这样便可对过程中出现的错误(如断线或短路)及任何过程事件(如数字量输入时的上升沿或下降沿)立刻做出反应。使用 STEP7 编程软件，即可轻松对控制器的响应进行编程。在数字量输入模块上，每个模块可以触发多次中断。

4. 通信处理器

通信处理器能够轻松地将第三方系统连接至 SIMATIC S7-400 系统中。由于 CP 具有很高的灵活性，因此可以执行不同的物理传输介质、传输速度，甚至是自定义的传输协议。对每一个 CP 都有一个组态包。组态包中带有电子手册、参数化屏幕表单和用于 CPU 和 CP 之间通讯的标准功能块。组态数据存储在系统块中并在 CPU 中备份。因此，在更换模块后，新模块马上就可以使用。

5. 附件

(1) 电源模块。

电源模板(图 3.97)用于转换 220V AC 或 24V DC，通过背板总线向 S7-400 提供 5V DC 和 24V DC。采用冗余电源时，标准系统和容错系统可作为无故障安全系统运行。

(2) 存储卡。

在 S7-400CPU 中可以使用的存储卡有两种：一种是 RAM 卡，用于只需要扩展 CPU 集成的装载存储器，并且需要经常修改程序的状况；另一种是 FEPROM 卡，用于需要在存储卡上永久存储用户程序，即使掉电程序也不会丢失，或者在 CPU 之外使用扩展卡(图 3.98)。为了满足高端应用需求，RAM 卡和 FEPROM 卡的大存储容量均达到 64MB。

(3) 电池。

对于使用 RAM 扩展装载内存的用户，可以通过使用后备电池，使 CPU 在断电情况下保持用户程序。

(4) 接口模板。

S7-400 系统扩展支持本地扩展和远程扩展两种方式。根据扩展方式的不同，选用的接口模板(图 3.99)、连接电缆、传输距离也有所不同。

图 3.97　电源模块　　　图 3.98　扩展存储卡　　　图 3.99　接口模板

① 集中式扩展，长距离 3m，采用 IM460-0 和 IM461-0。
② 集中式扩展，长距离 1.5m，采用 IM460-1 和 IM461-1。
③ 分布式扩展，远距离 100m，采用 IM460-3 和 IM461-3。

第四部分　港口业务管理

第一章　大连 LNG 码头简介

第一节　建 设 规 模

建设 1 座可靠泊船舶舱容量在 $(1\sim26.7)\times10^4m^3$ LNG 船的专用 LNG 装卸泊位，设计年通过能力 688×10^4t。

大连 LNG 码头位于大连新港大孤山半岛鲇鱼湾附近水域，位于大连港 30×10^4t 级油码头和 30×10^4t 级矿石码头之间。

第二节　自 然 条 件

一、气温

多年平均气温为 10.5℃；平均最高气温为 14.8℃；平均最低气温为 6.5℃；极端最高气温为 35.3℃（1972 年 6 月 10 日）；极端最低气温为 -21.1℃（1970 年 1 月 4 日）。

二、风

（一）风况

本区受季风影响，夏季多南风，冬季多偏北风。全年常风向为北向，频率为 19.45%；年平均风速为 5.8m/s，六级以上大风的频率为 8.4%，以北向大风为主；最大风速 34.2m/s，风向北向。

（二）台风

大连海区影响较大的台风平均约两年出现一次，多出现在 6 月至 9 月。

三、雾况

鲇鱼湾全年能见度不大于 1km 的雾日数平均为 58d，4 月至 7 月占全年雾日的 70.4%。雾的平均延时为 9.2h，最长延时为 24h。

四、雷暴

本区雷暴多出现在每年的 5 月至 10 月，12 月至次年的 3 月较少，年平均雷暴日为

19.2d，年最多的雷暴日为 38d，年最少的雷暴日为 9d。

五、水文

（一）潮位

1. 基面关系

大连港基面关系如图 4.1 所示。

2. 潮汐性质及潮型

大连海区的潮型为不规则半日潮。

3. 潮位特征值(以大连筑港零点起算)

平均海平面为 2.23m；历年最高潮位为 5.00m(1985 年 8 月 2 日)；历年最低潮位为 −1.03m(1980 年 10 月 26 日)。年平均高潮位为 3.44m；年平均低潮位为 1.04m；年平均潮差为 2.39m。

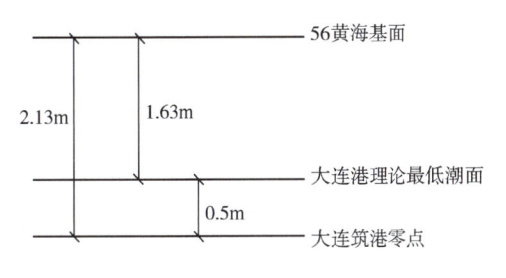

图 4.1　大连港基面关系图

（二）波浪

本海域的实测波浪观测表明：本海域大部分波浪集中在南东向至南向(顺时针方向)的方位上，这 3 个方向上的频率和达 57%，其中南南东向频率高达 29.3%，其次是南东向频率为 15.9%，再次是南向频率为 11.8%。其中波级 $1.0m \leqslant H < 2.0m$ 出现在南南东向和南东向最多，频率分别为 3.7% 和 2.5%；其次是南向，频率为 1.0%。波级超过 2.0m 以上的大浪出现在东南东—南的方位上。本海域没有长周期波浪。波浪以风浪为主，出现平均周期最大为 13s 左右的涌浪，但波高小于 0.5m。大部分涌浪周期小于 10s，波高小于 1m。实测波浪资料分析：较长波周期的波浪(波周期大于 7s 的波浪)在本工程水域集中出现在 7 月、8 月、9 月台风期，说明较长周期涌浪发生与台风关系紧密。

（三）海流

码头海区的潮流属规则半日潮流性质，海流以潮流为主，潮流的运动方式基本为旋转式往复流。工程海域流速、流向受当地水深、地形和观测时间时的风况等多因素影响而不同。总趋势为涨潮流主流向为西—南西，落潮流主流向为东—东北，旋转流运动形式为次。

大小潮流态、流速、流向规律相似，大潮的流速普遍强于小潮。涨潮流略大于落潮流，涨潮历时长于落潮历时 1~2h，工程区流速普遍小于外海流速。

第二章 码头布置

第一节 总平面布置

一、泊位与栈桥布置

泊位与栈桥布置如图4.2所示。

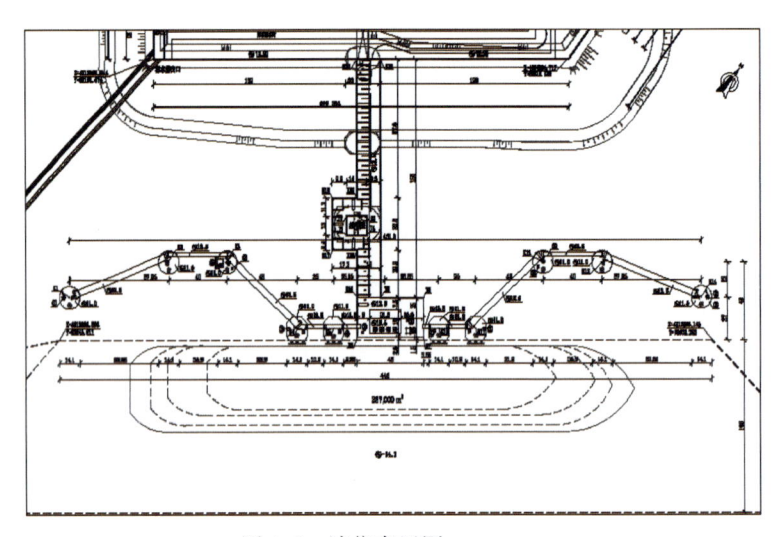

图4.2 泊位布置图

二、陆域布置

接收站陆域由护岸和临时工作船(兼施工)码头组成,护岸总长约为955.60m,包括西护岸、南护岸、东护岸南段和东护岸北段四部分,临时工作船(兼施工)码头总长228.55m,以取水口为界,取水口以南部分建设期为施工码头,运营期为值守工作船的临时停靠点,取水口以北部分仅作为施工码头使用。

三、高程设计

码头工作平台、引桥基础顶高程为13.50m,系、靠船墩顶高程为11.00m,临时工作船(兼施工)码头顶高程为8.13m。码头区地面排水坡度取5‰,向海侧排放。

四、水域布置

船舶回旋水域按椭圆设计,布置在LNG码头前方。椭圆长轴为1035.0m,短轴长度为

862.5m。回旋水域设计底标高为 -15.0m，水域实际天然底标高均在 -18.0m 以下，满足 LNG 船舶吃水深度的要求。

新辟一条 LNG 专用航道，航道位于现有矿石码头航道和 30×10^4t 级油码头航道之间，航道轴线与 30×10^4t 级油码头航道轴线一致，为 17°~197°，与油码头航道底边线间距 480m。由 30m 水深处至回旋水域距离为 2000m，制动水域长度为 1400m，转弯半径 2000m。

第二节 水 工 结 构

一、工作平台

一层工作平台平面尺度为 45.0m×25.0m、顶面高程 13.5m，二层工作平台平面尺度为 21.5m×15.0m，顶面高程 19.5m。码头工作平台基础为两个椭圆形沉箱，椭圆墩台中心距为 29.0m。上部为预制混凝土块体，块体以上现场浇筑异形混凝土实体墩台。沉箱墩台之间以整体式预应力混凝土箱型梁连接。二层操作平台由中国寰球工程公司设计。

二、靠船墩

墩台平面尺寸为 14.1m×14.6m，靠船墩基础为圆沉箱。沉箱内抛填 10~100kg 块石，沉箱顶部安放预制异形块体，异形块体通过预留孔内插入钢轨将上、下层联系在一起，靠船墩上设置三鼓一板 2250H 型鼓型护舷。

三、系缆墩

系缆墩直径 14.1m，基础为圆沉箱，沉箱内抛填 10~100kg 块石，沉箱顶部安放预制扇形块体，其上现浇立柱基础及平台。

工作平台及系、靠墩沉箱结构均坐落于抛石基床上。抛石基床采用 10~100kg 块石，坐落在中风化板岩上。工作平台和靠船墩前沿采用栅栏板护底，其余位置采用 200~300kg 块石护底。

四、系靠船设施

本工程在 MD1、MD2、MD3、MD4、MD5、MD6 系缆墩上各设置一套 4×1500kN 快速脱缆钩，在 BD1、BD2、BD3、BD4 靠船墩上各设置一套 3×1500kN 快速脱缆钩，快速脱缆钩均带有"智能钩"，能在船舶系泊操作开始时满足精确测定系泊缆绳拉力，并可以自动且持续地显示系泊缆绳所受的拉力，通过装置于钩上的报警系统，可监控快速脱缆钩及对高的系泊荷载进行报警。快速脱缆钩为码头专用系泊设备，具有电动绞缆、系缆、脱缆迅速、安全可靠、操作方便等功能和特点。

本工程在 BD1、BD2、BD3、BD4 靠船墩上各水平布置一套 H2250 型标准反力型三鼓一板橡胶护舷，单鼓橡胶护舷设计吸能量为 2472kJ，最大吸能量为 2620kJ，设计反力为 2502kN，最大反力为 2660kN。护舷中心高程为 8.50m，防冲板底高程为 5.0m，顶高程为

10.0m，长度为 9.88m。护舷防冲板与船舶钢板在干燥及湿润的情况下，摩擦系数不应大于 0.2。护舷两鼓间防冲板采用铰接。

系缆墩、靠船墩和工作平台设置 5‰排水坡，护轮坎预埋直径 50mm 排水管。

在系缆墩、靠船墩、工作平台墩上均设置护轮坎，并在不影响系缆区域的护轮坎上均设置不锈钢栏杆。

第三节 桥梁结构

一、主引桥结构

主引桥全长 155.80m，分为三孔，跨径布置为 52.80m + 51.00m + 52.00m，桥宽 16.00m。每跨横向采用 5 榀箱梁，箱梁采用等截面预制简支梁，单榀箱梁长度依次为 43.87m、34.85m 和 41.90m。引桥基础采用沉箱墩，现浇支座梁。引桥设 6 道伸缩缝，伸缩缝采用 C60 型。无纵坡，双向横坡约 1.0%。

二、人行桥结构设计

人行钢桥桥共 6 跨，长度分别为 63.0m、40.0m、65.5m，两侧与工作平台成对称布置。

63.0m 人行桥采用简支单拱钢拱桥结构，矢高 7.8m，计算跨径 62.205，单拱拱片拱肋直径 0.7m；桥面通过纵、横、边梁形成桥面梁格后铺桥面钢板形成桥面。跨中桥宽 3.85m，支点桥宽 4.5m。

40.0m 人行钢桥采用简支实腹式钢板梁桥结构，桥面通过纵、横梁形成桥面梁格后铺桥面钢板形成桥面，桥宽 2.8m。

65.5m 人行桥采用简支单拱钢拱桥结构，矢高 8m，计算跨径 64.3，单拱拱片拱肋直径 0.7m；桥面通过纵、横、边梁形成桥面梁格后铺桥面钢板形成桥面。跨中桥宽 3.85m，支点桥宽 4.5m。

三、桥梁钢结构防腐设计

钢桥制作完毕进行喷砂除锈后油漆，底漆、中间漆、面漆各两道．面漆采用 PV 聚胺酯涂料。应对钢桥涂层进行定期检测，如有脱落应及时修补。

第三章　船舶作业相关方简介

LNG 船舶从前期手续办理、LNG 船舶靠泊、LNG 船接卸作业、LNG 船离泊全过程中，涉及多个单位和部门，现将相关方介绍如下：

（1）海关：负责受理货物进出口岸申报；负责对进出境船舶及人员进行卫生检疫，是外轮入境前第一环节，通常为码头检疫，个别为锚地检疫；负责对进口货物作业前后进行法定检验计量。

（2）边检：负责对船方人员护照、船员证明等进行相关身份查验及出入境管理。

（3）海事处：负责受理、审批辖区内国际国内航行船舶进出口岸申请、进出港查验；监督检查辖区码头、泊位安全状况；现场监督检查辖区内船舶、设施的停泊、作业和辖区内船舶船员配备、持证、适任等情况；负责或参与调查处理辖区内船舶、设施的安全隐患和违章违法行为；负责本辖区授权范围内船舶的安全检查及船舶防污染设备和证书、文书的检查；受理、审批辖区内靠泊船舶排放洗舱水、压舱水、舱底水申请和原油洗舱申请（仅对原油船舶）；负责辖区内港区水域污染监视；应急处理辖区靠泊船舶污染事故并负责其中溢油量（污染危害性物质）低于 1t 的小规模船舶污染事故的调查处理和围控清除工作等。

（4）海事局调度指挥中心：负责组织、协调、落实辖区内有关船舶安全管理和水上安全监督管理工作；按照授权，负责辖区内海事监管及水上行动的统一协调指挥等工作。

（5）海事局船舶交管中心：具体负责实施辖区水上交通管理、组织及服务，监视 VTS 管理区域内船舶、设施的安全动态，维护海上交通秩序，纠正海上交通违法行为并给出处理意见；按规定实施水上交通管制（相当于"海上交警"）；对引航员的具体引航行为实施监督管理。船舶在进出港前须向交管中心提出申请，得到批准后方可进出港。

（6）船代：通常根据贸易模式有船东指定、收货人单方面指定、收发货人共同指定、三种形式（具体依据租船合同）。负责船舶在港期间的一切事物（除码头具体装卸指挥作业外），包括与海关、边检、引水、拖轮、收发货人、港口等相关方的联系协调，包括安排报检、检疫、商检、船员更换及签证、协调边检护照查验、协调海事部门进行船舶查验、安排引水拖轮、有效码头和船方装卸货物、各种港口使费的计算并代为船东支付等事宜，在船舶在港期间起很重要的作用。

（7）第三方商检：通常由收发货人共同委托、或收发货人单方面聘请负责货物交接计量，用以保护相关方的利益并出具相关交接计量报告。

（8）货代：负责对进口货物进行相关货物申报、报关手续。

（9）引航员（俗称"引水"）：负责在船舶靠离泊过程中对船舶进行操纵、指挥、引导，同时指挥拖轮，并配合码头进行船舶定位、系解缆等事务，确保船舶安全、平稳、准确地靠离码头。

（10）拖轮：负责根据引航员指令对所靠离船舶实施顶推拖拽，确保安全、平稳地靠离码头，另外还提供船舶监护及其他指定业务。

第四章 生产运行操作指南

第一节 靠离泊和带缆作业

一、基本要求

(一) 靠离泊作业

LNG 船舶经海关、边检、海事等部门准许后,由引航员引至码头水域。

根据计算,航道及回旋水域范围内的到港 LNG 船舶龙骨下最小综合富裕水深应不小于 2.8m,码头前沿停泊水域范围内的靠泊 LNG 船舶龙骨下最小综合富裕水深应不小于 1.9m。

LNG 船舶进港前,应调整船舶的纵倾和横倾,以降低不利影响。

船舶靠离泊作业必须使用拖轮,所需拖轮总功率建议按国际航海协会指南《Tug Use IN Port》《拖轮在港口的使用》,根据船型、装载量、风浪流等工况条件等确定。船舶靠离泊操纵应遵守《大连液化天然气项目船舶操纵模拟试验和通航安全评估报告》(大连海事大学编制)中提出的通航安全注意事项。船舶靠泊法向速度控制在 0.1m/s 以内。

对于 Q-Flex 和 Q-Max 两种船型,靠泊至少应配备五艘 4800hp 以上的全回转拖轮,离泊至少应配备四艘 4800hp 以上的全回转拖轮。

$14.7×10^4 m^3$:

满载靠泊时:拖轮 3 艘:3×4800hp。

压载离泊时:拖轮 2 艘:2×4800hp。

$8×10^4 m^3$:

满载靠泊时:拖轮 3 艘:3×4800hp。

压载离泊时:拖轮 2 艘:2×4800hp。

LNG 船舶不宜在夜间进出港和靠离泊作业。当需要夜间靠离泊或航行时,需经过海事部门的严格审批手续。

(二) 系泊作业

1. 系缆方式

对于开敞、墩式泊位,系缆的基本原则是加强横缆。根据本工程自然条件、墩位布置特点及 LNG 船的实际情况:推荐 $26.7×10^4 m^3$ LNG 船(Q-max)和 $21.7×10^4 m^3$ LNG 船(Q-flex)均采用"2332"系缆方式,即 2(艏)+3(横)+3(横)+2(倒),艏艉缆对称布置;推荐 $14.7×10^4 m^3$ LNG 船和 8 万 m³ LNG 船(Q-flex)均采用"2222"系缆方式,即 2(艏)+2(横)+2(横)+2(倒),艏艉缆对称布置;其他船型参照布置。

26.7×10⁴m³LNG 船(Q-max)、21.7×10⁴m³LNG 船(Q-flex)、14.72×10⁴m³LNG 船、8×10⁴m³LNG 船的系缆方式如图 4.3 至图 4.6 所示。

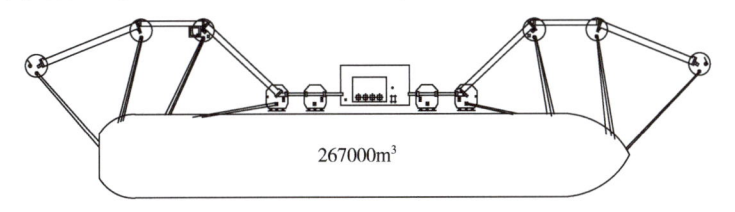

图 4.3　26.7×10⁴m³LNG 船(Q-max)系缆方式示意图

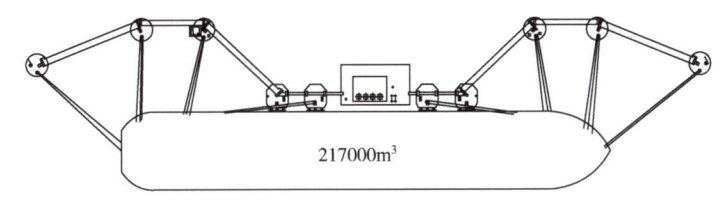

图 4.4　21.7×10⁴m³LNG 船(Q-flex)系缆方式示意图

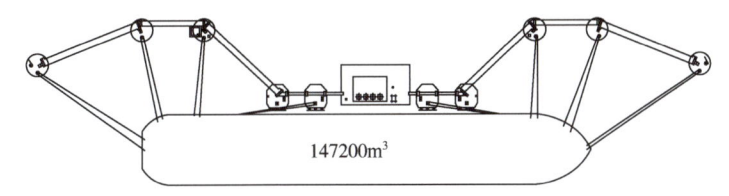

图 4.5　14.7×10⁴m³LNG 船系缆方式示意图

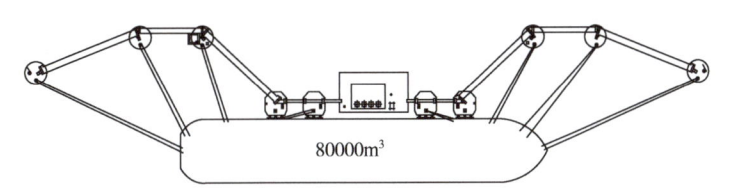

图 4.6　8×10⁴m³LNG 船系缆方式示意图

2. 缆绳初始拉力

为减少船舶的运动量，可以通过调整船舶缆绳的初张力来解决，一般情况下，缆绳初张力可定为 100kN。对于不同长度的缆绳，为有效控制船舶位移量，其初张力可做差异化处理，对于起类似作用的较长缆绳，其初张力应该略大才能与其他缆绳实现更好的配合以完成对船舶的约束。

3. 安全事项

（1）脱缆钩每个钩头只允许同时系一根缆绳，每台脱缆滑车只允许同时绕过一根缆绳。

（2）在单根缆绳最大拉力不超过 1500kN 的情况下，每个系缆墩最多允许同时系四根缆绳（每台滑车相当于同时系两根缆绳），每个靠船墩最多允许同时系三根缆绳。

（3）根据《液化天然气码头设计规范》(JTS 165-5—2016)中的强制性规定，LNG 船舶装卸作业时，应有一艘警戒船在附近水面职守，并至少有一艘消防船或消拖两用船在旁监护。

（4）系缆作业时要注意观察 LNG 船舶卸料口和卸料臂法兰口位置是否对应，并和引航员及船方人员保持联系，调整好靠泊位置。

（5）钢缆与纤维缆的接头为中心的10°锥形范围（该点与码头上系缆点连线两侧各5°锥形范围）内为非常危险的区域，人员不应在此区域久留。只有受过良好的预防事故训练的人员才可以进行带缆作业或在码头上活动。

（6）脱缆钩一般不使用自动脱放功能，严格控制使用远程脱缆功能，且必须确保现场无人且极度危急情况下方可远程脱缆。

（7）带缆工作人员可采用绞缆机辅助带缆，但应注意选择合适的绞缆速度，初期阶段不宜选择高速绞缆。

（8）本工程系缆装置配备应力监测系统，应在泊位运营中检验监测系统所得数据的可靠性，并逐步积累经验，根据应力监测数据调整缆绳松紧程度及完善大纲内容。

4. 注意事项

（1）应随时掌握本地区的气象预报，注意风速、风向、波浪、潮位和流速变化，及时告知船方，合理布置缆绳，对于缆绳的长度、松紧、角度及缆绳数量应根据风、浪、流、潮位和船舶配载等情况及时调整，使船舶纵轴基本平行于码头轴线。

（2）根据当地的潮流条件，在极端条件到来之前，通知船方必须进行一次全方位的缆绳检查，准备紧急离泊。

（3）自然条件较好时，可自行调整缆绳，且必须在涨急、落急前调整完成。条件稍差（包括但不限于风、浪、流、潮差、船舶状态等因素）时，应有拖轮辅助才可调整缆绳。无拖轮守候且条件较差时，不得进行缆绳调整。

（4）调整缆绳时，首先应拉紧松弛的缆绳。同一时间内仅可收放一根缆绳。当收放一根倒缆时，其对应的倒缆也必须调整。卸货期间或涨潮时，应观察橡胶护舷压缩情况，过分拉紧缆绳，会造成护舷压缩。

（5）船舶系泊过程中，不宜使用钢缆，避免混合使用各式各样的缆绳（如混合使用钢缆和纤维缆），各墩上系泊缆绳长度应尽可能相同。

（6）使用快速脱缆钩和脱缆滑车等设备应严格执行相应的操作规程。

（7）应密切观测水流变化，注意流速、流向变化对船舶的不利影响。

（8）码头人员应根据经验，结合当地自然条件和拖轮配备情况，合理处置其他可能出现的不利情况。

二、环境限制条件

根据大连LNG码头所处地理位置、大连地区自然气象条件及周边水域情况，根据LNG船舶靠离泊作业相关规范制定大连LNG船舶环境限制条件。

（一）风速限制

（1）靠泊时，横风（南东向）最大为6级（$v=13m/s$），其他风向不大于7级（$v=15m/s$）。码头前沿水域出现东南风、风力达6级（$v=13m/s$）并有增大趋势时，严禁船舶进港靠泊。

（2）卸船作业时，横风（南东向）最大为6级（$v=13m/s$），其他风向不大于7级（$v=15m/s$）。

（3）东南风风力不小于7级（$v=15m/s$），或离岸风风力不小于8级（$v=20m/s$）应离泊。

（4）船舶进出港航行横风（南东向）最大为 7 级（$v=15$m/s），其他风向不大于 8 级（$v=20$m/s）。

（二）流速限制

LNG 船舶作业条件流速限制见表 4.1。

表 4.1 LNG 船舶作业条件流速限制

作业阶段	流速 横流（m/s）	流速 顺流（m/s）
进出港航行	<1.5	≤2.5
靠离泊操作	<0.5	<1.0
装卸作业	<1.0	<2.0
系泊	≤1.0	<2.0

注：流向与码头轴线角度小于 15°为顺流，大于或等于 15°为横流。应尽可能选择在缓流时段进行靠离泊操纵。

（三）波浪

根据本工程船舶系靠泊物理模型试验研究报告，给出不同舱容船舶在不同的作业条件下的波浪限制条件，详见表 4.2 至表 4.5（注：装卸作业时以横移量 1.2m 为标准，系泊时以单根缆绳张力小于 750kN 为标准控制）。

表 4.2 波浪限制条件（8×10^4m³ 船）

序号	作业阶段	横浪 $H_{4\%}$ 周期（s）	横浪 $H_{4\%}$ 波高（m）	顺浪 $H_{4\%}$ 周期（s）	顺浪 $H_{4\%}$ 波高（m）	横移量（m）
1	进出港航行	≤7	≤2.0	≤7	≤3.0	—
2	靠泊操作	≤7	≤1.2	≤7	≤1.5	—
3	装卸作业	≤7	≤0.9	≤7	≤1.5	<1.2
4	系泊	≤7	≤1.5	≤7	<2.0	—

表 4.3 波浪限制条件（14.7×10^4m³ 船）

序号	作业阶段	横浪 $H_{4\%}$ 周期（s）	横浪 $H_{4\%}$ 波高（m）	顺浪 $H_{4\%}$ 周期（s）	顺浪 $H_{4\%}$ 波高（m）	横移量（m）
1	进出港航行	≤7	≤2.0	≤7	≤3.0	—
2	靠泊操作	≤7	≤1.2	≤7	≤1.5	—
3	装卸作业	≤7	≤1.2	≤7	≤1.5	<1.2
3	装卸作业	7<H≤9	≤0.7	≤7	≤1.5	<1.2
4	系泊	≤7	≤1.5	≤7	<2.0	—
4	系泊	7<H≤9	≤1.0	≤7	<2.0	—
4	系泊	9<H≤11	≤0.8	≤7	<2.0	—

表 4.4　波浪限制条件($21.7×10^4 m^3$船)

序号	作业阶段	横浪 $H_{4\%}$ 周期(s)	横浪 $H_{4\%}$ 波高(m)	顺浪 $H_{4\%}$ 周期(s)	顺浪 $H_{4\%}$ 波高(m)	横移量(m)
1	进出港航行	≤7	≤2.0	≤7	≤3.0	—
2	靠泊操作	≤7	≤1.2	≤7	≤1.5	—
3	装卸作业	≤7	≤1.2	≤7	≤1.5	<1.2
3	装卸作业	7<H≤9	≤0.5	≤7	≤1.5	<1.2
4	系泊	≤7	≤1.5	≤7	<2.0	—
4	系泊	7<H≤9	≤0.5	≤7	<2.0	—
4	系泊	9<H≤11	≤0.4	≤7	<2.0	—

表 4.5　波浪限制条件($26.6×10^4 m^3$船)

序号	作业阶段	横浪 $H_{4\%}$ 周期(s)	横浪 $H_{4\%}$ 波高(m)	顺浪 $H_{4\%}$ 周期(s)	顺浪 $H_{4\%}$ 波高(m)	横移量(m)
1	进出港航行	≤7	≤2.0	≤7	≤3.0	—
2	靠泊操作	≤7	≤1.2	≤7	≤1.5	—
3	装卸作业	≤7	≤1.2	≤7	≤1.5	<1.2
3	装卸作业	7<H≤9	≤0.6	≤7	≤1.5	<1.2
4	系泊	≤7	≤1.5	≤7	<2.0	—
4	系泊	7<H≤9	≤1.0	≤7	<2.0	—
4	系泊	9<H≤11	≤0.7	≤7	<2.0	—

（四）能见度

无论任何原因，如果能见度低于 1n mile，则不允许 LNG 运输船在进港航道中航行。

（五）雷暴

在出现闪电时，停止所有的卸货作业。

第二节　卸货作业流程

LNG 船舶系好缆绳后，海关、边检、海事将对 LNG 船舶进行查验；查验通过后方可进行接卸船作业。首先由岸方负责人与船长、大副、轮机长、货物工程师、第三方商检人员开船前会，就卸货程序及卸货过程中各方关注点进行交流，若有异议则进行商讨解决。各方无异议后进行后续作业。

通信线缆连接后进行卸料臂对接；进行卸料臂气密测试，待气密合格后可进行首次计量作业（为确保计量准确性，船舶姿态应处于水平状态）；热态 ESD 安全测试无误后，进行卸料臂预冷；用较小的卸船流量来冷却卸载臂及辅助设施，预冷达标后进行冷态 ESD 测试；完成冷态 ESD 测试后可进行卸货作业。

岸方需根据船舱 LNG 与储罐内 LNG 船密度差决定采用哪种进料方式比较合适。一般卸货作业包括提量阶段、全速阶段、降量阶段三个步骤。

卸船期间，随着 LNG 从船上卸至站内 LNG 储罐内，船舱内压力会降低，岸上储罐压力会升高，LNG 储罐与 LNG 船舱的压差会将储罐内 BOG 返回给 LNG 船，返气 BOG 量一般由船方气相压力调节阀来控制。

当卸载 LNG 速度达到全速阶段时，岸上的在线分析仪将投入使用，将对全速阶段的 LNG 进行采样，卸货接收后将样瓶送至化验室进行组分分析，以协助确认 LNG 的组分。

卸货结束后，确认船舱内所有卸货泵停止后，可进行卸料臂置换吹扫作业，待卸料臂 CH_4 含量合格后进行卸料臂拆除作业；拆完通信线缆，收回登船梯后可安排进行离泊作业。

第五章　船舶作业期间主要风险及应急处置程序

根据 LNG 船舶接卸特点，作业过程中主要包括船舶断缆、LNG 卸漏、人员坠海、船舶碰撞等主要风险控制因素，本章将对以上风险控制因素进行分别阐述。

第一节　船舶断缆事故应急处置

一、事故现象

缆绳实际所受拉力大于缆绳本身破断力而引发的缆绳断裂，当船舶缆绳琵琶扣磨损严重、断股较多时，容易出现断缆情况。

二、危害描述

断缆后，如果缆绳附近有人巡检，断缆击中人体可能有生命危险，船舶将有可能出现失控情况，进而影响接卸 LNG 船舶安全和现场作业安全。

三、处置程序

（1）现场操作人员：通知港务人员及中控人员发现船舶断缆。
（2）现场操作人员：疏散现场无关人员，设置警戒带。
（3）港务人员：联系监护拖轮，要求船方立即更换缆绳并安排带系缆人员到码头配合，如与船方共同确认现场情况有恶化趋势，与船方商定是否停止卸料并做好吹扫、收臂及紧急离泊准备，汇报主管领导。
（4）中控人员：汇报当班总监并做好停止卸料准备，时刻监控缆绳张力。
（5）现场操作人员：现场监护，做好紧急吹扫、拆臂准备。
（6）中控人员：通知保运人员到现场做好更换缆绳或解缆准备。

四、注意事项

无关人员远离现场，处置人员穿戴救生衣；如险情发生在交接班时间，应中止交接班，直至险情解除。

第二节　LNG 泄漏事故应急处置

一、事故现象

LNG 发生泄漏，泄漏部位通常会有异常声音、喷出白色雾状气体、结霜；泄漏量比较大时，有无色液体流淌至地面。

二、危害描述

泄漏出的气体、液体均为低温，容易造成冻伤；另外人在气体内部如果没有佩戴呼吸器容易造成窒息；遇到明火等容易造成爆炸着火，遇水会发生闪蒸，导致冷爆炸等。

三、处置程序

（1）现场操作人员：通知中控和港务人员发现 LNG 泄漏。

（2）港务人员：通知船方和中控停止卸料。

（3）现场操作人员：疏散人群至上风向安全位置，或按照应急逃生通道撤离。

（4）当班总监：汇报主管领导。

（5）现场操作人员：划出警戒区域并设置警戒带，对周边进行甲烷气体含量监测，杜绝一切火源。

（6）现场操作人员：通过卸料臂泄压线对此卸料臂泄压后停用此卸料臂，注意监控此卸料臂是否超压，并及时泄压。

（7）现场操作人员：关闭卸料臂双球阀。

（8）中控人员：关闭卸料臂的紧急切断阀阀。

（9）泄漏的 LNG 进行自然蒸发。

（10）港务人员：联系船方停用此卸料臂尽快利用另外两条臂重新开始卸料，并给予船方两条臂的卸料能力数据。

四、注意事项

疏散无关人员远离现场、操作人员穿戴防冻服、防冻手套、面罩，携带可燃气体探测工具，使用防爆工具，必要时配备空气呼吸器，禁止一切火源，并于现场设置警戒线。

第三节　系缆人员坠海事故应急处置

一、事故现象

码头系解缆及巡检时，工作人员不慎坠海。

二、危害描述

坠海会发生溺水，溺水可造成溺水者四肢发凉、意识丧失，重者因心跳、呼吸停止而死亡。

三、处置程序

（1）现场操作人员：向落水者抛救生圈，同时通知中控发现有人员坠海。

（2）现场操作人员：现场监护，切勿盲目下海施救。

· 219 ·

(3) 中控人员：汇报当班总监和港务人员。
(4) 港务人员：汇报主管领导，用高频对讲机向海事呼叫或联系拖轮及其他船舶施救。
(5) 当班总监：安排相关专业人员带好救援设备紧急去往坠海地点配合施救，并拨打急救电话。
(6) 中控人员：安排门岗做好迎接救护车的准备，并保持救生通道畅通。

四、注意事项

作业人员掉入水中时，先不要惊慌，大声呼喊"救命"，以使附近人员听到"救命"声时，及时赶来救护，并试图抓住木板、绳木等。救援人员采用救生圈等救生器材或联系拖轮及其他船舶施救。

第四节　碰撞等事故应急处置

一、事故现象

LNG 船靠泊、离泊过程中碰撞靠船墩，LNG 船在码头水域出现搁浅、停航、损坏等险情。

二、危害描述

码头船舶事故将导致潜在的人员伤亡、船舶损坏及水域环境污染等重大事故及财产损失。

三、处置程序

(1) 码头操作人员：发现事故如实汇报中控。
(2) 中控：核查事故情况、做好记录，及时汇报当班总监、港务人员。
(3) 当班总监：汇报部门主任，由部门主任决定是否需要外协部门支持。
(4) 港务人员：与船方保持沟通，传达指令。联系海事部门，协助事故水域交通管制。若正在卸货，指挥停止作业并酌情安排船舶是否离港。

四、注意事项

遵循"保护人员生命安全优先"的原则，首先保证人身安全（包括救护人员和遇险人员）；尽可能地降低财产损失，防止次生灾害事故发生；采取紧急避险措施，事故发生后组织非抢险救灾人员向指定区域集结避险。

第六章　港口经营主要资质

第一节　中华人民共和国港口经营许可证

为了加强港口管理，维护港口的安全与经营秩序，保护当事人的合法权益，促进港口的建设与发展，依据《中华人民共和国港口法》从事港口经营，应当向港口行政管理部门书面申请取得港口经营许可，并依法办理工商登记。港口行政管理部门实施港口经营许可，应当遵循公开、公正、公平的原则。港口经营包括码头和其他港口设施的经营，港口旅客运输服务经营，在港区内从事货物的装卸、驳运、仓储的经营和港口拖轮经营等。

一、港口经营许可组织机构

《港口经营许可证》为行政许可证书，主管与审批部门均为大连市交通运输局，有效期为三年，期满可申请办理延续手续。

二、港口经营许可标准条件

（1）从事港口经营，应当申请取得港口经营许可。港口经营业务申请书是申请人向港口经营主管部门报送的申请经营港口业务的法律文书。

根据国家有关港口经营管理的规定，从事港口经营（港口理货除外），应当具备下列条件：

① 有固定的经营场所。

② 有与经营范围、规模相适应的港口设施、设备，其中：码头、客运站、库场、储罐、污水处理设施等固定设施应当符合港口总体规划和法律、法规及有关技术标准的要求；为旅客提供上（下）船服务的，应当具备至少能遮蔽风、雨、雪的候船和上（下）船设施；为国际航线船舶服务的码头（包括过驳锚地、浮筒），应当具备对外开放资格；为船舶提供码头、过驳锚地、浮筒等设施的，应当有相应的船舶污染物、废弃物接收能力和相应污染应急处理能力，包括必要的设施、设备和器材。

③ 有与经营规模、范围相适应的专业技术人员、管理人员。

（2）申请从事港口经营，应当提交下列相应文件和资料：

① 港口经营业务申请书。

② 经营管理机构的组成及其办公用房的所有权或者使用权证明。

③ 港口码头、库场、储罐、污水处理等固定设施符合国家有关规定的竣工验收证（明）书及港口岸线使用批准文件。

④ 使用港作船舶的，港作船舶的船舶证书。

⑤ 负责安全生产的主要管理人员通过安全生产法律法规要求的培训证明材料。
⑥ 证明符合规定条件的其他文件和资料。

申请从事港口经营，申请人应当向港口行政管理部门提出书面申请及相关文件资料。港口行政管理部门应当自受理申请之日起三十个工作日内做出许可或者不许可的决定。符合资质条件的，由港口行政管理部门发给《港口经营许可证》，并在因特网或者报纸上公布；不符合条件的，不予行政许可，并应当将不予许可的决定及理由书面通知申请人。《港口经营许可证》应当明确许可经营的港口业务种类。

三、港口经营许可证审批流程图

港口经营许可证审批流程如图 4.7 所示。

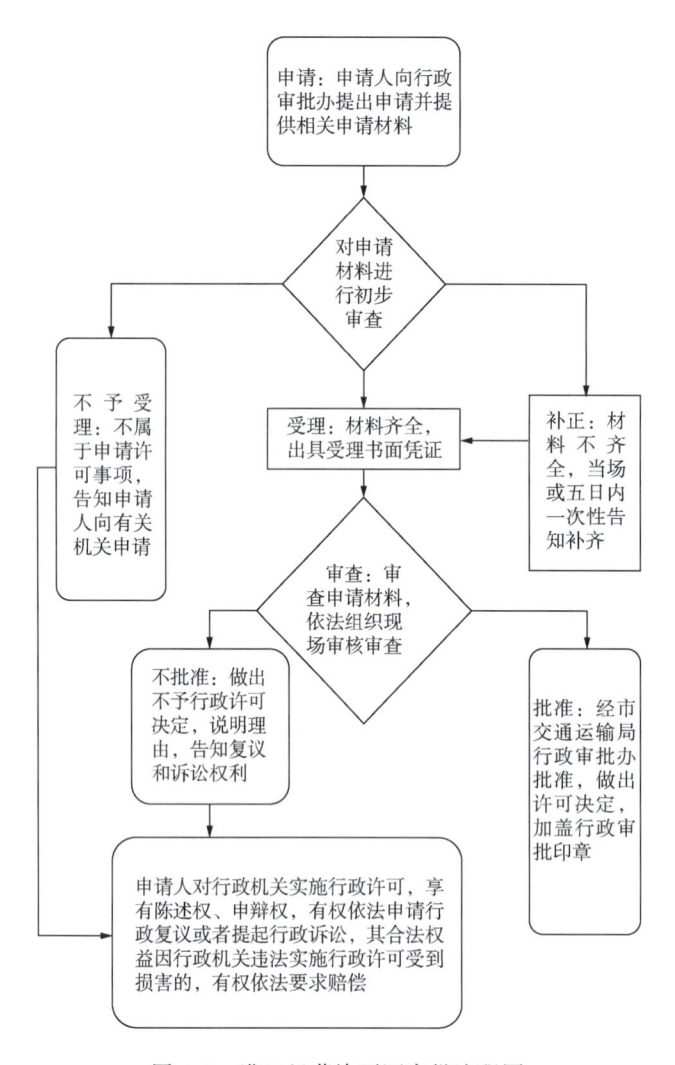

图 4.7 港口经营许可证审批流程图

第二节　中华人民共和国港口危险货物作业附证

根据中华人民共和国交通运输部《港口危险货物安全管理规定》，所在地港口行政管理部门应当自受理申请之日起三十日内做出许可或者不予许可的决定。符合许可条件的，应当颁发《港口经营许可证》，并对每个具体的危险货物作业场所配发《港口危险货物作业附证》。《港口危险货物作业附证》应当载明危险货物港口经营人、作业场所、作业方式、作业危险货物品名（集装箱和包装货物载明到"项别"）、发证机关、发证日期、有效期和证书编号。

一、港口危险货物作业附证组织机构

《港口危险货物作业附证》主管与审批部门均为大连市交通运输局，《港口危险货物作业附证》有效期不得超过《港口经营许可证》的有效期。《港口危险货物作业附证》有效期届满之日三十日以前，向发证机关申请办理延续手续。

二、港口危险货物作业附证标准条件

（1）有固定的经营场所。
（2）有与经营范围、规模相适应的港口设施、设备，其中：
① 码头、客运站、库场、储罐、污水处理设施等固定设施应当符合港口总体规划和法律、法规及有关技术标准的要求。
② 为旅客提供上（下）船服务的，应当具备至少能遮蔽风、雨、雪的候船和上（下）船设施。
③ 为国际航线船舶服务的码头（包括过驳锚地、浮筒），应当具备对外开放资格。
④ 为船舶提供码头、过驳锚地、浮筒等设施的，应当有相应的船舶污染物、废弃物接收能力和相应污染应急处理能力，包括必要的设施、设备和器材。
（3）有与经营规模、范围相适应的专业技术人员、管理人员。
（4）有健全的经营管理制度和安全管理制度及生产安全事故应急预案，应急预案经专家审查通过。
（5）设有安全生产管理机构或者配备专职安全生产管理人员。
（6）具有健全的安全管理制度、岗位安全责任制度和操作规程。
（7）有符合国家规定的危险货物港口作业设施设备。
（8）有符合国家规定且经专家审查通过的事故应急预案和应急设施设备。
（9）从事危险化学品作业的，应当具有取得从业资格证书的装卸管理人员。

三、港口危险货物作业附证审批流程图

港口危险货物作业附证审批流程如图4.8所示。

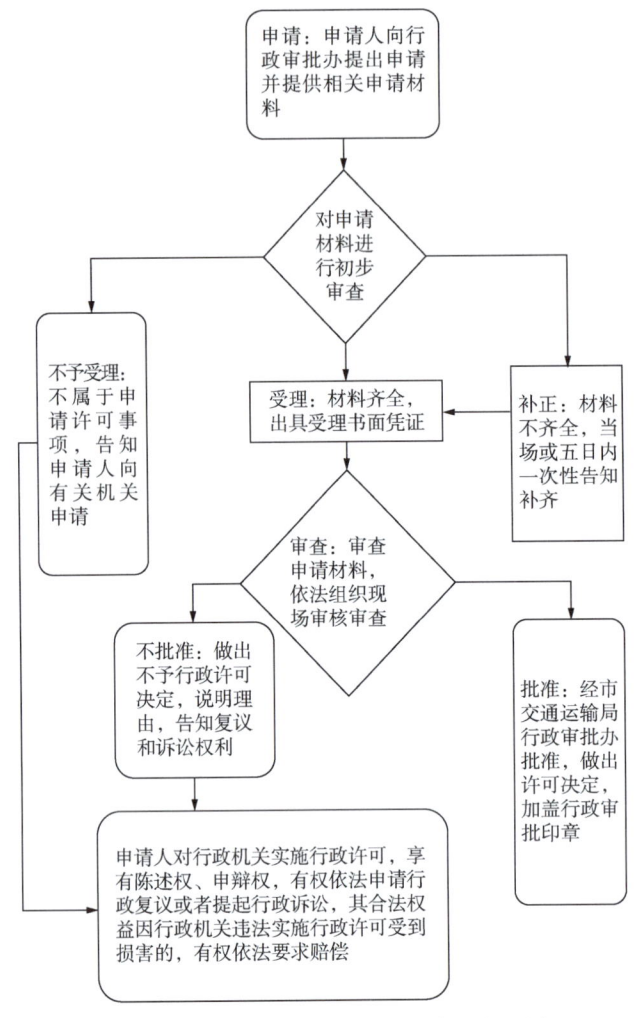

```
                    ┌─────────────┐
                    │申请：申请人向行│
                    │政审批办提出申请│
                    │并提供相关申请材│
                    │料           │
                    └──────┬──────┘
                           │
                    ┌──────┴──────┐
                    │ 对申请材料进  │
                    │  行初步审查  │
                    └──┬───┬───┬──┘
                       │   │   │
       ┌───────────────┘   │   └──────────────┐
       │                   │                  │
┌──────┴──────┐    ┌───────┴───────┐   ┌──────┴──────┐
│不予受理：不属│    │受理：材料齐全，│   │补正：材料不 │
│于申请许可事 │    │出具受理书面凭证│   │齐全，当场或 │
│项，告知申请 │    └───────┬───────┘   │五日内一次性 │
│人向有关机关 │            │           │告知补齐    │
│申请         │    ┌───────┴───────┐   └─────────────┘
└─────────────┘    │审查：审查申请 │
                    │材料，依法组织 │
                    │现场审核审查   │
                    └──┬─────────┬──┘
                       │         │
              ┌────────┴───┐ ┌───┴────────┐
              │不批准：做出│ │批准：经市  │
              │不予行政许可│ │交通运输局  │
              │决定，说明理│ │行政审批办  │
              │由，告知复议│ │批准，做出  │
              │和诉讼权利 │ │许可决定，  │
              └──────┬─────┘ │加盖行政审  │
                     │       │批印章      │
                     │       └────────────┘
              ┌──────┴────────────────────────┐
              │申请人对行政机关实施行政许可，享│
              │有陈述权、申辩权，有权依法申请行│
              │政复议或者提起行政诉讼，其合法权│
              │益因行政机关违法实施行政许可受到│
              │损害的，有权依法要求赔偿       │
              └───────────────────────────────┘
```

图 4.8　港口危险货物作业附证审批流程图

第三节　港口设施保安符合证书

《港口设施保安计划》经所在地港口行政管理部门审核并按要求修改后，港口设施经营人或者管理人应当向省级交通运输（港口）管理部门申请《港口设施保安符合证书》，并提交以下材料：

（1）申请书；
（2）港口经营许可证及港口危险货物作业附证（如有）的复印件；
（3）《港口设施保安评估报告》；
（4）《港口设施保安计划》，以及所在地港口行政管理部门出具的审核意见。

省级交通运输（港口）管理部门参考所在地港口行政管理部门出具的审核意见和相关港口设施的实际情况对申请材料进行审查。符合保安要求的，颁发《港口设施保安符合证书》；不符合保安要求的，不予颁发并书面说明理由。

《港口设施保安符合证书》应当自受理之日起二十个工作日内完成颁发工作。二十个工作日内不能做出决定的，经本机关负责人批准，可以延长十个工作日，并应将延长期限的理由告知申请人。

《港口设施保安符合证书》由省级交通运输(港口)管理部门指定的负责人签发，签发后应当及时通知相关交通运输(港口)管理部门。

《港口设施保安符合证书》的有效期为五年。在有效期内每年由省级交通运输(港口)管理部门核验一次。

《港口设施保安符合证书》年度核验期限为签发之日起每周年的前三个月和后三个月。

港口设施经营人或者管理人应当于《港口设施保安符合证书》签发之日起每周年的前三个月内，向省级交通运输(港口)管理部门提出年度核验申请，并提交如下材料：

（1）《港口设施保安符合证书》年度核验申请表；
（2）《港口设施保安符合证书》正(副)本；
（3）港口设施保安年度工作报告；
（4）港口设施保安自评表；
（5）其他需要提交的文件。

前款所称港口设施保安年度工作报告由港口设施保安主管负责编写，港口设施经营人或者管理人应当盖章确认。港口设施保安年度工作报告应当全面反映《港口设施保安计划》的落实情况、接受相关培训情况、保安训练、演习情况及记录、保安事件发生的情况及记录、《港口设施保安计划》修改记录等内容。

省级交通运输(港口)管理部门应当自受理之日起二十个工作日内完成《港口设施保安符合证书》年度核验。二十个工作日内不能完成的，经本机关负责人批准，可以延长十个工作日，并应将延长期限的理由告知申请人。年度核验内容包括：

（1）港口设施保安组织结构；
（2）港口设施保安主管及相关人员是否具备履行其职责的知识和能力；
（3）港口设施保安设备状况及运行情况；
（4）港口设施保安通信状况；
（5）港口设施保安规章制度及实施情况；
（6）港口设施保安训练、演习情况；
（7）《港口设施保安计划》所确定保安措施及程序的落实情况；
（8）港口设施保安事件发生及应对情况；
（9）《港口设施保安计划》的年度调整情况；
（10）其他与港口设施保安工作有关的事项。

年度核验时，省级交通运输(港口)管理部门可以对港口设施上一年度的保安工作进行核查，也可以委托港口所在地港口行政管理部门核查并接受其提交的核查报告。

第四节　码头开放手续

拟停靠外籍船舶的码头，必须申请取得相关开放手续。

建设标准参考《国家口岸查验基础设施建设标准》。
验收标准参考《口岸验收管理办法(暂行)》。
以下为原文：

第一章 总 则

第一条 为规范口岸验收管理，保障查验监管需要，促进口岸便利通行，根据《国务院关于改进口岸工作支持外贸发展的若干意见》(国发〔2015〕16号)，特制定本办法。

第二条 口岸验收是指国家口岸管理部门会同国务院有关部门、有关军事机关，依照相关程序对水运、航空、铁路、公路口岸开放运行准备工作组织的检查和确认。口岸验收是口岸正式开放的前提，是口岸严密监管和高效运转的基础。

第三条 对外开放、扩大开放口岸的验收适用于本办法。

对外开放、扩大开放口岸由国家口岸管理部门组织验收。已开放口岸开放范围内新建、改建码头泊位由省(自治区、直辖市)人民政府口岸管理部门组织验收，省(自治区、直辖市)人民政府批准启用(国家另有规定的除外)，同时报国家口岸管理部门备案。

第四条 口岸的验收应在国务院批复口岸开放后3年内完成，经国家口岸管理部门批准可延期1年验收。通过验收后，口岸按程序实现开通运行。

第二章 验收的准备

第五条 申请口岸验收应具备以下条件：
(一) 国务院已批准口岸对外开放、扩大开放。
(二) 口岸基础设施、查验基础设施符合国家有关规定和查验基础设施建设标准。
(三) 港口、码头、机场、铁路车站等基础设施生产运行所需审批手续履行完毕。
(四) 相关国防、军事设施的保护措施符合规定。
(五) 配置完成国务院批准的查验机构和人员。
(六) 口岸区域划定清晰。
(七) 口岸规范安全运行机制及配套管理制度已建立。

第六条 省(自治区、直辖市)人民政府口岸管理部门书面申请口岸验收的材料应包括以下要素：
(一) 口岸基础设施及查验基础设施建设情况，查验基础设施、设备共享共用情况。
(二) 直属口岸查验机构同意组织口岸验收的意见。
(三) 需要整改落实的意见、建议及完成时限。

第三章 验收的组织

第七条 省(自治区、直辖市)人民政府口岸管理部门提出验收申请。

(一) 口岸查验基础设施建成后，省(自治区、直辖市)人民政府口岸管理部门书面征求直属口岸查验机构、有关军事机关、所在地省(自治区、直辖市)人民政府有关部门意见，针对需要整改落实的意见、建议，提出解决措施及完成时限，并及时整改。

(二) 省(自治区、直辖市)人民政府口岸管理部门商直属口岸查验机构、有关军事机关、口岸所在地省(自治区、直辖市)人民政府有关部门同意后向国家口岸管理部门提出验收申请，随附第六条相关材料。

第八条 国家口岸管理部门牵头审核验收材料，并组织现场检查。

（一）国家口岸管理部门收到验收申请后，会同公安部、海关总署、质检总局、中央军委机关有关部门及外交部(陆路边境口岸)、交通运输部(水运口岸)、民航局(航空口岸)、铁路局(铁路口岸)、铁路总公司(铁路口岸)对验收材料进行审查，符合条件后，组织现场检查，形成验收纪要。

（二）具备一定条件的，国家口岸管理部门可以委托省(自治区、直辖市)人民政府口岸管理部门会同直属口岸查验机构、有关军事机关以及口岸所在地省(自治区、直辖市)人民政府外事(陆路边境口岸)、民航(航空口岸)、铁路(铁路口岸)等单位组织现场检查，形成验收纪要。

国家口岸管理部门审查通过口岸验收纪要后，向省(自治区、直辖市)人民政府印发口岸验收纪要执行。

第九条 兼具以下条件可以委托现场检查：

（一）口岸扩大开放的项目。

（二）临时开放运行超过三年的项目。

（三）申请口岸验收材料中无需要整改且国务院有关部门、有关军事机关未提出整改要求的项目。

第十条 委托现场检查按以下程序组织：

（一）国家口岸管理部门会同国务院有关部门、有关军事机关审查省(自治区、直辖市)人民政府口岸管理部门验收申请时，一并确定是否委托检查。

（二）同意委托检查的，国家口岸管理部门向省(自治区、直辖市)人民政府口岸管理部门制发委托检查文件，委托文件作为口岸验收依据之一。

（三）受委托的省(自治区、直辖市)人民政府口岸管理部门参照本办法第十四、十五条规定组织现场检查后，向国家口岸管理部门报送口岸验收纪要。

第十一条 口岸未通过验收的，在各责任主体整改落实后，由省(自治区、直辖市)人民政府口岸管理部门再次提出验收申请。国家口岸管理部门按照本办法第七、八条的规定组织验收。

第十二条 国家口岸管理部门印发口岸验收纪要后公布口岸开放，边境口岸经两国外交换文后再正式开通，水运口岸、航空口岸履行国家相关程序后再正式运行。

第四章 验收的内容

第十三条 口岸验收内容依照《国家口岸查验基础设施建设标准》及查验部门相关业务规范实施。

第十四条 验收内容包括：

（一）查验场地、物理围网、业务用房及附属设施。

（二）出入通道卡口、视频监控等查验设备，并按查验机构各自法定职责与各机构系统联网。

（三）水电通讯、光纤网络、标识标牌等配套设施。

（四）国务院批复的查验机构人员配置方案落实情况。

（五）查验设施设备共享共用情况。

（六）法律规定的港口、码头、机场、铁路车站等基础设施生产运行所需审批手续。

（七）口岸规范安全运行机制及配套管理制度等。

（八）口岸查验机构业务系统正常运行。

第十五条　通过验收后口岸应具备开通运行的全部条件。个别建设周期较长的口岸查验设施项目，地方政府应予书面承诺，明确时限并如期完成。

第五章　验收的监督

第十六条　口岸通过验收但验收纪要中明确有整改意见的，各责任主体应在商定的时限内落实，逾期未完成的，应向国家口岸管理部门书面说明情况。不落实整改且未主动说明情况的，国家口岸管理部门应责令限期整改，逾期未完成整改且继续运行可能造成严重后果的，口岸予以暂停运行。

第十七条　口岸所在地县级以上人民政府应加强督促检查，按职责落实整改措施。

国务院有关部门、有关军事机关可以书面形式向国家口岸管理部门反映验收整改未落实事项。

国家口岸管理部门在验收通过后可对验收纪要落实情况回访检查。

按照国家规定期限无法完成口岸验收的，依据有关规定启动口岸退出程序。

第十八条　口岸未经验收或验收未通过、擅自对外开放运行的，由国家口岸管理部门予以通报并责令停止运行。

情节严重的，依据干部管理权限由任免机关或监察机关对相关责任人依照法律法规和国家有关规定给予行政处分。

造成非法出入境、走私等的，依法追究相应法律责任。

第六章　附　　则

第十九条　已开放口岸开放范围内新建、改建码头泊位的验收，由省(自治区、直辖市)人民政府口岸管理部门根据本办法制定实施细则。

第二十条　本办法下列用语的含义：

直属口岸查验机构，是指直接隶属于国务院有关部门、负责一定行政区域内的出入境边防检查、海关、出入境检验检疫机构和承担口岸查验职责的海事机构。

第二十一条　本办法由国家口岸管理部门负责解释，自印发之日起施行。

第五节　经营海关监管场所企业注册登记证书

一、法律依据

（一）《海关总署关于明确海关监管作业场所行政许可事项的公告》（〔2017〕37号）

（1）申请经营海关监管作业场所的企业(以下称申请人)应当具备的条件及需要提交的材料，按照《中华人民共和国海关监管区管理暂行办法》第十四条和第十五条有关规定执行。

（2）申请人应当对所提交材料的真实性、合法性、有效性承担法律责任。主管海关可以通过信息化系统获取有关材料电子文本的，申请人无需另行提交。

（3）主管海关应当对申请经营的海关监管作业场所是否符合《海关监管作业场所设置规范》（由海关总署另行制定并公告）进行实地验核。

（4）经审核符合注册条件的，主管海关应当制发《中华人民共和国××海关经营海关监管作业场所企业注册登记证书》（以下简称《注册登记证书》）。《注册登记证书》自制发之日起有效期为三年。

（5）经营海关监管作业场所的企业注册资质不得转让、出租、出借。

（6）有下列情形之一的，海关监管作业场所的经营企业应当向主管海关提交《经营海关监管作业场所企业变更申请书》及相关材料，办理海关手续：

① 海关监管作业场所面积发生变更的；

② 海关监管作业场所类型发生变更的；

③ 注册登记证书》所载其他内容发生变更的。

经审查同意变更的，主管海关应当换发《注册登记证书》。海关监管作业场所变更经营主体的，应当办理注销手续，并且重新申请设立。经审查认为不属于变更情形的，主管海关应当书面告知海关监管作业场所的经营企业办理其他相应的海关手续。

（二）《中华人民共和国海关实施〈中华人民共和国行政许可法〉办法》（海关总署令第 117 号）

（1）为了规范海关行政许可，保护公民、法人和其他组织的合法权益，维护公共利益和社会秩序，保障和监督海关有效实施行政管理，根据《中华人民共和国行政许可法》《中华人民共和国海关法》及有关法律、行政法规的规定，制定本办法。

（2）本办法所称的海关行政许可，是指海关根据公民、法人或者其他组织（以下简称申请人）的申请，经依法审查，准予其从事与海关进出关境监督管理相关的特定活动的行为。

（3）海关行政许可的规定、管理、实施、监督检查，适用本办法。上级海关对下级海关的人事、财务、外事等事项的审批，海关对其他机关或者对其直接管理的事业单位的人事、财务、外事等事项的审批，不适用本办法。

（4）海关实施行政许可，应当遵循公开、公平、公正、便民的原则。海关有关行政许可的规定应当公开。海关行政许可的实施和结果，除涉及国家秘密、商业秘密或者个人隐私的外，应当公开。

（三）《中华人民共和国海关监管区管理暂行办法》署令 232 号

（1）为了规范海关监管区的管理，根据《中华人民共和国海关法》以及其他有关法律、行政法规的规定，制定本办法。

（2）本办法所称海关监管区，是指《中华人民共和国海关法》第一百条所规定的海关对进出境运输工具、货物、物品实施监督管理的场所和地点，包括海关特殊监管区域、保税监管场所、海关监管作业场所、免税商店及其他有海关监管业务的场所和地点。本办法所称海关监管作业场所，是指由企业负责经营管理，供进出境运输工具或者境内承运海关监管货物的运输工具进出、停靠，从事海关监管货物的进出、装卸、储存、集拼、暂时存放等有关经营活动，符合《海关监管作业场所设置规范》，办理相关海关手续的场所。《海关监管作业场所设置规范》由海关总署另行制定并公告。

(3) 本办法适用于海关对海关监管区的管理。海关规章对海关特殊监管区域、保税监管场所、免税商店的管理另有规定的，从其规定。

二、条件

申请经营海关监管作业场所的企业（以下称申请人）应当同时具备以下条件：

(1) 具有独立企业法人资格；

(2) 取得与海关监管作业场所经营范围相一致的工商核准登记；

(3) 具有符合《场所设置规范》的场所。由法人分支机构经营的，分支机构应当取得企业法人授权。

三、提交的文件

申请人应当向主管地的直属海关或者隶属海关（以下简称主管海关）提出注册申请，并且提交以下材料：

(1) 经营海关监管作业场所企业注册申请书；

(2) 企业法人营业执照副本复印件；

(3) 海关监管作业场所功能布局和监管设施示意图。

由法人分支机构经营的，申请人应当提交企业法人授权文书。申请人应当对所提交材料的真实性、合法性、有效性承担法律责任。主管海关可以通过信息化系统获取有关材料电子文本的，申请人无需另行提交。

四、审核程序

主管海关应当对申请经营的海关监管作业场所是否符合《海关监管作业场所设置规范》（由海关总署另行制定并公告）进行实地验核。

经审核符合注册条件的，主管海关应当制发《中华人民共和国××海关经营海关监管作业场所企业注册登记证书》，自制发之日起有效期为三年。

五、办理时限

自签收申请材料之日起二十个工作日内。二十日内不能做出决定的，经本海关负责人批准，可以延长十日，并应当制发《延长海关行政许可审查期限通知书》，将延长期限的理由告知申请人。

第五部分　计量分析系统

第一章　计量系统

第一节　概　　述

一、化验室系统

（一）化验室主要分析项目

化验室主要分析天然气和水。分析天然气中的 $C_1 \sim C_6$、氮气、二氧化碳、硫化氢、总硫含量。水质分析主要分析水中石油类和 COD。

天然气中的 $C_1 \sim C_6$、氮气、二氧化碳用于计量交接过程中密度和热值的计算。天然气中的硫化氢、总硫含量，主要是检测天然气中的含硫量。水质分析主要检测处理后的生产和生活污水是否符合环保要求的排放标准。

（二）化验室主要仪器设备及分析方法

化验室现共有分析仪器 52 台（套），主要设备有气相色谱仪、总硫分析仪、紫外可见分光光度计等。

两台气相色谱仪用于分析天然气中的 $C_1 \sim C_6$、氮气、二氧化碳，分别采用 GPA2261 分析方法和 ISO6974 分析方法。GPA2261 与 ISO6974 都是目前国际上认可度较高的分析天然气组分方法，也是购销协议中与卖方共同约定的分析方法。

气相色谱仪分析天然气中的硫化氢含量，采用 ISO19739 分析方法。总硫分析仪分析天然气中的总硫含量，采用 ASTM D6667 分析方法。

二、卸船计量系统

（一）在线取样系统（OPTA 公司）

在线取样系统由取样探头、气化器、储气系统（输气管线、储气罐、仪表控制系统、取样钢瓶）、在线分析仪表、DCS 控制系统等组成。

（二）在线分析系统

在线分析系统由两台 ABB 气相色谱仪、一台在线硫化氢分析仪和一台在线露点分析仪组成。在线组分分析数据是离线数据的备用及数据对比。

三、管道外输计量系统

外输计量系统是通过计量撬的超声波流量计和在线分析仪表，对外输天然气量进行体积计量(计量参比条件：101.325kPa，20℃标况)。用于 LNG 接收站与下游分输站进行天然气计量交接。

主要由四台 Q.sonic 超声波流量计、四台 FC2000 流量计算机、一台在线色谱仪、一台硫化氢分析仪、一台烃露点和水露点分析仪组成。

四、液态外输计量系统

LNG 槽车计量实行质量计量方式。以槽车站的地磅检测净重按车计量交接，并根据色谱组成，采用 AGA8 标准，计算折算成标准情况下气体的体积量，组成数据采用计量撬色谱仪 24 小时的平均值计算标准体积。

第二节　装卸船计量

一、概述

(一) 卸船计量的重要性

LNG 运输船到达接收站码头后连接卸料臂，液化天然气(LNG)通过卸料臂和卸船总管输送到 LNG 储罐内。国际 LNG 贸易交接采用能量(热值)计量方式，它不是通过直接计量的方法(如流量计量设备和压力计、温度计等)，而是将 LNG 气化为天然气(NG)，在线连续取样，然后利用气相色谱仪分析天然气的组成，结合卸货温度、压力和卸货体积计算出 LNG 密度，从而获得卸货 LNG 的能量热值。

卸船计量重点在于船上 CTMS 贸易交接计量系统的首次计量、末次计量和全速卸料过程的在线取样和分析。计量结果准确与否直接影响最终买卖双方的交易额，所以卸船计量是非常重要的。

(二) LNG 贸易交接计量相关方职责

大连 LNG 计量员：进行首次计量和末次计量，主要负责横倾和纵倾检验、船舱液位、温度、压力的检验，运输船的适用性检验。

船方代表(船长/大副)：由独立测量师对 LNG 船上的储罐容积进行校准，提供由独立测量师核实、验证过的每个储罐的测量表并发送给买方，即负责提供和打印计量数据。

第三方检验员(SGS)：负责监督接收站船上计量和取样工作的全过程，为买卖双方认证计量结果的真实性和有效性。独立测量员根据校准结果会给出每个储罐的测量表。这种测量表应包括探深表、横倾和纵倾的补正表、LNG 储罐在操作温度下的容积补正，如果有必要还需要进行其他补正。

大连 LNG 港务总监：负责船岸对接的所有事项，船岸双方在接船、卸船过程中的沟通协调。

中国检验认证有限公司（CCIC）：中联油委托的第三方。负责监督接收站船上计量，为买卖双方认证计量结果的真实性和有效性。

海关：负责进出口商品法定检验及监督管理，负责规范和监督商品量和市场计量行为。

（三）卸船计量流程

LNG 接收站贸易交接计量流程如图 5.1 所示。LNG 船到港后通过卸料臂进行船岸连接，卸货前后在船上使用 CTMS 系统分别进行首次计量和末次计量，测量卸货前液位和卸货后液位及相应条件下的温度和压力，同时考虑纵倾修正和横倾修正对液位的影响，从而确定卸货前的舱内 LNG 体积 V_1 和卸货后的 LNG 体积 V_2，故卸载的 LNG 体积 $V_{LNG}=V_1-V_2$。全速卸料期间进行卸船总管内 LNG 气化、取样收集。LNG 经气化后收集在储气罐内，取样结束后采取部分样品到取样钢瓶内并带回化验室利用色谱进行组分分析，从而确定天然气（质量或体积）单位热值（ISO 6976）和 LNG 密度（ISO 6578）。可根据买卖双方的计量合同认为是纯甲烷气体或在气相返回管线上取样分析气体组分来确定返舱天然气的能量热值 E_{gas}。卸船期间需记录船上对天然气的消耗量 $E_{gas\ to\ engine}$，这部分热值应在总热值中扣除，最终得到 LNG 到港卸货交接总热值。计算方法见式（5.1）：

$$E = V_{LNG} \cdot D_{LNG} \cdot GCV_{LNG} - E_{gas} - E_{gas\ to\ engine} \tag{5.1}$$

式中　E——计量交接总热值，MJ；

V_{LNG}——LNG 的卸货体积，m^3；

D_{LNG}——LNG 密度，kg/m^3；

GCV_{LNG}——单位质量热值，MJ/kg；

E_{gas}——返舱天然气的能量热值，MJ；

$E_{gas\ to\ engine}$——卸船期间记录船上对天然气的消耗量，MJ。

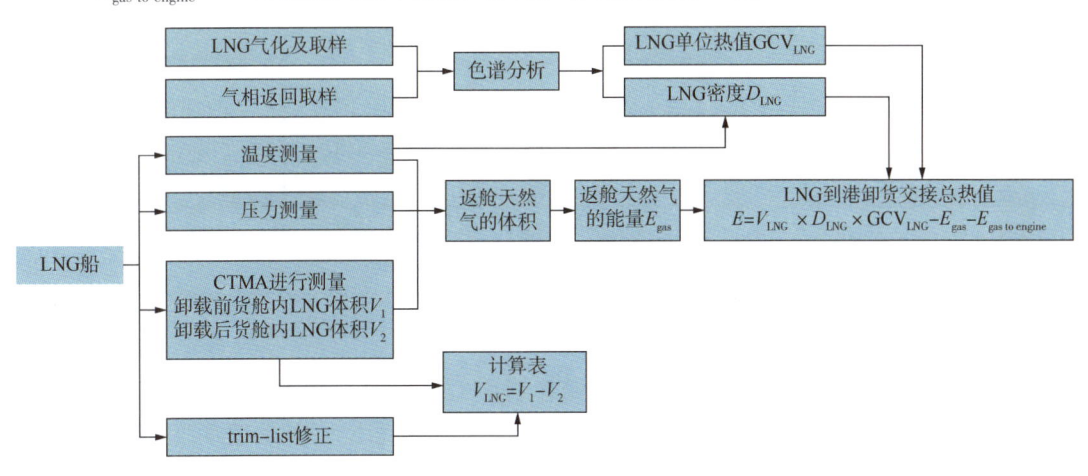

图 5.1　LNG 接收站贸易交接计量流程图

二、LNG 取样工艺流程

（一）取样方式

LNG 取样可分为连续取样和间歇取样。连续取样是在全速卸料的稳定过程中，将

LNG从卸船管线连续不断地取出气化并进行取样分析的方式。间歇取样是按预定的时间间隔或预定的流量间隔取样的方式。但无论是连续取样还是间歇取样，都是通过取样探头将卸船总管内的LNG取出后通过气化器气化进行收集取样，收集完后盛装于取样钢瓶中用于离线色谱分析。目前接收站均采用连续取样方式进行卸船取样收集。

（二）取样工艺流程

LNG卸货在线取样工艺流程（连续取样）如图5.2所示。打开V12或V13，LNG通过插入卸船总管的取样探头进入气化器气化VAP01（VAP02）为NG，经过缓冲罐稳定，调压后通过流量计FC2计量进入取样管线的天然气量，气化后的NG一部分进入在线分析仪表，如在线气相色谱仪、硫化氢和水烃露点分析仪等，进行在线分析；一部分NG通过打开V0和V2，并关闭V1，向储气罐内充装NG样品。当储气罐收集满后（一般收集过程贯穿整个全速卸料过程）关闭V0，打开V1和V2向取样钢瓶中填充样品，先进行数次吹扫，然后同时盛装NG样品，随后带到化验室进行离线组分分析。取样钢瓶盛装完后，多余的NG气体可排至BOG管线中。间歇式取样则不经过储气罐而直接依次进入取样钢瓶，这样取样不具有同时性，精度差，样品代表性不强。

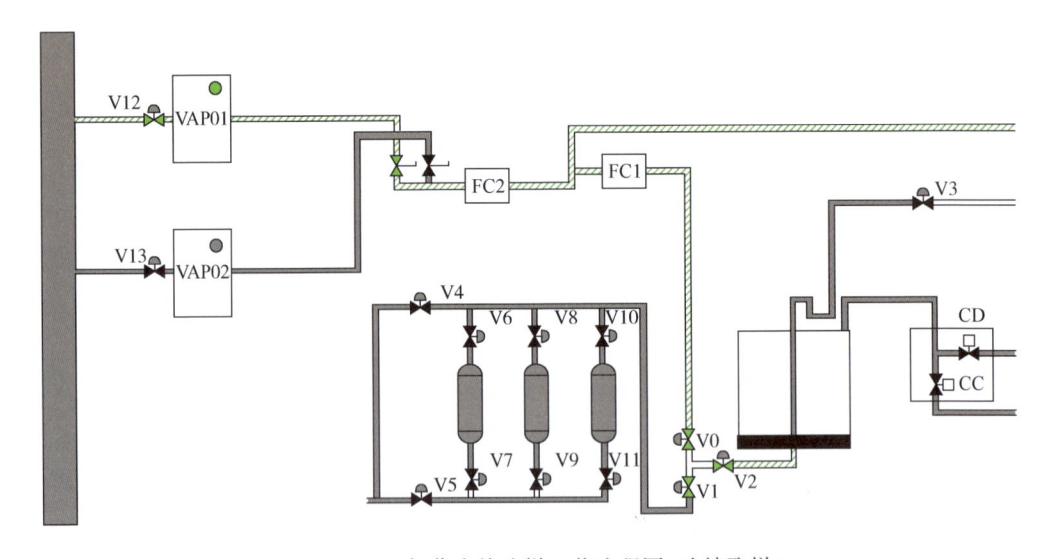

图5.2 LNG卸货在线取样工艺流程图（连续取样）

要取到具有代表性的样品，需保证卸船管线中LNG的流速稳定、压力稳定、气质均匀，LNG充满卸船管线，且液体流态不能为层流也不能为紊流，需是过渡流状态（流体的流线出现波浪状的摆动，摆动的频率及振幅随流速的增加而增加的状态，雷诺数 $Re = 2100 \sim 4000$）。由于在启泵增速阶段和停泵减速阶段流速和压力不稳定，气质不均匀，各组分变化很大，所以一般LNG取样过程在全速卸货的阶段进行，此时船上的卸货泵已全部开启，卸货的压力和流速较稳定。卸货速度与卸货时间点的关系如图5.3所示。5~6阶段即在线取样阶段，根据LNG运输船卸货量的大小，取样时间一般为7~16h。

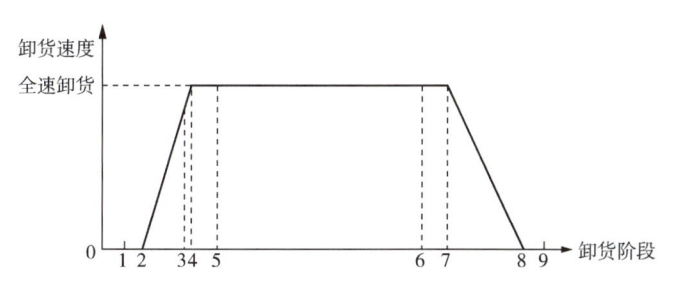

图 5.3　卸料速度与取样时间的关系

1—首次计量；2—船上第一台卸货泵启动；3—船上最后一台卸货泵启动；
4—达到全速卸货；5—开始在线取样；6—停止在线取样；
7—船上第一台卸货泵停止；8—卸货停止；9—末次计量

三、天然气分析

天然气分析采用在线分析和离线分析两种方式。卸船在线取样期间，使用在线分析仪进行天然气组分的分析，当取样结束后，将样瓶带回实验室做离线分析。买卖双方目前合同要求采用离线分析结果作为计量交接的依据，如果离线分析数据不可用（不符合预期结果和装港单据相差较大，或者离线设备故障），可采用在线分析数据的平均值作为结算依据，因此在线数据是离线数据的备用。

（一）在线分析

天然气经过气化器后进入在线分析小屋的在线分析设备进行组分、硫含量（硫化氢）、水烃露点分析。

（二）离线分析

取回样品瓶用快速接头与气相色谱分析仪连接，在工作站色谱仪软件编辑样品信息、选择校准曲线，开始运行，进样流速 50mL/min，吹扫 1min 后开始分析。分析结束后，对数据进行处理，出具组分报告，用于贸易交接及日常天然气组分分析。

第三节　气化外输计量

一、概述

LNG 经过高压泵增压后经气化器（SCV 或 ORV）气化，然后通过计量系统计量确定每日外输量后，输送至下游天然气管网。国内天然气标准计量参比条件为 20℃、101.325kPa。

计量系统由流量计和带不同参数的变送器组成，以确定各输出参数。计量系统由超声波流量计、流量计算机、配套二次仪表、气体分析仪等组成。计量系统配套二次仪表主要是压力表、温度表、压力变送器和温度变送器等。外输的天然气经过采样探头进入安装有在线色谱仪、露点仪、硫组分测定仪等分析仪的分析小屋，色谱仪分析的气体组分等相关数据会输送至流量计算机进行参数计算。分析仪表需定期进行检查和标定。

外输管线上利用采样探头进行取样,输送到外输分析小屋内,样品的分析均采用在线分析仪完成。在线分析包括以下分析项目:外输天然气的组分(在线气相色谱仪)、硫化氢、水露点和烃露点构成的数据表作为天然气销售气质组分报告、天然气销售计量交接凭证之一。

二、设备组成

(一)超声波流量计

超声波流量计由流量计表体、超声波流量计探头、电子数据单元三部分组成,其结构如图 5.4 所示。气体超声波流量计采用绝对数字时间差法检测气体的流量。

图 5.4　超声波流量计

(二)超声波流量计参数

超声波流量计的主要参数见表 5.1。

表 5.1　超声波流量计主要参数

参数	数值	参数	数值
流量计口径	DN300	系统流量测量范围	工况流量(单路):65~6320m³/h 标况流量(单路):根据实际工况换算
设计温度	-20~60℃	流量测量精度	≤±0.5%($5\% \ q_{max} \sim q_{max}$); ≤±1%($q_{min} \sim 5\% \ q_{max}$)
最高/最低操作压力	6~150MPa	重复性	≤±0.05%
最高/最低环境温度	60℃/-45℃	声道数	4声道
材质	流量计前后直管段材质为16Mn低合金高强度结构钢,流量计表体材质为A333无镍钢	流动方向	单向
计量系统选用流量计类型	气体超声流量计	流量计数量及工作方式	四台;工作方式:三用一备

(三)流量计算机

为了计算气体的总能量、体积量和瞬时流量,设置了气体测量修正仪(即流量计算机,如图 5.5 所示),放置于中控室机柜间。在计算时,使用了涡轮流量计的脉冲输出(或者超声流量计的输出)及温度变送器和压力变送器的输出。该流量计算机可以使用预先设定的或者实时输入的气体相对密度、气体的组分数据和热值。具有压缩因子计算功能和流量计算功能。

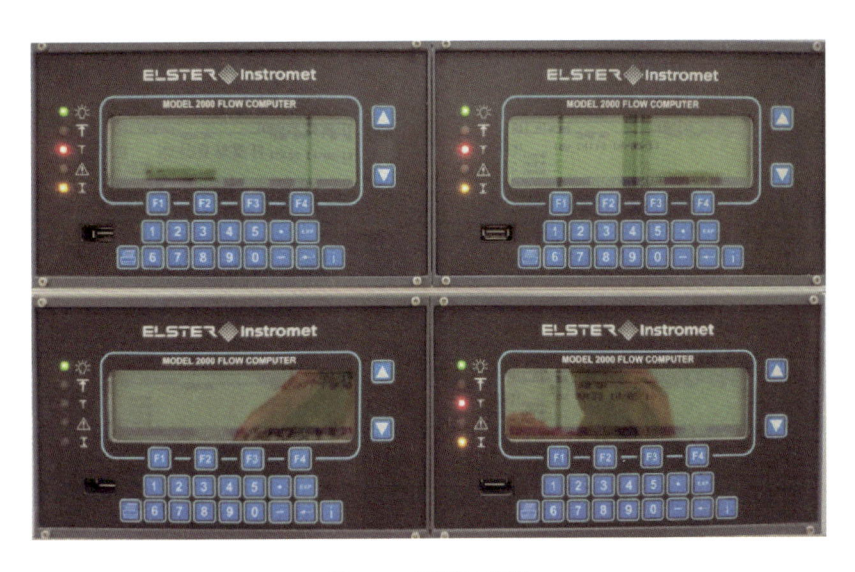

图 5.5　流量计算机

(四) 计量橇系统工艺流程

高压泵出口液化天然气经气化器气化成天然气,通过天然气输出总管去往计量橇,经分析小屋里的在线设备分析组成、露点、硫化氢含量后,去超声波流量计计量,经首站外输。图 5.6 为计量橇系统工艺流程图,计量橇四个流路,三开一备。

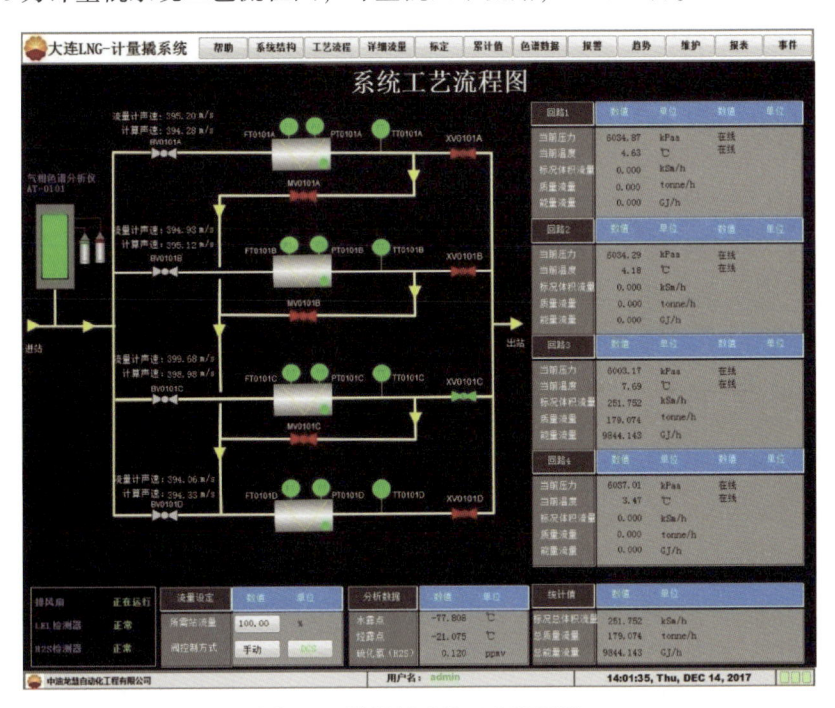

图 5.6　计量橇系统工艺流程图

第四节　槽车转运计量

LNG 槽车充装以质量计量，空车来之前先通过地磅测得质量 A，经过装载后再次经地磅测得质量 B，$B-A$=装车量，组成数据采用外输色谱仪 24 小时平均值。计量设备为两台地磅（梅特勒—托利多公司产、计量上限为 80t、精度 0.025%）。

第二章 化验分析系统

第一节 气相色谱仪

目前，接收站共有六台气相色谱仪(图5.7)，三台在线色谱仪、三台离线色谱仪。在线色谱仪全部用于分析天然气组分。离线色谱中有一台用于分析天然气中的硫化氢含量，另外两台色谱仪用于分析天然气组分，分别使用不同的分析方法，如ISO6974、GPA2261。

一、基本构造

气相色谱仪的基本构造有两部分，即分析单元和显示单元。前者主要包括气路系统、进样系统和分离系统，后者主要包括检测记录系统、数据处理系统等(图5.8)。

图5.7 气相色谱仪系统

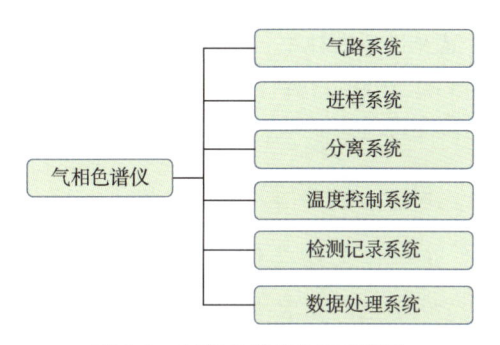

图5.8 气相色谱仪的组成部分

(一) 气路系统

气路系统包括载气源。主要有压缩空气、氢气、氩气、氦气、氮气，总硫分析仪辅助气(氧气、氩气)。

(二) 进样系统

进样就是把气体或液体样品匀速而定量地加到色谱柱上端。

(三) 分离系统

分离系统的核心是色谱柱，它的作用是将多组分样品分离为单个组分。色谱柱分为填充柱和毛细管柱两类。

(四) 温度控制系统

用于控制和测量色谱柱、气化室与检测器三处的温度，是气相色谱仪的重要组成部分。

（五）检测记录系统

检测器的作用是把被色谱柱分离的样品组分根据其特性和含量转化成电信号，然后对被分离的组分和含量进行鉴定和测量。主要有 FID 检测器与 TCD 检测器。

（六）数据处理系统

是将检测器输出的信号随时间的变化曲线，即将色谱图绘制出来。目前使用较多的是色谱数据处理机与色谱工作站。

二、分析原理

气相色谱仪（GC）利用色谱柱先将混合物分离，然后利用检测器依次检测已分离出来的组分。被测组分在吸附剂表面进行反复的物理吸附、脱附过程。由于被测物质各个组分性质不同，它们在吸附剂中的吸附能力也不同，向前移动速度也不一样。一定时间后，即通过一定量的载气后，试样中各个组分就彼此分离，先后流出色谱柱。

三、气相色谱仪流程

样品连接到色谱仪后，打开阀 V1，开始吹扫定量环，吹扫结束后，开始运行方法。六通阀 V2 转动，样品在载气的带动下进入阀 V3 和色谱柱 1，继续流向阀 V5 和色谱柱 2。样品经过色谱柱 1、2 的分离后，根据与固定相的吸附程度不同，先后进入检测器 TCD A 和 FID，由检测器将流过检测器的物质转化为色谱图。再对色谱图进行数据处理计算，得到检测报告。

四、技术参数

（一）工作条件

(1) 电源要求：220V±10%，47.5~63.0Hz；功率：2250V·A。
(2) 环境温度范围：15~35℃。
(3) 耐受温度：-40~70℃。
(4) 湿度：相对湿度 5%~95%。

（二）操作参数

1. ISO6974 方法分析系统参数设置
(1) 炉温：35~200℃。
(2) 载气：氩气。
(3) 载气流量：30mL/min。
(4) 检测器：TCD、FID。
(5) 检测器温度：TCD250℃、FID250℃。
(6) 定量管：1mL。
(7) 色谱柱：AC 公司配置。
(8) 色谱柱老化温度：200℃。

2. GPA2261方法分析系统参数设置

（1）炉温：70℃。
（2）载气：氮气。
（3）参比气流量：8mL/min。
（4）检测器：TCD。
（5）检测器温度：前TCD150℃、后TCD150℃。
（6）定量管：1mL。
（7）色谱柱：AC公司配置。
（8）色谱柱老化温度：150℃。

五、检测项目

目前通过气相色谱仪的气相色谱法能够检测出天然气中的甲烷、乙烷、丙烷、异丁烷、正丁烷、异戊烷、正戊烷、异辛烷、氮气、二氧化碳、C_{6+}。

第二节 总硫分析仪

总硫分析仪（图5.9）专门用于石油产品（如汽油、柴油等液体样品、天然气和车用压缩天然气（Compressed Natural Gas，CNG）、液化石油气（Liquefied Petroleum Gas，LPG）等气体样品中的总硫含量分析。

一、仪器性能

（一）仪器特点

美国ANTEK总硫分析仪是目前唯一通过ASTM标准认可并完全符合ASTM标准方法的

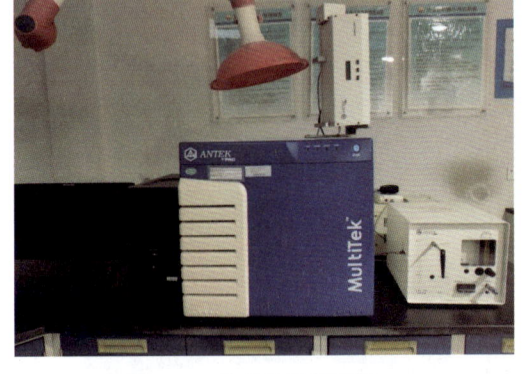

图5.9 总硫分析仪系统

仪器，也是ASTM D5453、ASTM D6667标准推荐指定仪器。由于ANTEK仪器检测器本身灵敏度很高，因此需要的进样量很小，而且气路不容易污染，不需要催化剂，分析周期很短，无论多大浓度的样品都能在1min内出完谱峰。ANTEK MultiTek LLS的最低检出限为20μg/L，最大进样量只需20min。

（二）仪器配置

（1）主机。包括氧化裂解炉、电子质量气体流量控制器（氧气，氩气）、气体净化器和尾气处理器、多维管式膜式干燥器、荧光反应室、光电倍增管、颗粒物过滤器、裂解管、注射器等。

（2）34型气体进样器。

二、分析原理

试样被引入到高温裂解炉之后，样品发生了裂解氧化反应。在富氧条件下，样品被完全气化并且发生氧化裂解反应，其中的硫化物定量地转化成二氧化硫。反应气由载气携带，通过膜式干燥器脱去其中的水分后进入反应室被紫外线照射，二氧化硫吸收紫外光的能量转变为激发态的二氧化硫（SO_2），当激发态二氧化硫返回到稳定态二氧化硫时发射荧光，由光电倍增管检测。因为这种荧光发射的强度与原试样中的总硫含量成正比。

三、仪器技术参数

（1）符合标准：ASTM D5453、ASTM D6667。
（2）检测方法：热解—紫外荧光™。
（3）检测范围：0.02mg/L~40%。
（4）精确度：±1%RSD。
（5）标准进样量：
① 气体：5~20cm³；
② LPG：5~15μL；
③ 液体：1~100μL。
（6）标准分析时间：气体或液体均少于1min。
（7）电源：230V、50/60Hz。
（8）气体：
① 氧气：流量300~600mL/min，纯度99.75%，压力3bar，含水量小于5mg/L；
② 载气（氩或氦）：流量50~200mL/min，纯度99.99%，压力3bar，含水量小于5mg/L。

第三节 紫外可见分光光度计

紫外可见分光光度计是广泛应用于工业、市政、环保等领域水质监测设备。大连LNG接收站主要是使用美国哈希DR5000台式紫外可见分光光度计（图5.10）。用于对生产生活污水进行COD（中文名称为"化学需氧量"或"化学耗氧量"）检测。COD值是一种常用的评价水体污染程度的综合性指标。COD值越高，污染越严重。环保要求控制指标为0~50mg/L。

图5.10 DR5000型紫外可见分光光度计

一、仪器特点

DR5000型紫外可见分光光度计具有优良的稳定性，可在紫外光及可见光区域进行水样测定。其独特的条形码具自动识别、自动测定测试空白、自动读取功能，大幅简化了实验操作过程，使测试方法更加简便、快捷。

二、分析原理

依据物质分子或离子团对可见及紫外光的特征吸收而建立起来的分析方法。依据郎伯比尔定律，定量地描述了吸光度与溶液浓度间的正比关系。

三、仪器技术参数

（1）波长范围：190~1100nm。
（2）波长精度：±1nm（在200~900nm波段内）。
（3）波长校准：自动校准，光度测量范围±3ABS。
（4）波长重复性：<0.1nm。
（5）光谱带宽：2nm。
（6）波长分辨率：0.1nm。
（7）操作温度：0~40℃。
（8）相对湿度：90%，无冷凝现象。
（9）电源：220-240V，50/60Hz。
（10）操作模式：透光率、吸光度和浓度）。

第四节　在线余氯分析仪

一、仪器作用

接收站的海水主要用于为开架式气化器（ORV）提供热能，通过ORV和液态天然气进行热交换。但在实际运行中，存在海生物大量附着在海水管线系统及设备内的风险。为应对上述风险，接收站一般采用电解海水的方式生产次氯酸钠溶液，并以一定浓度注入海水系统。如果氯浓度选择不当，过高则可能损坏设备表面、排海余氯浓度不达标，造成环境污染；过低则会造成设备效率降低、维修量大幅增加，甚至损坏设备。因此在海水入口和出口加装在线氯含量分析仪对海水出入口的余氯浓度进行检测，以保证余氯浓度达标。余氯浓度检测采用美国HACH CL17型在线余氯分析仪。根据环境保护要求，海水出口余氯浓度控制指标不大于0.2mg/L。

二、操作原理

在线余氯分析仪每隔2.5min从样品中采集一部分液体进行分析。采样液体被引入仪器内部的比色皿中，进行空白吸光度测量。样品在进行空白吸光度测量时可以对任何干扰或样品原色进行补偿，并提供一个自动零参考点。试剂在该参考点处加入并逐渐呈现紫红色，随即仪器会对其进行测量并与零参考点进行比较。

三、仪器特点

（1）可以检测余氯浓度或总氯浓度。

(2) 利用内置曲线校正。

(3) 自动浊度、自动色度补偿、自动诊断。

(4) 一套试剂供仪器可自动运行 30 天。

(5) 分析周期为 2.5min。

(6) 可用于无人值守的监测站。

四、仪器技术参数

(1) 测量范围：0~5mg/L 余氯浓度或总氯浓度。

(2) 准确度：±5%或±0.035mg/L，按 Cl_2 计，取较大者。

(3) 测量精度：±5%或±0.005mg/L 按 Cl_2 计，取较大者。

(4) 最低检测限：0.035mg/L。

(5) 样品温度：5~40℃。

(6) 排水连接：内径 1/2in 软管。

(7) 报警设置：两个可选浓度报警。

五、CL17 型在线余氯分析仪操作

（一）启动仪器

数字按键和显示（图 5.11）信息数字键未进行其他设置前，仪器显示器采用浓度测量模式的默认值。表 5.2 为图 5.11 中每一个按键的功能。

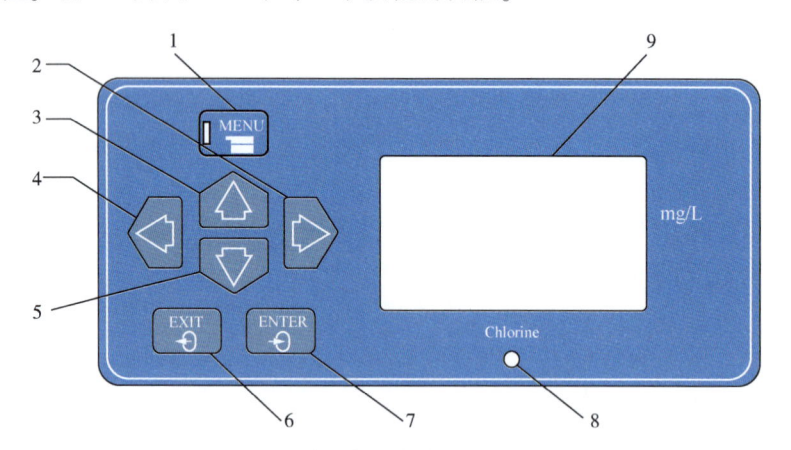

图 5.11 分析仪的数字按键和显示器

表 5.2 数字按键说明

数字	按键	说明
1	MENU（菜单）	在测量模式中，按 MENU（菜单）键可进入 ALARM（报警）、RECORDER（记录）、MAINTENANCE（维护）和 SETUP（设置）菜单
2	右箭头	移动箭头可编辑显示器的各个部分； 当右箭头图形在显示器上出现时，为激活状态

续表

数字	按键	说　　明
3	上箭头	用于滚动菜单选择或编辑显示器各个部分； 当上/下箭头图形在显示器上出现时，为激活状态
4	左箭头	移动箭头可编辑显示器的各个部分； 当左箭头图形在显示器上出现时，为激活状态
5	下箭头	用于滚动菜单选择或编辑显示器各个部分； 当上/下箭头图形在显示器上出现时，为激活状态
6	EXIT(退出)	拒绝一个编辑值或从菜单结构中退出
7	ENTER(进入)	接受一个编辑值，进入下一级菜单结构，或接受一个菜单选择
8	报警发光管(LED)	指示激活的报警状态
9	显示器屏	用于测量和菜单信息的显示器区

(二) 安装试剂操作

分析仪要求两类试剂：缓冲溶液和指示剂。

CL17 型在线余氯分析仪如图 5.12 所示。仪器箱内空间可安装两个 500mL 的试剂瓶。余氯分析使用到的两种试剂安装在分析仪的液路模块中，并且每个月进行更新。缓冲溶液是余氯缓冲液，用于确定游离态可利用余氯。将缓冲溶液瓶的瓶盖和封条打开，盖好缓冲液(BUFFER)标签的盖子，管子插入缓冲液瓶中。

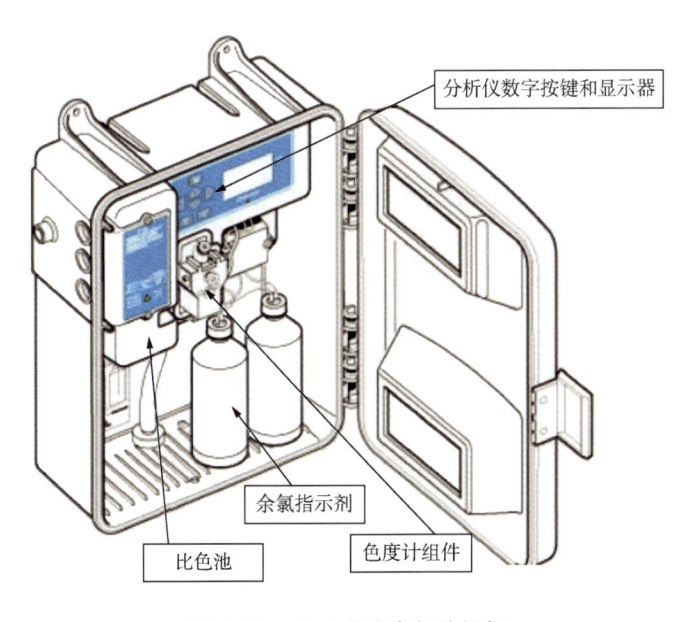

图 5.12　CL17 在线余氯分析仪

第五节　在线露点分析仪

在线露点分析仪(图5.13)安装在接收站现场分析小屋里,主要用于分析监测卸船总管及外输总管天然气的水露点与烃露点,英国密析尔 Condumax Ⅱ 烃露点分析仪可提供现场连续读数显示,也提供模拟和数字输出,以供远程监控。

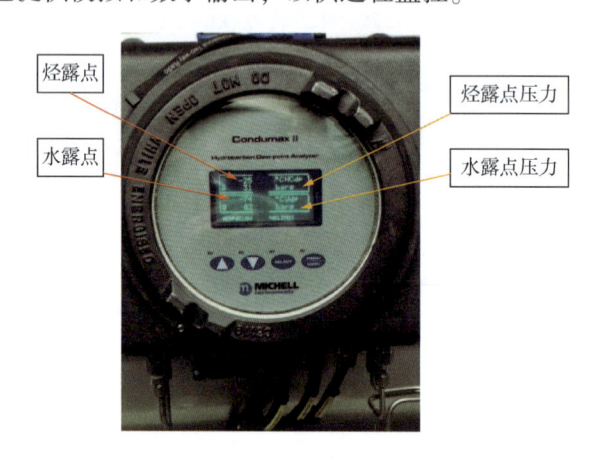

图 5.13　在线露点分析仪

一、仪器作用

天然气的露点分为水露点和烃露点,是控制天然气储运过程中不产生液态物质的重要指标。在线露点分析仪就是通过特殊的制冷方式及检测系统,测量水或烃从气体恰好变成液体时的温度,即为露点。该系统由测量烃露点的传感器元件及安装防爆外壳中电气控制单元组成。

二、仪器原理

(一)烃露点测量

黑斑技术,在碳氢露点温度下,直接用管路监测碳氢的凝析。

(二)水露点测量

采用密析尔陶瓷湿度传感器。

三、仪器技术参数

(一)烃露点传感元件

(1) 传感器制冷:热电制冷(帕尔贴制冷)。
(2) 范围:21℃环境温度下,27bar,烃露点-34℃。
(3) 样品气体流速:0.5L/min。
(4) 准确度:±5℃烃露点。

（二）测量系统

（1）样品气体供应：烃露点传感器外部调节器可调节测量压力至 100bar，水露点传感外部的调节器可调节测量压力至 206bar。

（2）操作环境：室内/室外：-20~60℃，相对湿度最大为 95%。

（3）样气接头：1/4in NPT(F)。

（4）输出和报警：两个非独立的 4~20mA 线性输出，烃露点和水露点报警通过软件设置。每条线路都有内置的低流量报警。

（5）电源：90~260V 交流电，频率 50/60Hz(功率最大 75W)。

（三）水传感器

（1）测量范围：-100~20℃露点

（2）准确度：

① -59~20℃：±1℃；

② -100~-60℃：±2℃。

（3）样品气体流速：0.5~5L/min。

（四）压力测量

（1）型号：

① 烃露点压力：0~100bar(g)；

② 水露点压力：0~210bar(g)。

（2）准确度：±0.2%F.S。

第六节　在线硫化氢分析仪

在线硫化氢分析仪(图 5.14)安装在接收站现场分析小屋里，用于分析监测卸船总管及外输总管天然气的硫化氢含量。在线硫化氢分析仪采用的是醋酸铅纸带/醋酸铅溶液，用于测量天然气中相对低含量的 H_2S。硫化氢含量是天然气中非常重要的一项控制指标。

一、仪器分析原理

天然气中样品经过仪器内部管路加湿后，其中所含的硫化氢组分，最终在反应池内与仪器中预先安装的白色纸带反应，在白色的纸带上产生黑色斑点，硫化氢浓度越大，斑点面积越大。通过仪器的光电检测探头检测黑色斑点的大小，产生相应的信号，就能够算出气流中硫化氢的浓度。反应方程式如下：

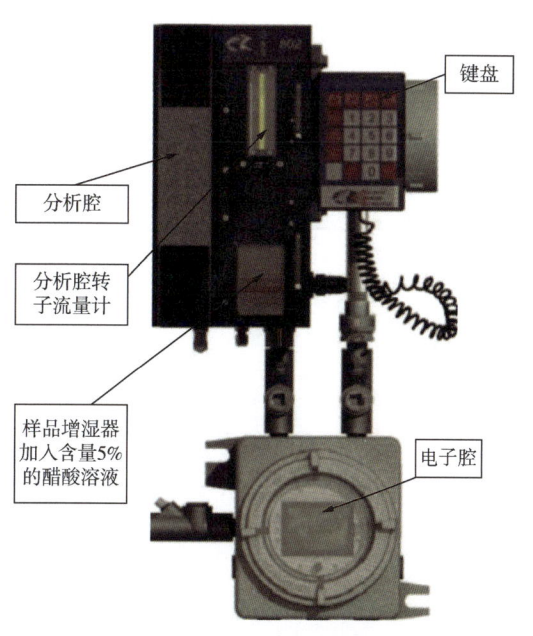

图 5.14　在线硫化氢分析仪

$$Pb(CH_3COO)_2 + H_2S \longrightarrow PbS + 2CH_3COOH \tag{5.2}$$

二、仪器主要组成

(一) 电子腔

它包括主处理器、系统存储器、电源、LCD 显示、模拟输出、继电器、线包和通信接口——USB、RS-485 及高速 LAN。

(二) 分析腔

它包括促使纸带前进的电机、用于精确前进纸带的脉冲计数器、醋酸铅纸带安装轴、所有和样品气实际流量相关的组分及测量样品气路中硫化氢浓度的测量工具。

(三) 键盘

在无需借助计算机 GUI 的情况下操作，有 11 个是简单的标着数字 0~9 和小数点数字键，这些键用于输入新的数字值；另外的 9 个键是功能键。

三、仪器技术参数

(1) 测量量程：0~2000mg/L。

(2) 分析方法：ASTM D4084。

(3) 环境温度：10~50℃。

(4) 精度：±1%。

(5) 重复性：

① 大于 1mg/L：±1.5%；

② 小于 1mg/L：±2.5%；

③ 大于 200mg/L：±2.5%。